新版
ファイナンスの確率解析入門

藤田岳彦

講談社

はじめに

　本書は，2002年に出版された『ファイナンスの確率解析入門』の改訂版で，微積分，線形代数，初等確率論（測度論的確率論ではなく）など，大学1・2年次程度の基礎数学の知識を持った読者を対象に，確率解析の基礎とデリバティブ価格理論への応用を詳しく述べたものである．本書の特徴として以下があげられる．

1. 習得が難しいと思われる測度論的確率論の使用を避け，定義，定理，例題などの意義，意味が直感的かつ具体的にわかるような説明をこころがけた．
2. 例題，定理のすぐ後に，自分で手を動かして確かめられるよう，数多くの練習問題（略解は巻末）を収録した．
3. 計算の途中過程もできるだけ省略せずに詳しく説明した．
4. 離散伊藤公式を導入したり，ブラウン運動をランダムウォークの極限として定義したりすることで，離散モデルと連続モデルのつながりをわかりやすく説明した．

　確率解析は数理ファイナンスへの応用のみならず，物理学，化学，生物学，経済学など，応用範囲がとても広い分野である．本書のタイトルには「ファイナンスの」とあるが，本書第3章，第5章，第6章で論じた確率解析の基礎は，数理ファイナンスへの興味は薄いが確率解析を勉強したいという学生にも適している．

　旧版は，おもに大学院以上の学生，社会人を対象としていて，おかげさまで専門書としては，一定の評価をいただくことができた．今回の改訂にあたり，学部の講義でも使えるよう，章構成を以下のように少し変更した．

旧版		新版（本書，カッコ内は扱う内容の一部）	
第1章	ランダムウォークとマルチンゲール	第1章	デリバティブとは（定義，性質）【新規】
第2章	離散モデルのデリバティブ価格づけ理論	第2章	離散モデルのデリバティブ価格理論I
第3章	ブラウン運動とマルチンゲール	第3章	ランダムウォークとマルチンゲール（離散確率解析，離散伊藤公式）
第4章	確率微分方程式	第4章	離散モデルのデリバティブ価格理論II（離散確率解析を用いたデリバティブ価格理論）

第5章	連続モデルのデリバティブ価格理論	第5章	ブラウン運動とマルチンゲール（連続確率解析，伊藤公式）
第6章	確率金利モデル	第6章	確率微分方程式（伊藤確率微分方程式の性質，例）
第7章	確率の復習	第7章	連続モデルのデリバティブ価格理論
		第8章	確率の復習

　すなわち，旧版に対して，新版では，第1章をつけ加え，それに関連して第2章も拡充した．ブラック・ショールズ偏微分方程式も初等的(離散からの極限)で導出し，デリバティブ価格式を導いた．これに関連して第3章以降についても，離散伊藤公式，伊藤公式のファイナンス的な意味への言及，ドゥーブ・マルチンゲールなどを加えて腑に落ちる解説をこころがけた．また，第4章以降も同様に説明，補足説明を詳しくし，よりわかりやすい本を目指している．旧版の特徴でもあり，筆者の研究対象の1つでもあるエキゾティックオプションについては，旧版を踏襲し，第7章でいろいろなエキゾティックオプションを紹介したうえで，それぞれの価格式やデルタヘッジを求めた．

　本書は中央大学理工学部の学部生対象講義，「金融工学」，大学院生対象の「金融工学特論第一，第二」の内容をもとに執筆されている．学術的，実務的，両方の立場で重要なデリバティブ価格理論について，筆者のアイデアの離散確率解析から出発することにより，初学者に対しても，とっつきやすいものに仕上げたつもりである．

　一橋大学大学院高岡浩一郎教授には原稿を見ていただき，助言を受けた．また，旧版からお世話になっている講談社サイエンティフィクの瀬戸晶子さんには引き続き本書でもお世話になった．感謝申し上げたい．

2016年12月

中央大学理工学部教授
藤田岳彦

目 次

はじめに iii

第1章 デリバティブ（金融派生商品）とは　1
1.1 デリバティブ 1
1.2 利子率と現在価値割引 7
1.3 無裁定 9

第2章 離散モデルのデリバティブ価格理論I　16
2.1 2項1期間モデル 16
2.2 2項2期間モデル 17
2.3 2項1期間モデル再考——リスク中立確率—— 19
2.4 ブラック・ショールズ偏差分方程式，偏微分方程式 21

第3章 ランダムウォークとマルチンゲール　24
3.1 ランダムウォーク——対称ランダムウォークと非対称ランダムウォーク—— 24
3.2 条件付期待値 26
3.3 ランダムウォークとマルチンゲール 33
3.4 ランダムウォークに関するマルチンゲール表現定理 38
3.5 離散伊藤公式 42
3.6 ランダムウォークに関する話題 47

第4章 離散モデルのデリバティブ価格理論II　52
4.1 2項 T 期間モデルのデリバティブの価格理論 52

vi 目次

   4.2 離散から連続へ ………………………………………… 58

第5章 ブラウン運動とマルチンゲール 62
   5.1 ブラウン運動の定義と基本的性質 ……………………… 62
   5.2 ブラウン運動に関するマルチンゲールと確率積分 …… 68
   5.3 伊藤の公式 ……………………………………………… 73
   5.4 ブラウン運動に関する話題 ……………………………… 78

第6章 確率微分方程式 84
   6.1 確率微分方程式とは …………………………………… 84
   6.2 いろいろな計算例 ……………………………………… 84
   6.3 コルモゴロフ偏微分方程式 …………………………… 89
   6.4 ギルサノフ・丸山の定理 ……………………………… 99

第7章 連続モデルのデリバティブ価格理論 105
   7.1 ブラック・ショールズモデルにおけるデリバティブの価格づけ … 105
   7.2 ブラック・ショールズ式とブラック・ショールズ偏微分方程式 … 115
   7.3 いろいろなエキゾティックオプション ………………… 123
   7.4 エキゾティックオプションの価格 ……………………… 129

第8章 確率の復習 142
   8.1 確率空間と確率変数 …………………………………… 142
   8.2 確率変数と確率分布 …………………………………… 144
   8.3 いろいろな例 …………………………………………… 153
   8.4 ラプラス変換 …………………………………………… 162
   8.5 ガンマ関数とベータ関数 ……………………………… 163

練習問題 略解 164

参考文献 180

索 引 183

第1章
デリバティブ（金融派生商品）とは

1.1 デリバティブ

デリバティブ (derivative) とは金融派生商品のことで，もとになる金融商品（原証券という）から新しく作られた金融商品である．ここで金融商品とは「契約」であり契約の中身に応じてお金をもらったり払ったりするものである．たとえば身近で最も簡単な金融商品として「銀行預金」があげられる．仮に，年利1%で10万円を預ければ，1年後に10万1,000円になって戻ってくる．この取引も銀行からまず額面10万円の預金通帳という金融商品を10万円で買い，1年後に下ろす（清算する）と10万1,000円を銀行から受け取る（預金通帳を銀行に売ると10万1,000円得られる）と考えるほうが後の理解がしやすくなる．

デリバティブの原証券として株（あるいは株式），為替，金利，商品（具体的には原油，小豆，…），天候などいろいろあるが，本書では原証券を株とする株式デリバティブのみを考える．また，「株」とはなにかについて論じると紙面をたくさんとるので，とりあえず「株」とは株式会社そのもの，つまり，株式会社が株を N 株発行するとその株を1株持っている株主はその会社を $\frac{1}{N}$ 所有しているのと同じだと考える．また，その株の価値は会社の業績，投資家の思惑，経済情勢などによって刻々と変わり，取引所を通して自由に売り買いでき，需要が多いと価値が上がり，少ないと下がる不確実性を持っている「確率変数」と考えられる．この「株」から新しく作られる金融商品（契約）を「株式デリバティブ」という．

$$\text{デリバティブ} \begin{cases} \text{プレインバニラ} \begin{cases} \text{先物} \\ \text{コールオプション} \\ \text{プットオプション} \end{cases} \\ \text{エキゾティックオプション} \end{cases}$$

図 1.1　株式デリバティブの種類

デリバティブは，プレインバニラ（何も味つけしていないアイスクリーム）といわれる基本的なデリバティブと，エキゾティックオプションと呼ばれる複雑なデリバティブの2種類にまず大別される．また，プレインバニラには先物（1.1.1項），コールオプション（1.1.2項），プットオプション（1.1.3項）の3種類が含まれ，これらは通常，上場されており取引所を通じて自由に売買できる（図1.1）．このプレインバニラについて説明する前に，いくつかの用語を定義しておく．

まず，分析期間における金融商品の収益と収益率を以下で定義する．

$$収益 = 期末価値 - 期首価値, \quad 収益率 = \frac{期末価値 - 期首価値}{期首価値}$$

次に，定期預金などの満期のある金融商品について，満期時に受け取るお金のことを，その金融商品の**ペイオフ**という．時刻 t について現在を $t=0$，満期時点を $t=T$ とする．満期までの利子率が R の定期預金を現在，すなわち $t=0$ 時点で a 円購入した場合，つまり a 円を銀行に預けた場合，ペイオフは $a+aR$ となる．また，

$$収益 = a(1+R) - a = aR, \quad 収益率 = \frac{a(1+R)-a}{a} = R$$

となり，この場合の収益率は利子率と一致する．

1.1.1 先物

先物 (futures) とは，原証券をあらかじめ契約書に書いてある値 K（受け渡し価格という）で満期時 T において買う（または売る）ことを決めておく契約である．先物を買う契約（先物買い契約，先物ロング）を交わせば将来満期時 T において原金融商品が値上がりしていれば先物買い契約により，安く買って高い時価で売ることができるので儲けが出る．逆に原金融商品が値下がりすれば高く買って安い時価で売らねばならず損が出る．先物売り契約（先物ショート）での損益は先物買いと反対になる．

また厳密な議論は例題1.7で行うが，契約時に金銭の授受が起きないように受け渡し価格 K は定められるので，先物買いも先物売りも，現在価格は 0 円である．したがってこの場合は

$$ペイオフ = 収益$$

である．また，先物買い契約と先物売り契約の損得は完全に反対となる．すなわち，先物買いと先物売りは互いに同じ契約の相手の立場からみたものであることに注意しておく．

例題 1.1 受け渡し価格 $K = 10{,}000$(円)の先物買い契約を X,受け渡し価格 $K = 10{,}000$(円)の先物売り契約を Y とするとき,以下の場合に X, Y の収益をそれぞれ求めよ.ただし,S_T(円)は満期時 T における株価とする.
(1) $S_T = 15{,}000$(円)のとき
(2) $S_T = 7{,}000$(円)のとき

解 (1) X の場合:先物買い契約により $10{,}000$ 円で株を買ってきて時価 $15{,}000$ 円で売るので $15{,}000 - 10{,}000 = 5{,}000$ 円のプラス.
Y の場合:株を時価 $15{,}000$ 円で買ってきて先物売り契約により $10{,}000$ 円で売るので $-15{,}000 + 10{,}000 = -5{,}000$ 円($5{,}000$ 円の損).
(2) X の場合:先物買い契約により $10{,}000$ 円で株を買ってきて時価 $7{,}000$ 円で売るので $7{,}000 - 10{,}000 = -3{,}000$ 円.
Y の場合:株を時価 $7{,}000$ 円で買ってきて先物売り契約により $10{,}000$ 円で売るので $-7{,}000 + 10{,}000 = 3{,}000$ 円.
(例題 1.1 解 終わり)

注意 本問においては現在価格は 0 なので,すべてのペイオフと収益は等しい.

以上により,受け渡し価格 K の先物買い契約のペイオフは $S_T - K$,受け渡し価格 K の先物売り契約のペイオフは $K - S_T$ である.
また実際の先物取引の特徴を以下にあげる.

- 先物契約を交わす時点ではお金のやりとりは行われない(現在価格$= 0$).したがって小さいお金で大きなお金を(もちろん損するかもしれないが)動かすことができる.このことを先物のレバレッジ効果(てこの効果)という.また,実際の取引では損しても払えるように担保となる証拠金が必要である.
- 差金決済である.つまり実際には例題にあるような取引は行わず,例題 1.1(1) の X だと $5{,}000$ 円もらうということである.
- 先物契約は「義務」であり,たとえ損をしようと必ず契約を履行しなければならない(したがって実際の取引では担保としての証拠金が必要).

練習問題 1.1 受け渡し価格 $K = 8{,}000$(円)の先物買い契約を X,受け渡し価格 $K = 8{,}000$(円)の先物売り契約を Y とするとき,以下の場合に X, Y の収益をそれぞれ求めよ.ただし満期時 T における株価を S_T(円)とする.

(1) $S_T = 10{,}000$ のとき　　(2) $S_T = 7{,}000$ のとき

1.1.2　コールオプション

コールオプション (call option) とは，先物買い契約に「契約を履行してもしなくてもよい」というオプション（選択権）を付した契約（金融商品）である．コールオプション（と次にみるプットオプション）の場合には K を**行使価格 (exercise price)** という．

すると，損をするときには契約を履行しなくともよいので，ペイオフは必ず非負となる．宝くじは外れても 0，当たればプラスとなることと同じで，このような契約の値段（現在価格）が 0 であるはずがない．この価格を決める理論がいわゆる「オプション価格理論」である．

例題 1.2　行使価格 $K = 10{,}000$（円）のコールオプション契約を X とするとき，以下の場合の X のペイオフ，収益をそれぞれ求めよ．ただし X の現在価格を $C = 500$（円）とし，満期時 T における株価を S_T（円）とする．
(1) $S_T = 15{,}000$ のとき　　(2) $S_T = 7{,}000$ のとき

解　(1) コールオプション契約により 10,000 円で株を買ってきて時価 15,000 円で売るので $15{,}000 - 10{,}000 = 5{,}000$ 円のペイオフ．また $5{,}000 - 500 = 4{,}500$ 円の収益．
(2) この場合履行するとマイナスになるため，オプション条項により契約を履行しないのでペイオフ $= 0$，収益 $= 0 - 500 = -500$．

（例題 1.2 解　終わり）

以上により行使価格 K のコールオプション契約のペイオフは
$$\max(S_T - K, 0) = \begin{cases} S_T - K & (S_T \geqq K \text{ のとき}) \\ 0 & (S_T \leqq K \text{ のとき}) \end{cases},$$
収益は $\max(S_T - K, 0) - C$ である．

練習問題 1.2　行使価格 $K = 8{,}000$（円）のコールオプション契約を X とするとき，以下の場合に X のペイオフ，収益をそれぞれ求めよ．ただし X の現在価格を $C = 300$（円），満期時 T における株価を S_T（円）とする．
(1) $S_T = 10{,}000$ のとき　　(2) $S_T = 7{,}000$ のとき

1.1.3 プットオプション

プットオプション (put option) とは先物売り契約に「契約を履行してもしなくてもよい」というオプション（選択権）を付した契約（金融商品）である．

例題 1.3 行使価格 $K = 10,000$（円）のプットオプション契約を Y とするとき，以下の場合に Y のペイオフ，収益をそれぞれ求めよ．ただし Y の現在価格を $P = 1,000$（円），満期時 T における株価を S_T（円）とする．
(1) $S_T = 15,000$ のとき　(2) $S_T = 7,000$ のとき

解 (1) この場合履行するとマイナスになるので，オプション条項により契約を履行しない．よって，ペイオフは 0．また $0 - 1,000 = -1,000$ 円の収益．
(2) 時価 7,000 円で株を買ってきてプットオプション契約により行使価格 10,000 円で売るので $-7,000 + 10,000 = 3,000$ 円のペイオフ．また $3,000 - 1,000 = 2,000$ 円の収益．

（例題 1.3 解　終わり）

以上により行使価格 K のプットオプション契約のペイオフは
$$\max(K - S_T, 0) = \begin{cases} 0 & (S_T \geqq K \text{ のとき}) \\ K - S_T & (S_T \leqq K \text{ のとき}) \end{cases},$$
収益は $\max(K - S_T, 0) - P$ である．

練習問題 1.3 行使価格 $K = 8,000$（円）のプットオプション契約を Y とするとき，以下の場合に Y のペイオフ，収益をそれぞれ求めよ．ただし Y の現在価格を $P = 200$（円），満期時 T における株価を S_T（円）とする．
(1) $S_T = 10,000$ のとき　(2) $S_T = 7,000$ のとき

1.1.4 ポートフォリオの収益とそのグラフ

様々な資産の組み合わせをポートフォリオという．ここではいろいろなデリバティブから成るポートフォリオを考え，そのペイオフ，収益とそのグラフを考えてみよう．

例題 1.4 行使価格 $K = 10{,}000$（円）のコールオプション契約（のペイオフ）を X, 行使価格 $K = 13{,}000$（円）のコールオプション契約（のペイオフ）を Y とし, X, Y の現在価格をそれぞれ 1,000 円, 500 円とする. X を買って Y を売るポートフォリオのペイオフのグラフ, 収益のグラフをそれぞれ描け. ただし横軸は満期時 T での株価 S_T, 縦軸は（もらう）金額とする.

解

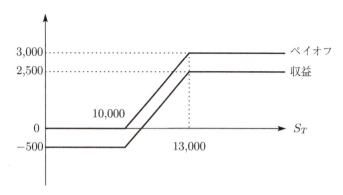

図 1.2 コールオプションのペイオフと収益のグラフ

（例題 1.4 解　終わり）

注意 図 1.2 のグラフをみると高い行使価格のコールオプションを売っても, たとえばこの場合は満期株価が 13,000 円以上になるともらう金額はカットされ一定になる. その代わりに単独に X を買うよりも 500 円安くなっている. いずれにしてもコールオプションの買いは株価が上がると儲かり, この X を買って Y を売るというポートフォリオの収益も単調増加のグラフになる. その形が牛の角に似ていることから強気の戦略として「ブル戦略」と呼ばれる. ほかにもベア戦略（練習問題 1.4）, バタフライ戦略（練習問題 1.5）などがある.

練習問題 1.4 行使価格 $K = 10{,}000$（円）のプットオプション契約（のペイオフ）を X, 行使価格 $K = 7{,}000$（円）のプットオプション契約（のペイオフ）を Y とし, X, Y の現在価格をそれぞれ 1,000, 500 とする. X を買って Y を売るポートフォリオのペイオフのグラフ, 収益のグラフをそれぞれ描け.

練習問題 1.4 のような戦略をベア戦略という．ベア戦略とは株が下がると利益が出る戦略のことである．

練習問題 1.5 行使価格 $K = 8{,}000$（円）のコールオプション契約（のペイオフ）を X，行使価格 $K = 10{,}000$（円）のコールオプション契約（のペイオフ）を Y，行使価格 $K = 12{,}000$（円）のコールオプション契約（のペイオフ）を Z とし，X, Y, Z の現在価格をそれぞれ 1,600 円，800 円，400 円とする．X を 1 単位，Z を 1 単位買って，Y を 2 単位売るポートフォリオのペイオフのグラフ，収益のグラフをそれぞれ描け．

練習問題 1.5 のような戦略をバタフライ戦略という．バタフライ戦略とは株があまり動かないと利益が出る戦略のことである．

1.2 利子率と現在価値割引

1 年間の利子率，すなわち年利率が r のとき，銀行に 1 預けると 1 年後には $1 + r$ になる．これを複利で考えると 2 年後には $(1 + r)^2$，T 年後には $(1 + r)^T$ となる．すると次に紹介する 70 の法則を覚えておくと便利である．

例題 1.5 (1) 年利率 $r\%$ の複利で 1 を銀行に預けると $\frac{70}{r}$ 年後の元金 1 とその利息の合計は 約 2 になることを示せ．
(2) $r = 5$ のとき何年で 2 倍になるか．また 4 倍になるか．

解 (1) e^x の $x = 0$ におけるテーラー展開を考えると $e^{0.7} = 1 + 0.7 + \frac{0.7^2}{2} + \frac{0.7^3}{6} + \cdots \fallingdotseq 2.01 \fallingdotseq 2$．よって $(1 + \frac{r}{100})^{\frac{70}{r}} = (1 + h)^{\frac{70}{100h}} = ((1 + h)^{\frac{1}{h}})^{0.7} \fallingdotseq e^{0.7} \fallingdotseq 2$．
(2) 2 倍になるのは 約 $\frac{70}{5} = 14$ 年後，$4 = 2 \times 2$ より 4 倍になるのは約 28 年後．

（例題 1.5 解　終わり）

注意 $e^{0.4} \fallingdotseq 1.5, e^{1.1} \fallingdotseq 3$ を用いると 1.5 倍になるのは 約 $\frac{40}{r}$ 年，3 倍になるのは 約 $\frac{110}{r}$ 年である．

年利率 r の複利を考えると時刻 $t = n$ での元金と利息の合計は $(1 + r)^n$ となり，これを $t = n$ における終価ともいう．つまり，お金の価値を考えると $t = 0$ での価値 1 は $t = n$ で価値 $(1 + r)^n$ となるからで，お金の時間的価値を考慮すれば $t = 0$ での価値 1 と $t = n$ で価値 $(1 + r)^n$ は等しいと考えられる．

逆に $t = n$ での価値 1 は $t = 0$ での価値 $(1 + r)^{-n}$ と等しい．これを $t = 0$ で

の価値 1 の現価（現在価値のこと）は $(1+r)^{-n}$ であるという．つまり将来の価値を現在の価値に変換するときに $(1+r)^{-n}$ をかけるのである．$(1+r)^{-1}$ を割引率という．

例題 1.6 以下の 1. と 2. では年利率 r の複利（割引率 $(1+r)^{-1}$）とする．
1. （終価の問題）年初に 1 ずつ n 年間預けるときの終価（n 年後の価値）．
2. （現価の問題）(i) 現在は年初とし，年末に年金が a 円ずつ n 年間支払われるという年金商品の現在価値．(ii) (i) で $n \to \infty$ とすればどうなるか．
3. （銀行ローン）月複利 r で銀行から A 円借り，T か月ローンで元利均等払い（元金と利息をあわせて毎月一定額を返済する方式）で返済するとき毎月の返済金はいくらか．
4. （連続利子率）(i) $\lim_{n\to\infty}\left(1+\frac{a}{n}\right)^{bn}$ を求めよ．(ii) 期間 Δt での利子 $r\Delta t$ がつくとし，1 を T 年間（$\frac{T}{\Delta t}$ 期間）預けるときの元金と利息の合計（終価）を求め，$\Delta t \to 0$ とせよ．

解 1. $(1+r)^n + (1+r)^{n-1} + \cdots + (1+r) = \frac{(1+r)^n - (1+r)\frac{1}{1+r}}{1 - \frac{1}{1+r}} = \frac{1+r}{r}((1+r)^n - 1)$.
2. (i) $\frac{a}{1+r} + \frac{a}{(1+r)^2} + \cdots + \frac{a}{(1+r)^n} = \frac{a}{r}(1 - \frac{1}{(1+r)^n})$. (ii) $\frac{a}{r}$.
3. 毎月の返済額を x とすると 2.(i) より $\frac{x}{r}(1 - (\frac{1}{1+r})^T) = A$. よって $x = \frac{rA}{1-(1+r)^{-T}}$. （別解）$t = 0, 1, \cdots, T$ として $a_t =$ 時刻 t でのローンの残り（t 回ローンを返したときのローンの残り）とおくと，定義より $a_0 = A$, $a_T = 0$ である．また，意味を考えて $a_{t+1} = (1+r)a_t - x$. t から $t+1$ 月目の間に利子がつき $(1+r)a_t$ を返さねばならないが，x 払うためローンの残りは $(1+r)a_t - x$ となる．この漸化式を解いて $a_t = \frac{x}{r} + (1+r)^t(A - \frac{x}{r})$. $a_T = 0$ を解いて $x = \frac{rA}{1-(1+r)^{-T}}$.
4. (i) $\lim_{n\to\infty}\left(1+\frac{a}{n}\right)^{bn} = \lim_{h\to 0}(1+h)^{\frac{ab}{h}} = e^{ab}$. (ii) 元金と利息の合計は $(1+r\Delta t)^{\frac{T}{\Delta t}}$. よって $\lim_{\Delta t \to 0}(1+r\Delta t)^{\frac{T}{\Delta t}} = e^{rT}$.

（例題 1.6 解　終わり）

注意 例題 1.6 4. (ii) で求めた利子 r を連続利子率という．

注意 例題 1.6 のような問題では等比数列の和の公式，$\sum_{初項}^{末項}$ 等比数列 $= \dfrac{初項 - 末項 \times 公比}{1 - 公比}$ を使うと間違いが少なくなる．

1.3 無裁定

1.3.1 なぜ「無裁定」を考えるのか

「裁定」とは大まかにいうと,「確率 1 で儲けることができること」である. たとえば, 宝くじや馬券やコールオプション契約が無料でもらえるような事態が裁定である. 実際の市場では, このようなことがたとえ起こったとしても, すぐに調整され, 裁定はなくなってしまう. よって裁定がないこと, つまり「無裁定」を基本的な仮定として, 今後, これをよりどころとして, デリバティブ価格づけ理論を論じる.

$Val_t(X)$ を時刻 t における X の価値, すなわち, 時刻 t においてその金融商品を買うときに払うお金($Val_t(X) < 0$ でもらうお金)と定義する. 裁定(裁定取引)とは X を金融商品, T をその満期時としたとき $Val_0(X) \leqq 0$ だが $Val_T(X) > 0$ となることである. この条件下では, $t = 0$ で金融商品 X を買うときにも $|Val_0(X)|$ のお金をもらい $t = T$ で金融商品を売るときにも $Val_T(X)$ だけお金が入るので, 確率 1 で儲けることができている. また明らかに, $Val_0(X) < 0$ かつ $Val_T(X) \geqq 0$ となることも裁定である.

今後, 本書では金融商品 X の初期価格 $Val_0(X)$ を C_X と書く. 一方, 満期時 T の価値 $Val_T(X)$ は前にみたペイオフ(支払い)と同じなのでこれを金融商品そのものとみなし X と書く.

すると, この無裁定の仮定より以下のようなことがわかる. 満期時 T におけるペイオフがまったく同じで $Val_T(X) = Val_T(Y)$ $(X = Y)$ となる金融商品 X, Y があり, その初期価格をそれぞれ C_X, C_Y とすると, $C_X = C_Y$ となる.

もし $C_X > C_Y$ なら, $t = 0$ 時点で X を売って Y を買う. すると $t = 0$ で $C_X - C_Y (> 0)$ の現金が残り, $t = T$ で清算すると Y と X のペイオフが同じなので $t = T$ での支払いが 0(Y を売って X を買い戻す)となる. つまり, 最初の $C_X - C_Y (> 0)$ を確実に儲けることができることとなり, 無裁定の仮定に反する.

裁定とは, X, Y を金融商品として, 表 1.1 のようになることである.

表 1.1 裁定とは

	$t = 0$		$t = T$
商品	X を売って Y を買う	$\longrightarrow$	Y を売って X を買う(清算する)
価値	$-C_X + C_Y < 0$		$X - Y = 0$

慣れていないと少しわかりにくいので，もう少し説明してみよう．

まず $t=0$ で Y を買うとは現金 C_Y を払って金融商品（契約書）Y を買う．それを保持し，$t=T$ で売り（清算し），満期価値 Y の現金をもらう．「売り」は「買い」の反対（同じ契約を相手方からみたもの）なので，$t=0$ では X を売って C_X の現金を得て $t=T$ では清算するのだが，契約の相手から X を要求され，現金 X を払う．それを同時に行うと $t=0$ では $C_X - C_Y(>0)$ の現金が残り，それとは別に $t=T$ では清算することにより 0 で清算され，「裁定」が起こる．そのことを表1.1 は示している．もちろん $C_Y > C_X$ でも同様なので無裁定となるためには $C_Y = C_X$ とならなければならないのである．つまりペイオフがまったく同じ金融商品は現在価値も同じ（未来価値が同じなら現在価値も同じ）でなければならない．これを「一物一価の法則」という．

一物一価の法則
表 1.2，表 1.3 の 2 つの商品 X,Y があるとする．

表 1.2　商品 X

	$t=0$		$t=T$
商品	X	$\longrightarrow$	X
価値	C_X		$Val_T(X)$

表 1.3　商品 Y

	$t=0$		$t=T$
商品	Y	$\longrightarrow$	Y
価値	C_Y		$Val_T(Y)$

満期価値 $Val_T(X) = Val_T(Y)$ なら初期価値（初期価格）も $C_X = C_Y$ である．

この法則を用いていろいろなデリバティブの価値（価格）の間に成立する等式，不等式を調べてみよう．

> **例題 1.7**（先物の理論受け渡し価格）
> 1.1.1 節で述べたように，「$t=T$ で株 1 単位を価格 K で買う」という先物買い契約の受け渡し価格 K は，この契約の $t=0$ における価値が 0 となるように（理論的に）定められる．この K を無裁定の考え方により決定してみよう．

解　$t=0$ から $t=T$ までの利回りを R とする．利回りとは利子によりその期間に増えた分のことである．つまり $t=0$ で 1 預けると，$t=T$ では $1+R$ になるとする．ここで 2 つのポートフォリオ A, B を考える．すなわち，A, B はそれぞれ複数の金融商品の組み合わせ，分散投資である．ポートフォリオ A は株の現

物1単位のみ．ポートフォリオ B は，「先物買い契約（株1単位の）」+「$\frac{K}{1+R}$ の安全債券（銀行預金）」とする．このとき，2つのポートフォリオの価値の推移は表 1.4, 表 1.5 のようになる．ただし，満期時 T における株価を S_T とする．

表 1.4 ポートフォリオ A

A	$t=0$		$t=T$
価値	S	$\longrightarrow$	S_T

表 1.5 ポートフォリオ B

B	$t=0$		$t=T$
価値	$0+\frac{K}{1+R}$	$\longrightarrow$	$S_T - K + (1+R)\frac{K}{1+R} = S_T$

このようにポートフォリオ A とポートフォリオ B の未来 $t=T$ におけるペイオフ（支払い）は一致する．よって無裁定の仮定より，$t=0$ における価値も一致しなければならない．

$$S = 0 + \frac{K}{1+R}$$

これより

$$K = S(1+R)$$

となる．つまり，

受け渡し価格 = 現在の株価 $\cdot$ (1 + 利回り)

この K こそが，先物契約の $t=0$ における価値を 0 にする値なのである．

（例題 1.7 解　終わり）

練習問題 1.6　$t=0$ における価値が 0 である株式先物買い契約の受け渡し価格 K を求めよ．ただし $S=10{,}000$, $t=0$ から $t=T$ までの利回りは 10% とする．

例題 1.8　（プットコールパリティ）

無裁定より，次の関係式を示せ．

$$C + \frac{K}{1+R} = S + P$$

ここで，C, P はそれぞれコールオプション，プットオプションの $t=0$ における価格で，S は株の現物の $t=0$ における価格，K はコールオプション，プットオプションの行使価格，R は $t=0$ から $t=T$ までの利回りとする．

解 ポートフォリオ A は，コールオプション $+\frac{K}{1+R}$ の安全債券（コールオプション1単位と安全債券 $\frac{K}{1+R}$ 単位から成るということを本書ではこう表す），ポートフォリオ B は，プットオプション $+$ 株の現物（プットオプション1単位と株の現物1単位から成るという意味）とする．このとき，それぞれのポートフォリオの価値の推移は表 1.6, 表 1.7 のようになる．ただし，満期時 $t=T$ における株価を S_T とする．

表 1.6　ポートフォリオ A

A	$t=0$	$t=T$
価値	$C+\frac{K}{1+R}$	$\max(S_T-K,0)+K$

表 1.7　ポートフォリオ B

B	$t=0$	$t=T$
価値	$P+S$	$\max(K-S_T,0)+S_T$

ここで，

$$\max(S_T-K,0)+K = \begin{cases} S_T & S_T \geq K \text{ のとき} \\ K & K \geq S_T \text{ のとき} \end{cases}$$

$$\max(K-S_T,0)+S_T = \begin{cases} S_T & S_T \geq K \text{ のとき} \\ K & K \geq S_T \text{ のとき} \end{cases}$$

となり，ポートフォリオ A,B の $t=T$ におけるペイオフは一致する．よって無裁定の仮定より，$C+\frac{K}{1+R}=S+P$ が成り立つ．

（例題 1.8 解　終わり）

注意 例題 1.8 のように，同一期間，同一の行使価格のコールオプションとプットオプションの価格，それぞれの行使価格（繰り返しになるが同一の場合を考えている），株の価格，安全債券の利子率の間に成り立つ関係のことをプットコールパリティという．

今後，特に断らなければ，コールオプション，プットオプション，株の現物については，それぞれ1単位を考えているものとする．

練習問題 1.7　同じ行使価格 K のコールオプションの買いとプットオプション

の売りを同時に行うと，どのような金融商品と同じになるか．また，その $t=0$ における価格を求めよ．

例題 1.9 コールオプション価格 C は次の不等式を満たすことを示せ．ただし K は行使価格，S は現在時点の株価を表す．

$$\max(S-K, 0) \leqq C \leqq S$$

解 今，$C > S$ と仮定すると，オプションを売って株を買うと $C - S > 0$ の現金が入る．満期時 T で清算すると株を売ることにより S_T が入り，オプション契約によって $\max(S_T - K, 0)$ を払わなくてはならない．しかし，

$$S_T - \max(S_T - K, 0) = \begin{cases} S_T - (S_T - K) = K > 0 & (S_T \geqq K) \\ S_T - 0 > 0 & (S_T \leqq K) \end{cases}$$

となり裁定が生じることになる．よって $C \leqq S$．

$C < \max(S - K, 0)$ とすると，$S \leqq K$ の場合には $C < 0$ となり，これはありえない．よって $C < \max(S - K, 0)$ の場合としては，$S > K$ のときのみを考えればよい．すなわち $C < S - K$ を仮定する．すると $S - C - K > 0$ より，株を売ってオプションを買い，銀行に K 預けてもまだ $S - C - K > 0$ の現金が残る．$t = T$ で清算すると入るお金はオプションの清算による $\max(S_T - K, 0)$ と銀行からの払い戻し $K(1 + R)$，払うお金は株を買い戻す S_T で

$$\max(S_T - K, 0) + K(1 + R) - S_T$$
$$= \begin{cases} S_T - K + K(1+R) - S_T = KR & (S_T \geqq K) \\ K(1+R) - S_T = (K - S_T) + KR & (S_T \leqq K) \end{cases}$$

と，どちらの場合も満期時にもらうお金が正になる．すなわちこの取引は裁定であり，$C < \max(S - K, 0)$ を仮定すると矛盾が生じるといえる．よって $\max(S - K, 0) \leqq C$ である．

(例題 1.9 解 終わり)

例題 1.10 コールオプション価格 $C(K)$（行使価格 K に関する依存性を考えるのでこう書く）は次の不等式を満たすことを示せ．ただし K_1, K_2 は行使価格で，$K_1 < K_2$ とする．また R は満期時点までの利子率とする．

$$C(K_1) > C(K_2)$$
$$C(K_1) - C(K_2) < \frac{1}{1+R}(K_2 - K_1)$$

解 最初は $C(K_2) - C(K_1) \geqq 0$ と仮定し，行使価格 K_2 のコールオプション（K_2 コールと呼ぶ）を売って K_1 コールを買う．すると $t=0$ で $C(K_2) - C(K_1) \geqq 0$ の現金が入り，満期時 $t=T$ でも

$$-\max(S_T - K_2, 0) + \max(S_T - K_1, 0)$$
$$= \begin{cases} -(S_T - K_2) + (S_T - K_1) = K_2 - K_1 & (S_T \geqq K_2) \\ \max(S_T - K_1, 0) & (S_T \leqq K_2) \end{cases}$$

とどちらにしても非負の現金が入るので裁定となり，矛盾する．よって $C(K_1) > C(K_2)$．

2番目の不等式は $C(K_1) - C(K_2) - \frac{1}{1+R}(K_2 - K_1) \geqq 0$ を仮定すると K_1 コールを売って K_2 コールを買い，さらに銀行に $\frac{1}{1+R}(K_2 - K_1)$ 預けても $C(K_1) - C(K_2) - \frac{1}{1+R}(K_2 - K_1) > 0$ の現金が残る．$t=T$ で清算すると入ってくるお金は

$$-\max(S_T - K_1, 0) + \max(S_T - K_2, 0) + \frac{1+R}{1+R}(K_2 - K_1)$$
$$= \begin{cases} 0 & (S_T \geqq K_2) \\ -(S_T - K_1) + 0 + (K_2 - K_1) = K_2 - S_T & (K_1 \leqq S_T \leqq K_2) \\ K_2 - K_1 & (S_T \leqq K_1) \end{cases}$$

となり，どの場合も非負なので裁定が生じ矛盾となる．よって $C(K_1) - C(K_2) < \frac{1}{1+R}(K_2 - K_1)$ が成立する． （例題 1.10 解　終わり）

練習問題 1.8 S を現在時点での株価，K をコールオプションの行使価格，R を安全債券の利子率，C をコールオプションの価格とする．$\max(S - \frac{K}{1+R}, 0) \leqq C$ を示せ．

練習問題 1.9 S を現在時点での株価，K をプットオプションの行使価格，R を安全債券の利子率，P をプットオプションの価格とする．$\max(\frac{K}{1+R} - S, 0) \leqq P \leqq \frac{K}{1+R}$ を示せ．

練習問題 1.10 プットオプション価格 $P(K)$（行使価格 K に関する依存性を考えるのでこう書く）は次の不等式を満たすことを示せ．$K_1 < K_2$ とする．

$$P(K_1) < P(K_2)$$
$$P(K_2) - P(K_1) < \frac{1}{1+R}(K_2 - K_1)$$
$$P(\frac{K_1 + K_2}{2}) < \frac{P(K_1) + P(K_2)}{2}$$

練習問題 1.10 の 3 番目の式については，コールオプションの場合にどうなるかも考えてみよう．

1.3.2 無裁定とリスク中立確率

簡単な例題で無裁定と確率の考え方をみてみよう．

例題 1.11 3 頭だての競馬を考える．馬 A, B, C の単勝馬券をそれぞれ X_A, X_B, X_C で表す．これらの単勝馬券の価格はすべて 1 であるとし，ペイオフに関しては，X_A は A が勝てば 2 で B または C が勝てば 0（このことを馬 A の単勝オッズが 2 であるという），X_B は B が勝てば 3 で A または C が勝てば 0，X_C は C が勝てば c で A または B が勝てば 0 であるとする．このとき馬 C の単勝オッズ c を求めよ．

解 馬券ポートフォリオ $3cX_A + 2cX_B + 6X_C$ を考えると，どの馬が勝っても $6c$ お金が戻る．一方，この馬券ポートフォリオの購入にかかるお金は $3c + 2c + 6$ なので $3c + 2c + 6 = 6c$ を解くと $c = 6$ となる．ここでもし $c \neq 6$ なら確率 1 でお金が儲かる裁定が生じてしまう．よって馬 C の単勝オッズは 6 である．

（例題 1.11 解 終わり）

注意 （馬券購入者全体からみた）馬 A の勝つ確率は $\frac{1}{2}$，同様に馬 B の勝つ確率は $\frac{1}{3}$ である．よって 馬 C の勝つ確率は $1 - \frac{1}{2} - \frac{1}{3} = \frac{1}{6}$ と出してもよく，このような裁定が出ない無裁定の確率をリスク中立確率という．デリバティブ（金融派生商品）の価格はこのリスク中立確率による期待値をとればよいのであるが，これについて次章以下でみていく．

練習問題 1.11 4 頭だての競馬で馬 A と馬 B の単勝オッズは 3，馬 C の単勝オッズは 10 のとき，馬 D の単勝オッズを求めよ．

練習問題 1.12 実際の JRA（日本中央競馬会）では寺銭を 20% とられる（馬券購入者全員から支払われた総額の 20% が主催者側に渡り，残りの 80% が払い戻される）．この条件のもとで例題 1.11 の場合の馬 C の単勝オッズを求めよ．

第2章
離散モデルのデリバティブ価格理論 I

2.1　2項1期間モデル

まず市場に株と安全債券（銀行預金）しかないと考え，これらの資産の価格の観測時点は現在時点 $t=0$ と将来時点 $t=1$ の2時点のみとし，さらに将来時点 $t=1$ において株価は2通りの値しかとり得ないと仮定する．このようなシンプルなモデルを2項1期間モデルという．このモデルを用いて満期が時点 $t=1$ の株式デリバティブの価格を求めてみよう．

例題 2.1

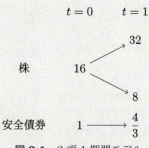

図 2.1　2項1期間モデル

$t=0$ における株価 S_0 について，今，$S_0=16$ とし，$t=1$ における株価 S_1 は $S_1=32$ または 8 とする．また安全債券の価値は，$t=0$ において 1 だったものが，$t=1$ では $\frac{4}{3}$ になるとする．この市場で行使価格 K が 16 のコールオプションを考える．株 x 単位と安全債券 y 単位から成るポートフォリオで，その $t=1$ における価値がコールオプションのペイオフと同じになるような (x,y)（これを複製ポートフォリオという）を求めて，さらに無裁定の仮定よりコールオプションの初期価格 C を求めよ．また行使価格 16 のプットオプションの初期価格 P を求めよ．

解 株が上がった場合 $32x + \frac{4}{3}y = \max(32-16,0) = 16$，株が下がった場合 $8x + \frac{4}{3}y = \max(8-16,0) = 0$ となる．これを解いて $x = \frac{2}{3}, y = -4$．よって無裁定の仮定より複製ポートフォリオの現在価値はコールオプションの現在価値 C となるので，$C = \frac{2}{3}16 + (-4) = \frac{20}{3}$．同様にプットオプションに対しては株が上がった場合を考えて，式 $32x + \frac{4}{3}y = \max(16-32,0) = 0$ を導くことができ，株が下がった場合からは $8x + \frac{4}{3}y = \max(16-8,0) = 8$ を導くことができる．これらを連立させて解いて $x = -\frac{1}{3}, y = 8$ を導くことができる．よって無裁定より $P = -\frac{1}{3}16 + 8 = \frac{8}{3}$ となる．

（例題 2.1 解　終わり）

注意 P はプットコールパリティより $P = C + \frac{K}{1+R} - S = \frac{20}{3} + \frac{16}{\frac{4}{3}} - 16 = \frac{8}{3}$ としてもよい．

注意 コールオプションの複製ポートフォリオ (x,y) は $(x,y) = (\frac{2}{3}, -4)$（プットオプションの複製ポートフォリオは $(x,y) = (-\frac{1}{3}, 8)$）である．これを複製ポートフォリオ推移として以下のように書く．

$$(\text{複製ポートフォリオ}, \text{価値}) = ((\tfrac{2}{3}, -4), \tfrac{20}{3}) \begin{matrix} \nearrow \text{価値} = 16 \\ \searrow \text{価値} = 0 \end{matrix}$$

実際に確かめてみると，最初に資金 $\frac{20}{3}$ を準備し，$y = -4$，つまり銀行から 4 借りてきて資金を $\frac{20}{3} + 4$ とし株を $\frac{2}{3}$ 単位買う．するとこの複製ポートフォリオの株が上がった場合の価値は，$\frac{2}{3}$ 単位の株が $\frac{2}{3} \times 32$ で売れ，銀行から借りてきた 4 は利子をつけて返すので，ポートフォリオを清算すると $\frac{2}{3} \times 32 + (-4) \times \frac{4}{3} = 16$．株が下がった場合も同様に清算すると $\frac{2}{3} \times 8 + (-4) \times \frac{4}{3} = 0$ となり，行使価格 16 のコールオプションのペイオフと完全に一致する．

練習問題 2.1　例題 2.1 の市場において，行使価格 20 のコールオプションとプットオプションのそれぞれについて，価格と複製ポートフォリオを求めよ．

2.2　2 項 2 期間モデル

例題 2.1 の市場モデルを，将来時点を 1 つ増やして図 2.2 のように拡張しよう．
このような市場モデルを 2 項 2 期間モデルという．このモデルを用いて満期時点が $t = 2$ の株式デリバティブの価格を求めてみよう．

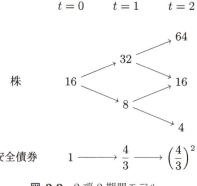

図 2.2 2 項 2 期間モデル

> **例題 2.2** 図2.2の2項2期間モデルを用いて，行使価格36のコールオプションの現在価格 C と複製ポートフォリオ推移（つまり複製ポートフォリオの構成と価値の推移）を求めよ．

解 株 x 単位，安全債券 y 単位のポートフォリオだとして，x と y の満たす式を考える．$64x+(\frac{4}{3})^2 y = \max(64-36,0) = 28$，$16x+(\frac{4}{3})^2 y = \max(16-36,0) = 0$ を解いて $(x,y) = (\frac{7}{12}, -\frac{21}{4})$．よって $t=0$ から $t=1$ にかけて株が上がった場合の複製ポートフォリオの価値は $\frac{7}{12} \times 32 - \frac{21}{4} \times \frac{4}{3} = \frac{35}{3}$．また，明らかに $t=0$ から $t=1$ にかけて株が下がったときの複製ポートフォリオは $(0,0)$ である．次に $32x + \frac{4}{3}y = \frac{35}{3}$，$8x + \frac{4}{3}y = 0$ を解いて $(x,y) = (\frac{35}{72}, -\frac{35}{12})$ より $C = \frac{35}{72} \times 16 - \frac{35}{12} = \frac{175}{36}$．複製ポートフォリオ推移は

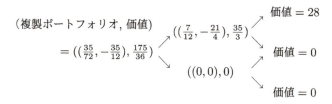

となる．

（例題 2.2 解　終わり）

> **注意** 2項多期間モデル（同様にして期間数はいくらでも増やせる）では複製ポートフォリオを各期間で清算し組み直すということを満期 T の 1 つ前までやり続

けなければならない.このようなデリバティブの複製のやりかたをダイナミックヘッジという.

練習問題 2.2 図 2.2 の市場モデルで
(1) 行使価格 10 のプットオプションの現在価格と複製ポートフォリオ推移
(2) （行使価格 10 のコールオプション）×（行使価格 20 のプットオプション）をペイオフとするデリバティブの現在価格と複製ポートフォリオ推移
をそれぞれ求めよ.

2.3　2 項 1 期間モデル再考—リスク中立確率—

市場に図 2.3 の株式と安全債券があるものとする.

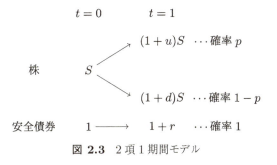

図 **2.3**　2 項 1 期間モデル

ここで $0 < 1+d < 1 < 1+r < 1+u$ と自然な仮定をおく.つまり株は S が $(1+u)S$ に上がるか $(1+d)S$ に下がるかで,上がる場合は安全債券よりも大きく上がる.

こういってもよい.上の仮定が満たされないと株と安全債券の取引だけで裁定が起きてしまう.

たとえば,$1+u < 1+r$ とすると,安全債券を S 単位買い,株式を 1 単位売るポートフォリオの現在価値は $S + (-1)S = 0$ で,満期における価値は,株価が上昇した場合は $(1+r)S - (1+u)S > 0$,そして株価が下落した場合も $(1+r)S - (1+d)S > 0$ となり,裁定が生じてしまうのである.

ここで行使価格 K のコールオプションの現在価格 C を無裁定の考え方より求めてみる.まず株 Δ 単位,安全債券 B 単位のポートフォリオで複製することを

考える．
$$\begin{cases}(1+u)S\Delta + (1+r)B = \max((1+u)S - K, 0)\\(1+d)S\Delta + (1+r)B = \max((1+d)S - K, 0)\end{cases}$$

これを解いて
$$\Delta = \frac{\max((1+u)S - K, 0) - \max((1+d)S - K, 0)}{(u-d)S}$$
$$B = \frac{(1+u)\max((1+d)S - K, 0) - (1+d)\max((1+u)S - K, 0)}{(1+r)(u-d)}$$

となる．すると無裁定の考え方より

$$C = \Delta S + B \cdot 1$$

である．なぜならもし $C > \Delta S + B$ なら現時点においてコールオプションを売って複製ポートフォリオを買うことにする．すると，$t=0$ で $C - (\Delta S + B)$ の現金が残り $t=1$ ではどちらになろうとも処分して価値は 0 となり，裁定が存在することになってしまう．$C < \Delta S + B$ でも同様で，よって無裁定の仮定より $C = \Delta S + B$ となるのである．

実は少し変形すると

$$C = \Delta S + B$$
$$= \frac{1}{1+r}\left(\max((1+u)S - K, 0)\frac{r-d}{u-d} + \max((1+d)S - K, 0)\frac{u-r}{u-d}\right)$$
$$= \frac{1}{1+r}E^Q\left(\max(XS - K, 0)\right)$$

と書けることがわかる．ただし X は確率変数で，$Q(X = 1+u) = \frac{r-d}{u-d}$，$Q(X = 1+d) = \frac{u-r}{u-d}$ を満たすものである．記号 E^Q は Q による期待値である．この Q を**リスク中立確率測度**，$\frac{r-d}{u-d}(=q$ とおく$)$ を**リスク中立上昇確率**，$\frac{u-r}{u-d}(=1-q)$ を**リスク中立下降確率**と呼ぶ．

つまり，コールオプションの現在価格は，コールオプションのペイオフ $(\max(XS - K, 0))$ のリスク中立確率測度 Q での期待値をとり，それを現在価格に $\frac{1}{1+r}$ で割り引いたものと考えることができるのである．

注意 このリスク中立確率測度 Q は 1.3.2 項で述べたものと同じである．

2.4 ブラック・ショールズ偏差分方程式，偏微分方程式

例題 2.3

(1) 時刻 t における株価 S_t は時刻 $t+1$ で $(1+\mu+\sigma)S_t$ か $(1+\mu-\sigma)S_t$ になるとする．また時刻 t における安全債券（価値 1）は時刻 $t+1$ で $1+r$ になるとする．満期時 T においてペイオフが $f(S_T)$ であるデリバティブの時刻 t における価格を $C(t, S_t)$ とするとき，時刻 t においてデリバティブ 1 単位と株 x 単位で組むポートフォリオが安全債券となる x を求め，さらに $C(t+1,(1+\mu+\sigma)S_t), C(t,(1+\mu-\sigma)S_t), C(t, S_t)$ の関係式を求めよ．
(2) (1) でスケール変換を行い単位時間を 1（秒）から Δt(秒) に変換し，あわせて μ を $\mu\Delta t, r$ を $r\Delta t, \sigma$ を $\sigma\sqrt{\Delta t}$ に変換し，$\Delta t \to 0$ により偏微分方程式を求めよ．さらに受け渡し価格 K の先物買いの t における価格は関数 g を用いて $C(t, S) = S - g(t)$（+境界条件 $C(T, S) = S - K$）とおけることを利用してこれを求めよ．

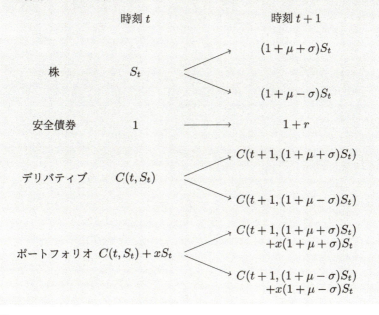

解 (1)
$C(t+1,(1+\mu+\sigma)S_t)+x(1+\mu+\sigma)S_t = C(t+1,(1+\mu-\sigma)S_t)+x(1+\mu-\sigma)S_t$

より $x = \frac{C(t+1,(1+\mu-\sigma)S_t) - C(t+1,(1+\mu+\sigma)S_t)}{2\sigma S_t}$. するとデリバティブ 1 単位と株 x 単位のポートフォリオは t から $t+1$ にかけて安全債券と同じであり, 1 が $1+r$ になるので $C(t+1,(1+\mu+\sigma)S_t) + x(1+\mu+\sigma)S_t = (1+r)(C(t,S_t) + xS_t)$ となる. これに x を代入して整理して

$$\frac{1}{2}\{C(t+1,(1+\mu+\sigma)S_t) - 2C(t+1,S_t) + C(t+1,(1+\mu-\sigma)S_t)\}$$
$$+ \frac{r-\mu}{2\sigma}\{C(t+1,(1+\mu+\sigma)S_t) - C(t+1,(1+\mu-\sigma)S_t)\}$$
$$+ C(t+1,S_t) - C(t,S_t) - rC(t,S_t) = 0$$

(2)

$$\frac{1}{2\Delta t}\{C(t+\Delta t,(1+\mu\Delta t+\sigma\sqrt{\Delta t})S_t) - 2C(t+\Delta t,S_t)$$
$$+ C(t+\Delta t,(1+\mu\Delta t-\sigma\sqrt{\Delta t})S_t)\}$$
$$+ \frac{r-\mu}{2\sigma\sqrt{\Delta t}}\{C(t+\Delta t,(1+\mu\Delta t+\sigma\sqrt{\Delta t})S_t)$$
$$- C(t+\Delta t,(1+\mu\Delta t-\sigma\sqrt{\Delta t})S_t)\}$$
$$+ \frac{1}{\Delta t}\{C(t+\Delta t,S_t) - C(t,S_t)\} - rC(t,S_t) = 0$$

ここで $\Delta t \to 0$ として

$$C(t+\Delta t, S+\Delta S) \fallingdotseq C(t,S) + \frac{\partial C}{\partial t}\Delta t + \frac{\partial C}{\partial S}\Delta S$$
$$+ \frac{1}{2}\Big(\frac{\partial^2 C}{\partial t^2}(\Delta t)^2 + 2\frac{\partial^2 C}{\partial S \partial t}\Delta t \Delta S + \frac{\partial^2 C}{\partial S^2}(\Delta S)^2\Big)$$

を用いると偏微分方程式

$$\frac{1}{2}\sigma^2 S^2 \frac{\partial^2 C}{\partial S^2} + rS\frac{\partial C}{\partial S} + \frac{\partial C}{\partial t} - rC = 0 \ +境界条件 C(T,S) = f(S) \quad (2.1)$$

が得られる.

先物買いの t 時点価格は $C(t,S) = S - g(t)$ を上式に代入すると, $g'(t) - rg(t) = 0$, $g(T) = K$ となり, これを解くと $g(t) = Ke^{-r(T-t)}$. よって $C(t,S) = S - Ke^{-r(T-t)}$.

(例題 2.3 解　終わり)

注意 式 (2.1) をブラック・ショールズ偏微分方程式 (Black-Scholes partial differential equation) という.

練習問題 2.3 満期 T におけるペイオフが $f(S_T)$ というデリバティブの時刻 t

における価格は，$S_t = S$ のとき，上の式 (2.1) の解 $C(t, S)$ として求められるとする．

(1) 一般に $f(S_T) = S_T^n$（n は 2 以上の自然数）であるものをパワーオプションという．パワーオプションの 1 つ $f(S_T) = S_T^3$ について，$S_t = S$ のときの時刻 t における価格 $C(t, S)$ を，$C(t, S) = S^3 g(t)$ と表せることを利用して求めよ．

(2) $f(S_T) = \log S_T$ について，$S_t = S$ のときの時刻 t における価格 $C(t, S)$ を，$C(t, S) = e^{-r(T-t)}(\log S + g(t))$ と表せることを利用して求めよ．

第3章
ランダムウォークとマルチンゲール

3.1 ランダムウォーク—対称ランダムウォークと非対称ランダムウォーク—

3.1.1 定義と記号

確率変数に時間パラメーター t がついたものを確率過程という．重要な確率過程に独立増分過程がある．その中でも最も基本的なものがランダムウォークである．ランダムウォークはファイナンスにおける2項モデルなどの確率論の応用においても重要なものである．

硬貨の表裏を当てることを何回も繰り返し，各回当たれば財産が1増え，外れれば1減るものとする．したがって i 回目の賭けを $\xi_i = \begin{cases} 1 & \cdots \text{当たりのとき (確率} \frac{1}{2}) \\ -1 & \cdots \text{はずれのとき (確率} \frac{1}{2}) \end{cases}$
と表すと，$Z_0 = 0$ から出発した場合の t 回目の賭けの直後の財産 Z_t は $Z_t = \xi_1 + \xi_2 + \cdots + \xi_t$ と書ける．この確率過程 Z_t を **1次元対称ランダムウォーク**という．また，$p \neq \frac{1}{2}$ として ξ_i の代わりに $\xi_i' = \begin{cases} 1 & \cdots \text{当たりのとき (確率} p) \\ -1 & \cdots \text{はずれのとき (確率} 1-p) \end{cases}$
を用いて，$Z_t' = \xi_1' + \cdots + \xi_t'$，$Z_0' = 0$ と定義される確率過程 Z_t' を **1次元非対称ランダムウォーク**という．

値として $+1$ あるいは -1 をとる確率変数を $\{-1, +1\}$ 値確率変数という．ξ_i も ξ_i' も $\{-1, +1\}$ 値確率変数である．

以下，本章の終わりまで Z_t, Z_t' はそれぞれ，ここで定義した1次元対称ランダムウォーク，1次元非対称ランダムウォークを表すものとする．

また，本書中，事象 A の確率を $P(A)$ と書き，たとえば，$Z \geq 0$ である確率を $P(Z \geq 0)$ と書く．期待値は E，分散は V，共分散は Cov で表す．これらの定義や詳細については第8章に復習としてまとめたので必要に応じて参照してほしい．

3.1.2 Z_t と Z'_t の基本的性質

Z_t と Z'_t の基本的な性質として以下の (1)〜(4) があげられる．

(1) t 回のうち $\frac{t+k}{2}$ 回勝てば $Z_t = \frac{t+k}{2} - \frac{t-k}{2} = k$ となるので，

$$P(Z_t = k) = \begin{cases} \binom{t}{\frac{t+k}{2}} \left(\frac{1}{2}\right)^t & \cdots -t \leqq k \leqq t, t+k = 偶数 \\ 0 & \cdots それ以外 \end{cases}$$

同様に，

$$P(Z'_t = k) = \begin{cases} \binom{t}{\frac{t+k}{2}} p^{\frac{t+k}{2}}(1-p)^{\frac{t-k}{2}} & \cdots -t \leqq k \leqq t, t+k = 偶数 \\ 0 & \cdots それ以外 \end{cases}$$

(2) $\xi_1, \xi_2, \cdots, \xi_t$ は独立で期待値 $E(\xi_i) = 0$, 分散 $V(\xi_i) = 1$ であることから，$E(Z_t) = E(\xi_1) + E(\xi_2) + \cdots + E(\xi_t) = 0$, $V(Z_t) = V(\xi_1) + \cdots + V(\xi_t) = t$ (独立和の分散は分散の和)．

同様に，$\xi'_1, \xi'_2, \cdots, \xi'_t$ は独立で $E(\xi'_i) = 2p-1$, $V(\xi'_i) = 1 - (2p-1)^2 = 4p(1-p)$ であることから，$E(Z'_t) = E(\xi'_1) + E(\xi'_2) + \cdots + E(\xi'_t) = (2p-1)t$, $V(Z'_t) = V(\xi'_1) + \cdots + V(\xi'_t) = 4p(1-p)t$．

(3) $0 < s < t$ とすると $Z_s = \xi_1 + \cdots + \xi_s$, $Z_t - Z_s = \xi_{s+1} + \cdots + \xi_t$ と表せる．それぞれ関係している賭けが重なっていないので Z_s と $Z_t - Z_s$ は独立である．これを Z_t の独立増分性という．同様の理由で Z'_t も独立増分性を持つ．

(4) $t, h > 0$ とすると $Z_h = \xi_1 + \cdots + \xi_h$, $Z_{t+h} - Z_t = \xi_{t+1} + \cdots + \xi_{t+h}$ と表せる．両方とも賭けの回数が同じなので Z_h と $Z_{t+h} - Z_t$ は同分布である．これを Z_t の定常増分性という．同様の理由で Z'_t も定常増分性を持つ．

例題 3.1 Z_t について以下の (1)〜(8) を求めよ．Z'_t について (6) と (7) を求めよ．
(1) $P(Z_3 = 3)$　　(2) $P(Z_3 = 1)$　　(3) $P(Z_3 = 1 \cap Z_7 = 3)$
(4) $E(Z_3)$　　(5) $V(Z_3)$
(6) $0 \leqq s \leqq t$ として $E(Z_s Z_t)$, $\text{Cov}(Z_s, Z_t)$　　(7) $E(e^{\alpha Z_t})$
(8) Z_t はマルコフ過程となるがその推移確率行列（状態 i から状態 j に推移する確率を (i,j) 成分とする行列）P を書け．

解 (1) Z_t の定義より，$Z_3 = 3$ とは 3 回とも勝つことを示しているので $P(Z_3 = 3) = \left(\frac{1}{2}\right)^3 = \frac{1}{8}$
(2) 2 勝 1 敗に当たるので $P(Z_3 = 1) = \binom{3}{2}\left(\frac{1}{2}\right)^3 = \frac{3}{8}$

(3) 独立増分性を用いるために Z_3 と $Z_7 - Z_3$ で書くことに注意して
$$P(Z_3 = 1 \cap Z_7 = 3) = P(Z_3 = 1 \cap Z_7 - Z_3 = 2)$$
$$= P(Z_3 = 1)P(Z_7 - Z_3 = 2) = P(Z_3 = 1)P(Z_4 = 2) = \tfrac{3}{8} \times \tfrac{1}{4} = \tfrac{3}{32}$$

(4) $E(Z_3) = 0$

(5) $V(Z_3) = 3$

(6) $E(Z_s Z_t) = E(Z_s(Z_s + Z_t - Z_s)) = E(Z_s^2) + E(Z_s(Z_t - Z_s))$
$= V(Z_s) + (E(Z_s))^2 + E(Z_s)E(Z_t - Z_s) = s + 0^2 + 0 \cdot 0 = s$
$\mathrm{Cov}(Z_s, Z_t) = E(Z_s Z_t) - E(Z_s)E(Z_t) = s - 0 = s$

(7) $E(e^{\alpha Z_t}) = E(e^{\alpha \xi_1} e^{\alpha \xi_2} \cdots e^{\alpha \xi_t})$
$= E(e^{\alpha \xi_1})E(e^{\alpha \xi_2}) \cdots E(e^{\alpha \xi_t}) = \left(\frac{e^\alpha + e^{-\alpha}}{2}\right)^t$

(8) P は $\infty \times \infty$ 行列で (i, j) 成分 p_{ij} は $p_{ij} = \begin{cases} \frac{1}{2} & \cdots j = i \pm 1 \\ 0 & \cdots その他 \end{cases}$

(6) $E(Z'_s Z'_t) = E(Z'_s(Z'_s + Z'_t - Z'_s))$
$= E(Z'^2_s) + E(Z'_s(Z'_t - Z'_s))$
$= V(Z'_s) + (E(Z'_s))^2 + E(Z'_s)E(Z'_t - Z'_s)$
$= 4sp(1-p) + (s(2p-1))^2 + s(2p-1)(t-s)(2p-1)$
$\mathrm{Cov}(Z'_s, Z'_t) = \mathrm{Cov}(Z'_s, Z'_s + Z'_t - Z'_s) = V(Z'_s) = 4sp(1-p)$

(7) $E(e^{\alpha Z'_t}) = E(e^{\alpha \xi'_1} e^{\alpha \xi'_2} \cdots e^{\alpha \xi'_t})$
$= E(e^{\alpha \xi'_1})E(e^{\alpha \xi'_2}) \cdots E(e^{\alpha \xi'_t}) = (pe^\alpha + (1-p)e^{-\alpha})^t$

（例題 3.1 解　終わり）

注意 (7) で計算した $E(e^{\alpha Z_t})$ は，モーメント母関数 $M_{Z_t}(\alpha)$ の定義である．詳しくは，第 8 章を参照のこと．

3.2 条件付期待値

この節で，条件付期待値 $E(Y|X)$, $E(Z|X, Y)$ についての定義や基本的性質を復習しておこう．まず離散確率変数の場合を扱う．

定義 3.1 （離散確率変数の条件付期待値）
事象 $X = k$ のもとでの Y の条件付期待値 $E(Y|X = k)$ を以下で定める．

$$E(Y|X=k) \stackrel{(定義)}{=} \sum_l lP(Y=l|X=k)$$

ここで $P(Y=l|X=k)$ は事象 $X=k$ のもとでの事象 $Y=l$ の起こる条件付確率すなわち, $\dfrac{P(Y=l \cap X=k)}{P(X=k)}$ である.

$E(Y|X)$ は $E(Y|X=k) = f(k)$ とおき, この k に $k=X$ を代入したもの, つまり $E(Y|X) = f(X)$ で定義される (これを $E(Y|X) = \sum_l lP(Y=l|X=k)|_{k=X}$ と書く).

ここで, 重要な注意として, 定義 3.1 からわかるように $E(Y|X)$ は確率変数 X の関数であることをあげておく.

イメージとして次のようにとらえるとよいだろう.

$X =$ 確率変数 $=$ 未来の時点に支払いが行われる契約

そのとき $E(X)$ は現在時点 $t=0$ におけるその契約の価値 (つまり価格) で, それは定数である.

今, 時点 $t=0$ (現在), $t=t_1$ (近未来), $t=T$ (未来), $(t_1 < T)$ と 3 つあり, $t=t_1$ に確率変数 X が, $t=T$ に確率変数 Y があると考える.

すると $E(Y|X=k)$ は近未来の結果が $X=k$ とわかった, つまり, 近未来 $t=t_1$ の時点でみた確率変数 (契約) Y の価値である. しかし, 現在時点 $(t=0)$ からみれば, X は確率変数であり, $E(Y|X)$ はその X の関数となる.

定理 3.1 (条件付期待値の基本的性質)

X, Y, Y_1, Y_2 を確率変数とする. このとき以下の (1)~(5) が成立する.

(1) (条件付期待値の線形性) a_1, a_2 を実数とすると
$E(a_1 Y_1 + a_2 Y_2 | X) = a_1 E(Y_1|X) + a_2 E(Y_2|X)$
(2) 任意の関数 g に対して $E(g(X)Y|X) = g(X)E(Y|X)$
(3) 任意の関数 g に対して $E(E(Y|X)g(X)) = E(Yg(X))$
(4) X と Y が独立なら $E(Y|X) = E(Y)$
(5) C を定数とすると $E(C|X) = C$

証明

(1), (2) $X=k$ で条件をつけると (1) は期待値の線形性からわかる. (2) は明らか.

(3) $E(E(Y|X)g(X)) = \sum_k E(Y|X=k)g(k)P(X=k)$

$$= \sum_k \Big(\sum_l lP(Y=l|X=k)g(k)P(X=k)\Big)$$
$$= \sum_k \Big(\sum_l lP(Y=l\cap X=k)g(k)\Big) = E(Yg(X))$$
$$\Big(\because \text{ 一般に } E(h(X,Y)) \text{ の定義は } \sum_{k,l} h(k,l)P(X=k\cap Y=l)\Big)$$

(4) $E(Y|X=k) = \sum_l lP(Y=l|X=k) = \sum_l l\dfrac{P(Y=l\cap X=k)}{P(X=k)}$
$$= \sum_l l\dfrac{P(Y=l)P(X=k)}{P(X=k)} = E(Y)$$

($\because$ X と Y は独立)

(5) 明らか

(定理 3.1 証明　終わり)

重要な注意 (3) において，$g=1$ として $E(E(Y|X)) = E(Y)$．また (3) の逆が成立するならば，つまり任意の関数 g に対して $E(u(X)g(X)) = E(Yg(X))$ が成立する場合には，$u(X) = E(Y|X)$ である．これは

$E((u(X) - E(Y|X))^2)$
$= E(u(X)u(X)) - 2E(u(X)E(Y|X)) + E(E(Y|X)E(Y|X))$
$= E(Yu(X)) - 2E(YE(Y|X)) + E(YE(Y|X))$
$= E(E(Yu(X)|X)) - E(YE(Y|X)) = E(u(X)E(Y|X)) - E(YE(Y|X))$
$= E(YE(Y|X)) - E(YE(Y|X)) = 0$

という計算からわかる．

定理 3.2 （最良予測値としての条件付期待値）

X, Y を確率変数とする．$E((Y-g(X))^2)$ を最小にする関数 g は $g(X) = E(Y|X)$ である．

証明

$E((g(X) - Y)^2) = E(((g(X) - E(Y|X)) + (E(Y|X) - Y))^2)$
$= E((g(X) - E(Y|X))^2)$
$\quad + 2E((g(X) - E(Y|X))(E(Y|X) - Y))$
$\quad + E((E(Y|X) - Y)^2)$

ここで

$$
\begin{aligned}
第2項 \times \tfrac{1}{2} &= E(g(X)E(Y|X)) - E(E(Y|X)E(Y|X)) \\
&\quad - E(g(X)Y) + E(YE(Y|X)) \\
&= E(Yg(X)) - E(YE(Y|X)) - E(g(X)Y) + E(YE(Y|X)) \\
&= 0
\end{aligned}
$$

第3項は g には関係ないので第1項が0になるときに，$E((Y-g(X))^2)$ は最小となる．つまり

$g(X) = E(Y|X)$ のときである．

（定理3.2証明　終わり）

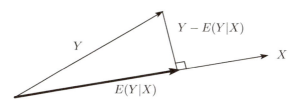

図 3.1　定理3.2から得られるイメージ

同様に $E(Z|Y,X)$ も

$E(Z|Y=k, X=l)|_{k=Y, l=X} = \sum_{m} mP(Z=m|Y=k \cap X=l)|_{k=Y, l=X}$

と定義される．

$E(f(X,Y)E(Z|Y,X)) = E(f(X,Y)Z)$，

(Y,X) と Z が独立なら $E(Z|Y,X) = E(Z)$

のように前と同様な基本的性質も成立する．

定理 3.3（条件付期待値のタワープロパティ，3垂線の定理）

X, Y, W を確率変数とすると

$E(E(W|X,Y)|X) = E(W|X)$

が成り立つ．同様に $t > s$ として，t 個の確率変数 $X_1, \cdots, X_t$ について

$E(E(Z|X_1, X_2, \cdots, X_t)|X_1, X_2, \cdots, X_s) = E(Z|X_1, X_2, \cdots, X_s)$

である．

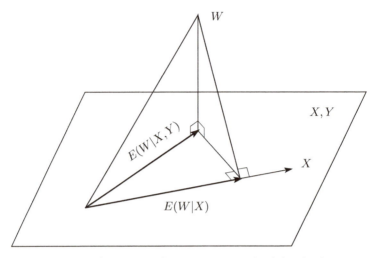

図 3.2 定理 3.3 から得られるイメージ（3 垂線の定理）

> **証明**

定義 3.1 より，$E(W|X=k, Y=l) = \sum_m m P(W=m|X=k \cap Y=l)$
である．よって

$$E(E(W|X,Y)|X=k) = \sum_l E(W|X=k, Y=l) P(Y=l|X=k)$$
$$= \sum_l \left(\left(\sum_m m \frac{P(W=m \cap X=k \cap Y=l)}{P(X=k \cap Y=l)}\right) \frac{P(Y=l \cap X=k)}{P(X=k)}\right)$$
$$= \sum_m m \sum_l \frac{P(W=m \cap X=k \cap Y=l)}{P(X=k)}$$
$$= \sum_m m \frac{P(W=m \cap X=k)}{P(X=k)} = E(W|X=k)$$

変数が増えても同様．

（定理 3.3 証明　終わり）

> **例題 3.2** Z_t を 1 次元対称ランダムウォーク，Z'_t を 1 次元非対称ランダムウォークとする．$0 \leqq s \leqq t$ として以下を求めよ．
> (1) $E(Z_5|Z_3=x)$, $E(Z_5|Z_3)$　　(2) $E(Z_5|\xi_1, \xi_2, \xi_3)$
> (3) $E(Z_5|Z_3, Z_2, Z_1)$　　(4) $E(Z_5^2|Z_3)$　　(5) $E(Z_5^2|\xi_1, \xi_2, \xi_3)$

(6) $E(Z_t|\xi_s,\cdots,\xi_1)$　　(7) $E(Z_t^2-t|\xi_s,\cdots,\xi_1)$
(8) $E(Z_5'|\xi_1',\xi_2',\xi_3')$　　(9) $E(Z_t'^2|Z_s'=x)$

解

(1) $E(Z_5|Z_3=x) = E(Z_5-Z_3+x|Z_3=x)$
　　$= E(Z_5-Z_3|Z_3=x)+E(x|Z_3=x) = E(Z_5-Z_3)+x = 0+x = x$
　$E(Z_5|Z_3) = Z_3$

(2) $E(Z_5|\xi_3=x_3,\xi_2=x_2,\xi_1=x_1)$
　　$= E(Z_5-Z_3+x_1+x_2+x_3|\xi_3=x_3,\xi_2=x_2,\xi_1=x_1)$
　　$= E(Z_5-Z_3|\xi_3=x_3,\xi_2=x_2,\xi_1=x_1)+x_1+x_2+x_3$
　　$= E(Z_5-Z_3)+x_1+x_2+x_3 = x_1+x_2+x_3$
　$E(Z_5|\xi_3,\xi_2,\xi_1) = \xi_3+\xi_2+\xi_1 = Z_3$

(3) $E(Z_5|Z_3=x_3,Z_2=x_2,Z_1=x_1)$
　　$= E(Z_5-Z_3+x_3|Z_3=x_3,Z_2=x_2,Z_1=x_1)$
　　$= E(Z_5-Z_3|Z_3=x_3,Z_2=x_2,Z_1=x_1)+x_3 = E(Z_5-Z_3)+x_3 = x_3$
　$E(Z_5|Z_3,Z_2,Z_1) = Z_3$

(4) $E(Z_5^2|Z_3=x) = E((Z_5-Z_3+x)^2|Z_3=x)$
　　$= E((Z_5-Z_3)^2+2x(Z_5-Z_3)+x^2|Z_3=x)$
　　$= E((Z_5-Z_3)^2|Z_3=x)+2xE(Z_5-Z_3|Z_3=x)+E(x^2|Z_3=x)$
　　$= E((Z_5-Z_3)^2)+2xE(Z_5-Z_3)+x^2 = 2+0+x^2 = x^2+2$
　$E(Z_5^2|Z_3) = Z_3^2+2$

(5) $E(Z_5^2|\xi_3=x_3,\xi_2=x_2,\xi_1=x_1)$
　　$= E((Z_5-Z_3+x_1+x_2+x_3)^2|\xi_3=x_3,\xi_2=x_2,\xi_1=x_1)$
　　$= E((Z_5-Z_3)^2|\xi_3=x_3,\xi_2=x_2,\xi_1=x_1)$
　　　$+2(x_1+x_2+x_3)E(Z_5-Z_3|\xi_3=x_3,\xi_2=x_2,\xi_1=x_1)$
　　　$+E((x_1+x_2+x_3)^2|\xi_3=x_3,\xi_2=x_2,\xi_1=x_1)$
　　$= E((Z_5-Z_3)^2)+2(x_1+x_2+x_3)E(Z_5-Z_3)+(x_1+x_2+x_3)^2$
　　$= (x_1+x_2+x_3)^2+2$
　$E(Z_5^2|\xi_3,\xi_2,\xi_1) = (\xi_1+\xi_2+\xi_3)^2+2 (=Z_3^2+2)$

(6) (2) と同様に $E(Z_t|\xi_s,\cdots,\xi_1) = E(Z_t-Z_s+Z_s|\xi_s,\cdots,\xi_1) = Z_s$

(7) $E(Z_t^2-t|\xi_s,\cdots,\xi_1) = E((Z_t-Z_s+Z_s)^2-t|\xi_s,\cdots,\xi_1)$
　　$= E((Z_t-Z_s)^2+2Z_s(Z_t-Z_s)+Z_s^2-t|\xi_s,\cdots,\xi_1)$
　　$= t-s+0+Z_s^2-t = Z_s^2-s$

(8) $E(Z_5'|\xi_3'=x_3,\xi_2'=x_2,\xi_1'=x_1)$

$$= E(Z_5' - Z_3' + x_1 + x_2 + x_3 | \xi_3' = x_3, \xi_2' = x_2, \xi_1' = x_1)$$
$$= E(Z_5' - Z_3') + x_1 + x_2 + x_3 = 2(2p-1) + x_1 + x_2 + x_3$$
$$E(Z_5' | \xi_3', \xi_2', \xi_1') = Z_3' + 2(2p-1)$$

(9) $E(Z_t'^2 | Z_s' = x) = E((Z_t' - Z_s' + x)^2 | Z_s' = x)$
$$= E((Z_t' - Z_s')^2) + 2xE(Z_t' - Z_s') + x^2$$
$$= V(Z_t' - Z_s') + E(Z_t' - Z_s')^2 + 2x(2p-1)(t-s) + x^2$$
$$= 4p(1-p)(t-s) + ((2p-1)(t-s))^2 + 2x(2p-1)(t-s) + x^2$$

（例題 3.2 解　終わり）

次に連続確率変数の条件付密度関数，および条件付期待値を定義する．

定義 3.2 （連続確率変数の条件付期待値）

$f_{(X,Y)}(x,y)$ を 2 次元連続確率変数 (X,Y) の同時密度関数，$f_Y(y)$ を Y の（周辺）密度関数，つまり $f_Y(y) = \int_{-\infty}^{+\infty} f_{(X,Y)}(x,y)\,dx$ とする．このとき，Y のとり得る値 y に対して以下で定義される $f_{X|Y}(x|y)$, $E(X|Y=y)$ を，それぞれ $Y = y$ のもとでの X の条件付密度関数，条件付期待値と呼ぶ．

$$f_{X|Y}(x|y) = \frac{f_{(X,Y)}(x,y)}{f_Y(y)}, \quad E(X|Y=y) = \int_{-\infty}^{+\infty} x f_{X|Y}(x|y)\,dx$$

さらにこれを用いて離散確率変数のときと同じく $E(X|Y)$ を以下で定義する．

$$E(X|Y) = E(X|Y=y)|_{y=Y}$$

また，確率変数が増えた場合の条件付密度関数および条件付期待値の定義も以下の通り，同様である．

$$f_{X|Y,Z}(x|y,z) \stackrel{(\text{定義})}{=} \frac{f_{(X,Y,Z)}(x,y,z)}{f_{(Y,Z)}(y,z)},$$
$$E(X|Y=y, Z=z) \stackrel{(\text{定義})}{=} \int_{-\infty}^{+\infty} x f_{X|Y,Z}(x|y,z)\,dx,$$
$$f_{X,Y|Z}(x,y|z) \stackrel{(\text{定義})}{=} \frac{f_{(X,Y,Z)}(x,y,z)}{f_Z(z)},$$
$$E(h(X,Y)|Z=z) \stackrel{(\text{定義})}{=} \iint_{\mathbb{R}^2} h(x,y) f_{X,Y|Z}(x,y|z)\,dxdy$$

このように定義される連続確率変数の条件付期待値についても，定理 3.1, 定理 3.2 および定理 3.3 が成り立つ．その証明は離散の場合における証明の中の和を積分に直すだけである．

例題 3.3

$$f_{(X,Y)}(x,y) = \begin{cases} 2e^{-x}e^{-y} & \cdots 0 < x < y < +\infty \text{ のとき} \\ 0 & \cdots \text{その他} \end{cases}$$

このとき $f_{Y|X}(y|x)$, $E(Y|X=x)$, $E(Y|X)$ を求めよ．

解 $x > 0$ として

$$f_X(x) = \int_{-\infty}^{+\infty} f_{(X,Y)}(x,y)\,dy = 2e^{-x}\int_x^\infty e^{-y}\,dy = 2e^{-2x}$$

よって $x > 0$ として

$$f_{Y|X}(y|x) = \begin{cases} e^{-(y-x)} & \cdots x < y < +\infty \text{ のとき} \\ 0 & \cdots y \leqq x \text{ のとき} \end{cases}$$

$$E(Y|X=x) = \int_{-\infty}^\infty y f_{Y|X}(y|x)\,dy = \int_x^{+\infty} y e^{-(y-x)}\,dy$$
$$= \int_0^{+\infty} (x+u)e^{-u}\,du = x+1$$

$$E(Y|X) = X+1$$

（例題 3.3 解　終わり）

3.3 ランダムウォークとマルチンゲール

マルチンゲール (martingale) とは「公平な賭け」の抽象化で確率論にとって非常に大事な概念である．応用としてもデリバティブの価格づけや複製ポートフォリオの構築に使用される．

X_t が $Y_1, Y_2, \cdots, Y_t$ に関してマルチンゲールであるとは，

すべての t について $E(X_{t+1}|Y_t, Y_{t-1}, \cdots, Y_2, Y_1) = X_t$ となること

と定義する．

また，ギャンブルの視点からマルチンゲールを解釈すると，時刻 s までの情報のもとでの未来 $t(>s)$ の期待財産と時刻 s における財産が等しい，すなわち，s から t までの条件付期待財産増分が 0 ということである．つまりマルチンゲールとは公平な賭けを行っているギャンブラーの財産過程と考えることができる．

マルチンゲールの簡単な例を 1 つあげる．以下を定義する．

$$X_t = Y_1 + Y_2 + \cdots + Y_t, (X_0 = 0)$$

ただし $Y_1, Y_2, \cdots, Y_t, \cdots$ は独立で同分布な平均 0 の離散確率変数とする（確率分布については第 8 章参照）．すると

$$E(X_{t+1}|Y_t, Y_{t-1}, \cdots, Y_1) = E(X_t + Y_{t+1}|Y_t, Y_{t-1}, \cdots, Y_1)$$
$$= X_t + E(Y_{t+1}) = X_t$$

となるので X_t は $Y_1, Y_2, \cdots, Y_t$ に関するマルチンゲールである．

これにより対称ランダムウォーク Z_t はマルチンゲール，非対称ランダムウォーク Z'_t は $Z'_t - (2p-1)t$ がマルチンゲールであることがわかる．

もう 1 つ重要なマルチンゲールの例をあげる．

$t \leqq T$ について $X_t = E[f(Y_1, Y_2, \cdots, Y_T)|Y_1, Y_2 \cdots, Y_t]$ と定義する．ただし，$t = 0$ のときは $X_0 = E[f(Y_1, Y_2, \cdots, Y_T)]$ と定義する．このとき，定理 3.3 より以下を得る．

$$E[X_{t+1}|Y_1, \cdots, Y_t] = E[E[f(Y_1, \cdots, Y_T)|Y_1, \cdots, Y_t, Y_{t+1}]|Y_1, \cdots, Y_t]$$
$$= E[f(Y_1, \cdots, Y_T)|Y_1, \cdots, Y_t] = X_t$$

したがって $X_t\ (0 \leqq t \leqq T)$ は $Y_1, \cdots, Y_t$ に関しマルチンゲールとなる．これは**ドゥーブマルチンゲール (Doob martingale)** と呼ばれており，後でわかるように数理ファイナンスにおいて重要なマルチンゲールである．

> **例題 3.4** $X_t = E[e^{Z_T}|\xi_1, \cdots, \xi_t]\ (0 \leqq t \leqq T)$ を求めよ．次に，$E[X_t|\xi_1, \cdots, \xi_{t-1}]\ (1 \leqq t \leqq T)$ を求めよ．

解

$$X_t = E[e^{Z_T}|\xi_1, \cdots, \xi_t] = E[e^{Z_T - Z_t}e^{Z_t}|\xi_1, \cdots, \xi_t]$$
$$= e^{Z_t}E[e^{Z_T - Z_t}|\xi_1, \cdots, \xi_t] = e^{Z_t}E[e^{Z_T - Z_t}] = e^{Z_t}E[e^{Z_{T-t}}]$$
$$= e^{Z_t}(E[e^{\xi_1}])^{T-t} = e^{Z_t}\left(\frac{e + e^{-1}}{2}\right)^{T-t}$$

次に $X_t\ (0 \leqq t \leqq T)$ は $\xi_1, \cdots, \xi_t$ に関するドゥーブマルチンゲールであるから，

$$E[X_t|\xi_1, \cdots, \xi_{t-1}] = X_{t-1} = e^{Z_{t-1}}\left(\frac{e + e^{-1}}{2}\right)^{T-t+1}$$

（例題 3.4 解　終わり）

> **練習問題 3.1** $X_t = E[Z_T^2|\xi_1, \cdots, \xi_t]\ (0 \leqq t \leqq T)$ を求めよ．次に，$E[X_t|\xi_1, \cdots, \xi_{t-1}]\ (1 \leqq t \leqq T)$ を求めよ．

1次元対称ランダムウォーク Z_t は勝つか負けるかどちらも確率 $\frac{1}{2}$ の公平な賭けに,毎回定額の 1 円ずつ賭けるというストラテジー(戦略,ここでは賭け方を指す)をとったときの,初期財産が 0 であったギャンブラーの t 回目の賭けの直後の財産と考えることができる.

ここで,ストラテジーはいろいろと変えることができる.むしろ,そのほうが普通であろう.そこで t 回目の賭けの賭金を f_t とすると,f_t は $\xi_1, \xi_2, \cdots, \xi_{t-1}$ の関数とするのが自然である.なぜなら,t 回目の賭けの前回($t-1$ 回)までの情報は使ってもよいが,t 回目の賭けの情報 ξ_t は明らかに使えないからである.使えるとすると,それはジャンケンの後出しのようなもので不正な賭けとなってしまう.よって

$$f_t = f_t(\xi_1, \xi_2, \cdots, \xi_{t-1})$$

と仮定する.また 1 回目の賭けにその前の回は存在しないので

$$f_1 = a \quad (\text{定数})$$

とする.すると,このストラテジー $(f_1, f_2(\xi_1), \cdots, f_t(\xi_1, \xi_2, \cdots, \xi_{t-1}))$ をとったときの初期財産が 0 であったギャンブラーの t 回目の賭けの直後の財産 U_t は

$$U_t = f_1\xi_1 + f_2(\xi_1)\xi_2 + \cdots + f_t(\xi_1, \xi_2, \cdots, \xi_{t-1})\xi_t$$

である.

以降,f_t, ξ_t, U_t などの記号は上記と同様の意味で用いる.

例 3.1 i 回目に i 賭けた場合の U_t は $f_i = i$ となるので

$$U_t = 1\xi_1 + 2\xi_2 + \cdots + t\xi_t$$

となる.

例 3.2 1 回目は a 円,前回勝てば A 円,前回負ければ B 円賭けるときの U_t は,$f_t = \frac{A+B}{2} + \frac{A-B}{2}\xi_{t-1}$ となるので

$$U_t = a\xi_1 + \left(\frac{A+B}{2} + \frac{A-B}{2}\xi_1\right)\xi_2 + \cdots + \left(\frac{A+B}{2} + \frac{A-B}{2}\xi_{t-1}\right)\xi_t$$

である.

例 3.3 初期財産を $U_0 = 1$ とし,常に全財産を賭けるときの U_t は $f_t = U_{t-1}$ となるので

$$U_0 = 1, \ U_t = U_{t-1} + U_{t-1}\xi_t$$

つまり

$$U_t = \frac{U_t}{U_{t-1}} \cdot \frac{U_{t-1}}{U_{t-2}} \cdots \frac{U_2}{U_1} \cdot U_1 = (1+\xi_t)(1+\xi_{t-1})\cdots(1+\xi_2)(1+\xi_1)$$

である.

注意 この例では t 回目までに 1 回でも負ければ負けた時点で財産が 0 となるので,その後の賭金は 0,すなわち,$U_t = 0$ となることに注意する.つまり

$$U_t = \begin{cases} 2^t & \cdots \xi_1 = \xi_2 = \cdots = \xi_t = 1 \text{ のとき} \\ 0 & \cdots \text{その他} \end{cases}$$

となるのである.

例 3.4 初期財産 0 で今まで負けた分を取り返すために常に(「今まで負けた分」$+1$)を賭け,1 回でも勝てばそこでやめるとすると,$f_t = -U_{t-1}+1$ となるので

$$U_t = U_{t-1} + (-U_{t-1}+1)\xi_t$$

である.これより,

$$U_t - 1 = -1 + U_{t-1} + (-U_{t-1}+1)\xi_t = (U_{t-1}-1)(1-\xi_t)$$

つまり

$$U_t - 1 = \frac{U_t - 1}{U_{t-1} - 1} \cdots \frac{U_2 - 1}{U_1 - 1} \cdot \frac{U_1 - 1}{U_0 - 1} \cdot (U_0 - 1)$$
$$= (1-\xi_t)(1-\xi_{t-1})\cdots(1-\xi_2)(1-\xi_1)(0-1).$$

よって,

$$U_t = 1 - (1-\xi_1)(1-\xi_2)\cdots(1-\xi_t)$$

と表すことができる.つまり

$$U_t = \begin{cases} 1 & \cdots \xi_1 = 1 \text{ または } \xi_2 = 1 \text{ または} \cdots \text{または } \xi_t = 1 \text{ のとき} \\ -2^t + 1 & \cdots \xi_1 = -1 \text{ かつ } \xi_2 = -1 \text{ かつ} \cdots \text{かつ } \xi_t = -1 \text{ のとき} \end{cases}$$

注意 $\xi_1 = -1$ かつ $\xi_2 = -1$ かつ $\cdots$ かつ $\xi_{t-1} = -1$ のときの t 回目の賭金 f_t は $U_{t-1} = 1 - 2^{t-1}$ より $f_t = -U_{t-1} + 1 = 2^{t-1}$ となる.つまり,常に前回の賭け金の倍を賭けていかなければならない.よって,この賭け方を倍賭けシステムと呼ぶ.これが古くからマルチンゲール・システムといわれていたもので,マルチンゲールの語源となったものである.

練習問題 3.2 上の例 3.1, 例 3.2, 例 3.3, 例 3.4 における U_t の平均 $E(U_t)$,

分散 $V(U_t)$ を求めよ.

練習問題 3.3 i 回目に 3^i 円賭けた場合の U_t を求め, $E(U_t)$, $V(U_t)$ を求めよ.

これらの U_t は次の性質を持つ.
(1) $U_t = g(\xi_1, \xi_2, \cdots, \xi_t)$ （当然ではあるが, U_t は t 回目までの賭けの結果で $(\xi_1, \xi_2, \cdots, \xi_t)$ によって決まる）
(2) $E(U_{t+1} | \xi_1, \xi_2, \cdots, \xi_t)$
$= E(f_1 \xi_1 + f_2(\xi_1)\xi_2 + \cdots + f_t(\xi_1, \xi_2, \cdots, \xi_{t-1})\xi_t$
$\quad + f_{t+1}(\xi_1, \xi_2, \cdots, \xi_t)\xi_{t+1} | \xi_1, \xi_2, \cdots, \xi_t)$
$= E(f_1 \xi_1 + f_2(\xi_1)\xi_2 + \cdots + f_t(\xi_1, \xi_2, \cdots, \xi_{t-1})\xi_t | \xi_1, \xi_2, \cdots, \xi_t)$
$\quad + f_{t+1}(\xi_1, \xi_2, \cdots, \xi_t) E(\xi_{t+1} | \xi_1, \xi_2, \cdots, \xi_t)$
$= f_1 \xi_1 + \cdots + f_t(\xi_1, \xi_2, \cdots, \xi_{t-1})\xi_t$
$\quad + f_{t+1}(\xi_1, \xi_2, \cdots, \xi_t) E(\xi_{t+1})$ ($\because \xi_{t+1}$ と $(\xi_1, \xi_2, \cdots, \xi_t)$ は独立)
$= f_1 \xi_1 + \cdots + f_t(\xi_1, \xi_2, \cdots, \xi_{t-1})\xi_t = U_t$ ($\because E(\xi_{t+1}) = 0$)

つまり時点 t までの情報がすべてわかっているときの次の時点 U_{t+1} の期待値は時点 t において持っている財産に等しい（公平な賭け）ということを示している. 直感的には, 1 回 1 回公平な賭けに不正なしのストラテジーで賭けているのだから当然であろう.

一般にこの (2) を満たす確率過程 U_t を $\boldsymbol{\xi_1, \xi_2, \cdots, \xi_t}$ **に関するマルチンゲール**と定義する.

つまり, U_t が $\xi_1, \xi_2, \cdots, \xi_t$ に関するマルチンゲールであるとは任意の t に対し $E(U_{t+1}|\xi_1, \xi_2, \cdots, \xi_t) = U_t$ を満たすということになる. またこの条件を満たせば, 条件付期待値の定義より自然に U_t は $\xi_1, \xi_2, \cdots, \xi_t$ の関数となることに注意しておく.

注意 この条件が満たされれば

$E(U_{t+2} | \xi_1, \xi_2, \cdots, \xi_t) = E\left(E(U_{t+2} | \xi_1, \xi_2, \cdots, \xi_{t+1}) \,\big|\, \xi_1, \xi_2, \cdots, \xi_t\right)$
$= E(U_{t+1} | \xi_1, \xi_2, \cdots, \xi_t) = U_t$

となり, 同様に任意の $t > s$ に対して $E(U_t | \xi_1, \xi_2, \cdots, \xi_s) = U_s$ となる. よって, この $E(U_t | \xi_1, \xi_2, \cdots, \xi_s) = U_s$ をマルチンゲールの定義としてもよい.

定理 3.4 U_t が $\xi_1, \xi_2, \cdots, \xi_t$ に関してマルチンゲールなら $t > s$ について $E(U_t) = E(U_s)$.

証明 $E(U_t) = E\left(E(U_t \,|\, \xi_1, \xi_2, \cdots, \xi_s)\right) = E(U_s)$

（定理 3.4 証明　終わり）

3.4 ランダムウォークに関するマルチンゲール表現定理

大事なことは 3.3 節でみたことの逆が成立することである．

定理 3.5（1 次元対称ランダムウォークに関するマルチンゲール表現定理）
U_t が $\xi_1, \xi_2, \cdots, \xi_t$ に関してマルチンゲールならば，ある賭け方のストラテジー $(f_1, f_2(\xi_1), \cdots, f_t(\xi_1, \xi_2, \cdots, \xi_{t-1}))$ が存在して，

$$U_t = U_0 + f_1 \xi_1 + f_2(\xi_1)\xi_2 + \cdots + f_t(\xi_1, \xi_2, \cdots, \xi_{t-1})\xi_t$$

と表すことができる（ここで $U_0 = $ 定数 $=$ 初期財産）．これを 1 次元対称ランダムウォークに関するマルチンゲール表現定理という．

証明 仮定より，

$$U_{t+1} - U_t = h(\xi_1, \xi_2, \cdots, \xi_{t+1})$$

とおける．すると，

$$0 = E\left(U_{t+1} \,\middle|\, \xi_1, \xi_2, \cdots, \xi_t\right) - U_t = E\left(U_{t+1} - U_t \,\middle|\, \xi_1, \xi_2, \cdots, \xi_t\right)$$
$$= E\left(h(\xi_1, \xi_2, \cdots, \xi_t, \xi_{t+1}) \,\middle|\, \xi_1, \xi_2, \cdots, \xi_t\right)$$

つまり任意の $x_1, x_2, \cdots, x_t$ $(x_i = \pm 1)$ に対して

$$0 = E\left(h(x_1, x_2, \cdots, x_t, \xi_{t+1}) \,\middle|\, \xi_1 = x_1, \xi_2 = x_2, \cdots, \xi_t = x_t\right)$$
$$= E\left(h(x_1, x_2, \cdots, x_t, \xi_{t+1})\right) \quad (\because \xi_{t+1} \text{と} (\xi_1, \xi_2, \cdots, \xi_t) \text{は独立})$$
$$= \frac{1}{2} h(x_1, x_2, \cdots, x_t, 1) + \frac{1}{2} h(x_1, x_2, \cdots, x_t, -1) \tag{3.1}$$

ここで

$$\frac{U_{t+1} - U_t}{\xi_{t+1}} = \frac{h(\xi_1, \xi_2, \cdots, \xi_t, \xi_{t+1})}{\xi_{t+1}}$$

$$= \begin{cases} \frac{h(\xi_1, \xi_2, \cdots, \xi_t, 1)}{1} & \cdots \xi_{t+1} = 1 \text{ のとき} \\ \frac{h(\xi_1, \xi_2, \cdots, \xi_t, -1)}{-1} & \cdots \xi_{t+1} = -1 \text{ のとき} \end{cases}$$

3.4 ランダムウォークに関するマルチンゲール表現定理

一応場合分けをしたが条件式 (3.1) よりどちらの場合も同じ値をとる．つまり

$$\frac{h(\xi_1, \xi_2, \cdots, \xi_t, \xi_{t+1})}{\xi_{t+1}}$$

は ξ_{t+1} によらず $\xi_1, \xi_2, \cdots, \xi_t$ だけの関数で表される．

よって，それを $f_{t+1}(\xi_1, \xi_2, \cdots, \xi_t)$ とおけば

$$U_{t+1} - U_t = f_{t+1}(\xi_1, \xi_2, \cdots, \xi_t)\xi_{t+1}$$

となる．よって

$$U_t - U_0 = (U_1 - U_0) + (U_2 - U_1) + \cdots + (U_t - U_{t-1})$$
$$= f_1\xi_1 + f_2(\xi_1)\xi_2 + \cdots + f_t(\xi_1, \xi_2, \cdots, \xi_{t-1})\xi_t$$

（定理 3.5 証明　終わり）

例題 3.5 $U_t = Z_t^2 - t$ は $\xi_1, \xi_2, \cdots, \xi_t$ に関するマルチンゲールであることを示し，ストラテジー $(f_1, f_2(\xi_1), \cdots, f_t(\xi_1, \xi_2, \cdots, \xi_{t-1}))$ を求めよ．

解 まず，U_t が $\xi_1, \xi_2, \cdots, \xi_t$ に関してマルチンゲールであること，すなわち $E\left(U_{t+1} \mid \xi_1, \xi_2, \cdots, \xi_t\right) = U_t$ であることを示す．

$$E\left(U_{t+1} \mid \xi_1, \xi_2, \cdots, \xi_t\right) = E\left((Z_t + \xi_{t+1})^2 - (t+1) \mid \xi_1, \xi_2, \cdots, \xi_t\right)$$
$$= E\left(Z_t^2 + 2Z_t\xi_{t+1} + (\xi_{t+1})^2 \mid \xi_1, \xi_2, \cdots, \xi_t\right) - t - 1$$
$$= Z_t^2 + 2Z_t E\left(\xi_{t+1} \mid \xi_1, \xi_2, \cdots, \xi_t\right) + 1 - t - 1$$
$$= Z_t^2 + 2Z_t \cdot 0 + 1 - t - 1 = Z_t^2 - t = U_t$$

よって U_t は $\xi_1, \xi_2, \cdots, \xi_t$ に関してマルチンゲールである．次に $f_t(\xi_1, \xi_2, \cdots, \xi_{t-1})$ を求める．

$$\frac{U_t - U_{t-1}}{\xi_t} = \frac{(Z_t^2 - t) - (Z_{t-1}^2 - (t-1))}{\xi_t}$$
$$= \frac{Z_{t-1}^2 + 2\xi_t Z_{t-1} + (\xi_t)^2 - t - Z_{t-1}^2 + t - 1}{\xi_t}$$
$$= 2Z_{t-1}$$

よって賭け方のストラテジー $f_t(\xi_1, \xi_2, \cdots, \xi_{t-1})$ は

$$f_t(\xi_1, \xi_2, \cdots, \xi_{t-1}) = 2Z_{t-1}, \ t = 1 \text{ のときは別に計算して } \frac{U_1 - 0}{\xi_1} = 0$$

つまり $U_t = \sum_{i=1}^{t} 2Z_{i-1}\xi_i$ と表現できるのである．

（例題 3.5 解　終わり）

第3章 ランダムウォークとマルチンゲール

練習問題 3.4 $U_t = Z_t^3 - 3tZ_t$ は $\xi_1, \xi_2, \cdots, \xi_t$ に関してマルチンゲールであることを示し，賭け方のストラテジー $(f_1, f_2(\xi_1), \cdots, f_t(\xi_1, \xi_2, \cdots, \xi_{t-1}))$ を求めよ．

練習問題 3.5 ドゥーブマルチンゲール $U_t = E(Z_T^4|\xi_1, \cdots, \xi_t)$ $(t = 0, 1, \cdots, T)$ の賭け方のストラテジー $(f_1, f_2(\xi_1), \cdots, f_T(\xi_1, \xi_2, \cdots, \xi_{T-1}))$ を求めよ．

例題 3.6 α を定数とする．$U_t = \exp\{\alpha Z_t - \beta t\}$ が $\xi_1, \xi_2, \cdots, \xi_t$ に関してマルチンゲールになるように β を α で表し，そのとき賭け方のストラテジー $(f_1, f_2(\xi_1), \cdots, f_t(\xi_1, \xi_2, \cdots, \xi_{t-1}))$ を求めよ．

解 まず，$E(U_{t+1}|\xi_1, \xi_2, \cdots, \xi_t) = U_t$ となるように β を決める．

$$E(U_{t+1}|\xi_1, \xi_2, \cdots, \xi_t) = E\left(\exp\{\alpha Z_{t+1} - \beta(t+1)\}\,\Big|\,\xi_1, \xi_2, \cdots, \xi_t\right)$$
$$= U_t E\left(\exp\{\alpha \xi_{t+1} - \beta\}\,\Big|\,\xi_1, \xi_2, \cdots, \xi_t\right)$$
$$= U_t e^{-\beta} E(\exp\{\alpha \xi_{t+1}\}) = U_t e^{-\beta} \cdot \frac{e^\alpha + e^{-\alpha}}{2}$$

右辺の U_t の係数が 1 になればよいのだから

$$e^\beta = \frac{e^\alpha + e^{-\alpha}}{2} \text{ つまり } \beta = \log \frac{e^\alpha + e^{-\alpha}}{2}$$

ととればよい．またそのとき

$$\frac{U_{t+1} - U_t}{\xi_{t+1}} = \frac{(\exp\{\alpha \xi_{t+1} - \beta\} - 1) U_t}{\xi_{t+1}} = \frac{e^\alpha - e^{-\alpha}}{e^\alpha + e^{-\alpha}} U_t$$

つまり求めるストラテジーは，

$$f_t(\xi_1, \xi_2, \cdots, \xi_{t-1}) = \frac{e^\alpha - e^{-\alpha}}{e^\alpha + e^{-\alpha}} U_{t-1} (= \tanh \alpha \, U_{t-1})$$

である．

（例題 3.6 解　終わり）

U_t をランダムウォークで表してみよう．

$$\begin{aligned}U_t =& f_1 \xi_1 + f_2(\xi_1)\xi_2 + \cdots + f_t(\xi_1, \xi_2, \cdots, \xi_{t-1})\xi_t \\
=& f_1(Z_1 - Z_0) + f_2(\xi_1)(Z_2 - Z_1) + \cdots + f_t(\xi_1, \xi_2, \cdots, \xi_{t-1})(Z_t - Z_{t-1}) \\
=& f_1(Z_1 - Z_0) + f_2(Z_1 - Z_0)(Z_2 - Z_1) + \cdots \\
& + f_t(Z_1 - Z_0, Z_2 - Z_1, \cdots, Z_{t-1} - Z_{t-2})(Z_t - Z_{t-1}) \\
=& g_1(Z_1 - Z_0) + g_2(Z_1)(Z_2 - Z_1) + \cdots + g_t(Z_1, Z_2, \cdots, Z_{t-1})(Z_t - Z_{t-1})\end{aligned}$$

$$= \sum_{i=1}^{t} g_i(Z_1, Z_2, \cdots, Z_{i-1})(Z_i - Z_{i-1})$$

と表される．これらをランダムウォーク Z_t に関する**離散確率積分**(**discrete stochastic integration**) という．つまり ξ_i を消去し，Z_i の言葉だけで表現しているのである．第5章でブラウン運動に関する確率積分を定義する．この形を頭にとめておくと非常に理解しやすい．

第4章で1次元非対称ランダムウォークの場合にも上で述べたようなマルチンゲール表現定理が必要となるので，これを準備しておく．

定理 3.6 （1次元非対称ランダムウォークのマルチンゲール表現定理）
U_t を $\xi_1', \xi_2', \cdots, \xi_t'$ に関するマルチンゲールとする．つまり任意の t について $E\left(U_{t+1}\,\middle|\,\xi_1', \xi_2', \cdots, \xi_t'\right) = U_t$ が成り立つものとする．このとき，ある賭け方のストラテジー $(f_1, f_2(\xi_1'), \cdots, f_t(\xi_1', \xi_2', \cdots, \xi_{t-1}'))$ が存在して

$$U_t = f_1(\xi_1' - (p-q)) + f_2(\xi_1')(\xi_2' - (p-q)) + \cdots \\ + f_t(\xi_1', \xi_2', \cdots, \xi_{t-1}')(\xi_t' - (p-q)) \qquad (3.2)$$

と表すことができる．ただし $q = 1 - p$．これを1次元非対称ランダムウォークのマルチンゲール表現定理と呼ぶ．

証明 $U_{t+1} - U_t = h(\xi_1', \xi_2', \cdots, \xi_{t+1}')$ とおくと

$$0 = E\left(U_{t+1} - U_t\,\middle|\,\xi_1', \xi_2', \cdots, \xi_t'\right) = E\left(h(\xi_1', \xi_2', \cdots, \xi_{t+1}')\,\middle|\,\xi_1', \xi_2', \cdots, \xi_t'\right)$$

よって任意の $x_1, x_2, \cdots, x_t$ に対して

$$0 = h(x_1, x_2, \cdots, x_t, 1)p + h(x_1, x_2, \cdots, x_t, -1)q \qquad (3.3)$$

である．すると

$$\frac{U_{t+1} - U_t}{\xi_{t+1}' - (p-q)} = \frac{h(\xi_1', \xi_2', \cdots, \xi_t', \xi_{t+1}')}{\xi_{t+1}' - (p-q)}$$

$$= \begin{cases} \frac{h(\xi_1', \xi_2', \cdots, \xi_t', 1)}{1 - (p-q)} & \cdots \xi_{t+1}' = 1 \text{ のとき} \\ \frac{h(\xi_1', \xi_2', \cdots, \xi_t', -1)}{-1 - (p-q)} & \cdots \xi_{t+1}' = -1 \text{ のとき} \end{cases}$$

となる．条件式 (3.3) よりどちらの場合も等しい値になり ξ_{t+1}' によらないのでこれを $f_{t+1}(\xi_1', \xi_2', \cdots, \xi_t')$ とおけばよい．

（定理 3.6 証明　終わり）

42 第 3 章 ランダムウォークとマルチンゲール

> **例題 3.7** $U_t = Z_t'^2 - 2tZ_t'(p-q) - (1-(p-q)^2)t + (p-q)^2 t^2$ は $\xi_1', \xi_2', \cdots, \xi_t'$ に関してマルチンゲールであることを示し，賭け方のストラテジー $(f_1, f_2(\xi_1'), \cdots, f_t(\xi_1', \xi_2', \cdots, \xi_{t-1}'))$ を求めよ．

解 まず，$E\left(U_{t+1} \mid \xi_1', \xi_2', \cdots, \xi_t'\right) = U_t$ であることを示す．

$E\left(U_{t+1} \mid \xi_1', \xi_2', \cdots, \xi_t'\right)$
$= E((Z_t' + \xi_{t+1}')^2 - 2(t+1)(Z_t' + \xi_{t+1}')(p-q)$
$\quad - (1-(p-q)^2)(t+1) + (p-q)^2(t+1)^2 \mid \xi_1', \xi_2', \cdots, \xi_t')$
$= Z_t'^2 + 2Z_t'(p-q) + 1 - 2(p-q)(t+1)Z_t'$
$\quad - 2(t+1)(p-q)^2 - (1-(p-q)^2)(t+1) + (p-q)^2(t^2 + 2t + 1)$
$= Z_t'^2 - 2tZ_t'(p-q) - (1-(p-q)^2)t + (p-q)^2 t^2 = U_t$

すなわち，U_t は $\xi_1', \xi_2', \cdots, \xi_t'$ に関してマルチンゲールであることが示せた．

$\dfrac{U_{t+1} - U_t}{\xi_{t+1}' - (p-q)}$
$= \dfrac{2Z_t'\xi_{t+1}' + 1 - 2(Z_t' + t\xi_{t+1}' + \xi_{t+1}')(p-q) - (1-(p-q)^2) + (p-q)^2(2t+1)}{\xi_{t+1}' - (p-q)}$
$= 2Z_t' - 2(p-q)(t+1)$

よって賭け方のストラテジー f_t は

$$f_t = 2Z_{t-1}' - 2(p-q)t$$

である．

（例題 3.7 解　終わり）

3.5 離散伊藤公式

　ブラウン運動に関する伊藤の公式はよく知られている（5.3 節で述べる）が，ランダムウォークの場合にも伊藤の公式が存在し，藤田[22]においてはじめて紹介され，離散時間モデルのもとでのデリバティブの価格づけに応用された．その後，この離散伊藤公式を用いて，ブラウン運動に関する様々な公式のランダムウォーク版が考案，証明されていった．[16,25] また Fujita and Kawanishi[19]では離散伊藤公式を用いてブラウン運動に関する伊藤の公式の証明を行った．

　この，連続時間の確率解析の直感的理解のためにカギとなる離散伊藤公式は以下の定理で与えられる．

定理 3.7 （1 次元対称ランダムウォークに関する離散伊藤公式）

以下の式が成立する．

$$f(Z_{t+1}) - f(Z_t)$$
$$= \frac{f(Z_t+1) - f(Z_t-1)}{2}(Z_{t+1} - Z_t) + \frac{f(Z_t+1) - 2f(Z_t) + f(Z_t-1)}{2}$$

同様に

$$f(Z_{t+1}, t+1) - f(Z_t, t)$$
$$= \frac{f(Z_t+1, t+1) - f(Z_t-1, t+1)}{2}(Z_{t+1} - Z_t)$$
$$+ \frac{f(Z_t+1, t+1) - 2f(Z_t, t+1) + f(Z_t-1, t+1)}{2}$$
$$+ f(Z_t, t+1) - f(Z_t, t)$$

も成り立つ．

これらを 1 次元対称ランダムウォークに関する**離散伊藤公式** (discrete Itô formula) という．

証明

$$f(Z_{t+1}) - f(Z_t) - \frac{f(Z_t+1) - 2f(Z_t) + f(Z_t-1)}{2}$$
$$= f(Z_t + \xi_{t+1}) - \frac{f(Z_t+1) + f(Z_t-1)}{2}$$
$$= \begin{cases} \frac{f(Z_t+1) - f(Z_t-1)}{2} & \cdots \xi_{t+1} = 1 \text{ のとき} \\ \frac{f(Z_t-1) - f(Z_t+1)}{2} & \cdots \xi_{t+1} = -1 \text{ のとき} \end{cases}$$
$$= \frac{f(Z_t+1) - f(Z_t-1)}{2} \xi_{t+1} = \frac{f(Z_t+1) - f(Z_t-1)}{2}(Z_{t+1} - Z_t)$$

$f(Z_t, t)$ の場合も同様に証明できる．

（定理 3.7 証明　終わり）

これを用いて**ドゥーブ・メイヤー分解** (Doob-Meyer decomposition) を与えることができる．

一般に離散確率過程 $X_t = h(\xi_1, \xi_2, \cdots, \xi_t)$ $(t = 0, 1, 2, \cdots)$ があったとき，

$$X_t = M_t + A_t$$

と分解でき，この分解をドゥーブ・メイヤー分解と呼ぶ．ここで M_t は $\xi_1, \xi_2, \cdots, \xi_t$ マルチンゲールで $M_0 = 0$. A_t は可予測（予見可能）過程すなわち $A_t =$

$g(\xi_1, \xi_2, \cdots, \xi_{t-1})$. つまり A_t は 1 つ前までの $\xi_1, \xi_2, \cdots, \xi_{t-1}$ で決まる確率過程である．

実際, $A_0 = X_0$, $t \geqq 1$ について $A_t = \sum_{k=1}^{t} E[X_k - X_{k-1}|\xi_1, \cdots, \xi_{k-1}]$ と定義すると, A_t は可予測過程となり, さらに $t \geqq 0$ について $M_t = X_t - A_t$ と定義すると, $X_t = M_t + A_t$ と表せて, $M_0 = 0$ で, $t \geqq 1$ について以下が成り立つ．

$$\begin{aligned}
E[M_t|\xi_1, \cdots, \xi_{t-1}] &= E[X_t - X_{t-1} + X_{t-1} - A_t|\xi_1, \cdots, \xi_{t-1}] \\
&= E[X_t - X_{t-1}|\xi_1, \cdots, \xi_{t-1}] + X_{t-1} - A_t \\
&= X_{t-1} - A_{t-1} = M_{t-1}
\end{aligned}$$

つまり M_t は $\xi_1, \cdots, \xi_t$ マルチンゲールとなる．

またこの分解は一意的である．なぜなら M'_t を $\xi_1, \xi_2, \cdots, \xi_t$ マルチンゲール, A'_t を可予測過程として $X_t = M'_t + A'_t$ と別の形に分解されたと仮定すると,

$$M'_t - M_t = A_t - A'_t$$

となる．すると

$$\begin{aligned}
A_t - A'_t &= E\left(A_t - A'_t \mid \xi_1, \xi_2, \cdots, \xi_{t-1}\right) \\
&= E\left(M'_t - M_t \mid \xi_1, \xi_2, \cdots, \xi_{t-1}\right) \\
&= M'_{t-1} - M_{t-1} \quad (\because M'_t, M_t \text{はマルチンゲール}) \\
&= A_{t-1} - A'_{t-1} = \cdots = M'_{t-2} - M_{t-2} = \cdots = M'_0 - M_0 = 0
\end{aligned}$$

となり, 分解は一意的であることがわかる．

ここで特に $X_t = f(Z_t) - f(Z_0) = f(Z_t) - f(0)$ の場合, 離散伊藤公式よりドゥーブ・メイヤー分解は以下で与えられることになる．

$$\begin{aligned}
f(Z_t) - f(Z_0) &= f(Z_t) - f(Z_{t-1}) + f(Z_{t-1}) - f(Z_{t-2}) + \cdots \\
&\quad + f(Z_1) - f(Z_0) \\
&= \sum_{i=0}^{t-1} \frac{f(Z_i + 1) - f(Z_i - 1)}{2}(Z_{i+1} - Z_i) \\
&\quad + \sum_{i=0}^{t-1} \frac{f(Z_i + 1) - 2f(Z_i) + f(Z_i - 1)}{2} \qquad (3.4) \\
&(= M_t \\
&\quad + A_t \text{とおく})
\end{aligned}$$

実際，3.3 節より M_t は $\xi_1, \xi_2, \cdots, \xi_t$ マルチンゲールで A_t は明らかに可予測である．また $X_t = f(Z_t, t) - f(Z_0, 0) = f(Z_t, t) - f(0, 0)$ についても同様に離散伊藤公式からドゥーブ・メイヤー分解が得られる．また式 (3.4) に関して以下のような解釈を得る．

$$\underbrace{f(Z_t) - f(0)}_{\substack{f(0)\text{ 払って }f(Z_t)\text{ もらう}\\\text{契約の収益}}} = \sum_{i=0}^{t-1} \underbrace{\frac{f(Z_i+1) - f(Z_i-1)}{2}}_{\substack{i+1\text{ 回目の賭け金}\\(i\text{ までの情報しか使わない})}} \times \underbrace{(Z_{i+1} - Z_i)}_{i+1\text{ 回目の賭け}}$$

$$+ \sum_{i=0}^{t-1} \underbrace{\frac{f(Z_i+1) - 2f(Z_i) + f(Z_i-1)}{2}}_{\substack{i+1\text{ で投入する資金}\\(i\text{ までの情報は使ってよい})}}$$

例題 3.8 Z_t^3 のドゥーブ・メイヤー分解を求めよ．

解 $f(x) = x^3$ とすると

$$Z_t^3 - 0^3 = \sum_{i=0}^{t-1} \frac{(Z_i+1)^3 - (Z_i-1)^3}{2}(Z_{i+1} - Z_i)$$

$$+ \sum_{i=0}^{t-1} \frac{(Z_i+1)^3 - 2Z_i^3 + (Z_i-1)^3}{2}$$

$$= \sum_{i=0}^{t-1} \left(3Z_i^2 + 1\right)(Z_{i+1} - Z_i) + 3\sum_{i=0}^{t-1} Z_i$$

（例題 3.8 解　終わり）

練習問題 3.6 Z_t^4 のドゥーブ・メイヤー分解を求めよ．

注意 $\frac{f(Z_i+1) - f(Z_i-1)}{2}$ が 1 階差分の項で $f(Z_i+1) - 2f(Z_i) + f(Z_i-1)$ が 2 階差分の項である．後にみるように 1 階差分の項が f' に，2 階差分の項が f'' に近づく．これが通常のブラウン運動 W_t に関する伊藤の公式（5.3 節で述べる）

$$df(W_t) = f'(W_t)\, dW_t + \frac{1}{2}f''(W_t)\, dt$$

となるのである[19]．

例題 3.9 tZ_t^2 のドゥーブ・メイヤー分解を求めよ．

解 $f(x, t) = tx^2$ とすると

$$\frac{f(x+1,t+1)-f(x-1,t+1)}{2}=2(t+1)x$$
$$\frac{f(x+1,t+1)-2f(x,t+1)+f(x-1,t+1)}{2}=t+1$$
$$f(x,t+1)-f(x,t)=x^2$$

したがって離散伊藤公式より,

$$tZ_t^2 = f(Z_t,t) - f(0,0) = \sum_{i=0}^{t-1}(f(Z_{i+1},i+1)-f(Z_i,i))$$
$$= \underbrace{\sum_{i=0}^{t-1}2(i+1)Z_i(Z_{i+1}-Z_i)}_{\text{マルチンゲール}} + \underbrace{\sum_{i=0}^{t-1}(i+1+Z_i^2)}_{\text{可予測過程}}$$

（例題 3.9 解　終わり）

練習問題 3.7 te^{Z_t} のドゥーブ・メイヤー分解を求めよ.

例題 3.10 離散伊藤公式を用いて, $Z_t^2 - t$ がマルチンゲールであることを示せ.

解 $f(x,t) = x^2 - t$ とおくと

$$f(Z_{t+1},t+1) - f(Z_t,t)$$
$$= \frac{f(Z_t+1,t+1)-f(Z_t-1,t+1)}{2}(Z_{t+1}-Z_t)$$
$$+ \frac{f(Z_t+1,t+1)-2f(Z_t,t+1)+f(Z_t-1,t+1)}{2}$$
$$+ f(Z_t,t+1) - f(Z_t,t)$$

ここで

$$\text{可予測項} = \frac{(Z_t+1)^2-(t+1)-2(Z_t^2-(t+1))+((Z_t-1)^2-(t+1))}{2}$$
$$+ Z_t^2-(t+1)-(Z_t^2-t)$$
$$= Z_t^2 + 1 - (t+1) - (Z_t^2 - t) = 0$$

よって

$$Z_t^2 - t = \sum_{i=0}^{t-1}\frac{f(Z_i+1,i+1)-f(Z_i-1,i+1)}{2}(Z_{i+1}-Z_i)$$

$$= \sum_{i=0}^{t-1} 2Z_i(Z_{i+1} - Z_i)$$

と表せるので $Z_t^2 - t$ はマルチンゲールである．

（例題 3.10 解　終わり）

練習問題 3.8　$Z_t^3 - 3tZ_t$ がマルチンゲールであることを示せ．

1 次元非対称ランダムウォークについても同様に離散伊藤公式を用いることができ，それを変形してドゥーブ・メイヤー分解を得ることができる．

定理 3.8　1 次元非対称ランダムウォークについて離散伊藤公式

$$f(Z'_{t+1}) - f(Z'_t)$$
$$= \frac{f(Z'_t + 1) - f(Z'_t - 1)}{2}(Z'_{t+1} - Z'_t) + \frac{f(Z'_t + 1) - 2f(Z'_t) + f(Z'_t - 1)}{2}$$

を用いることにより，以下のドゥーブ・メイヤー分解を得ることができる．

$$f(Z'_{t+1}) - f(Z'_t)$$
$$= \frac{f(Z'_t + 1) - f(Z'_t - 1)}{2}(Z'_{t+1} - Z'_t - (2p-1))$$
$$+ \frac{f(Z'_t + 1) - 2f(Z'_t) + f(Z'_t - 1)}{2} + (2p-1)\frac{f(Z'_t + 1) - f(Z'_t - 1)}{2}$$
$$\left(= \frac{f(Z'_t + 1) - f(Z'_t - 1)}{2}(Z'_{t+1} - Z'_t - (2p-1)) \right.$$
$$\left. + pf(Z'_t + 1) - f(Z'_t) + (1-p)f(Z'_t - 1) \right)$$

練習問題 3.9　$(Z'_t)^2$ と $e^{Z'_t}$ のドゥーブ・メイヤー分解を求めよ．

3.6　ランダムウォークに関する話題

a を正の整数, $\tau_a = \inf\{t|Z_t = a\}$ として新たな確率過程 $\tilde{Z}_t$ を以下で定義する．

$$\tilde{Z}_t = \begin{cases} Z_t & \cdots t \leqq \tau_a \text{のとき} \\ 2a - Z_t & \cdots t > \tau_a \text{のとき} \end{cases}$$

これは，最初に a に到達した時点 $t = \tau_a$ の後の Z_t のパスを $y = a$ に関して対称に折り返したものである．

すると直感的にわかるように $\tilde{Z}_t$ も 0 から出発する対称ランダムウォークであ

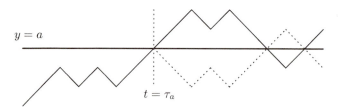

図 3.3 ランダムウォークの鏡像原理

る．これは正しい硬貨の表，裏を当てる賭けを考えるとわかりやすい．1 回目の賭けを行う前に，ギャンブラー A は毎回表に賭け続けると宣言し，一方ギャンブラー B は金額 a に到達するまでは表に賭け続け，その後は裏に賭け続けると宣言したとする．この場合，直感的に，両者の損益の推移は同分布であるとわかる．つまり A の損益の推移 Z_t と B の損益の推移 $\tilde{Z}_t$ は確率過程として同分布であるということになる．

ここで，「確率過程として同分布」とは，任意の有限次元分布が等しいことを意味する．

これをランダムウォークの鏡像原理という．鏡像原理の応用例を 1 つあげよう．

例題 3.11 以下が成り立つことを示せ．
$$P(\tau_a \leq T, Z_T = b) = \begin{cases} P(Z_T = b) & \cdots b \geq a \text{ のとき} \\ P(Z_T = 2a - b) & \cdots b < a \text{ のとき} \end{cases}$$
ここで τ_a は，はじめて $Z_t = a$ となる時刻 t である．

解 $b \geq a$ のとき，$Z_T = b \Rightarrow \tau_a \leq T$．ゆえに $P(\tau_a \leq T, Z_T = b) = P(Z_T = b)$．一方 $b < a$ のとき，$\tilde{\tau}_a = \inf\{t | \tilde{Z}_t = a\}$ と定義すると，

$$\begin{aligned}
P(\tau_a \leq T, Z_T = b) &= P(\tilde{\tau}_a \leq T, \tilde{Z}_T = b) \quad (\because \text{ 鏡像原理による}) \\
&= P(\tau_a \leq T, \tilde{Z}_T = b) \quad (\because \tau_a = \tilde{\tau}_a) \\
&= P(\tau_a \leq T, 2a - Z_T = b) \\
&= P(\tau_a \leq T, Z_T = 2a - b) \\
&= P(Z_T = 2a - b) \quad (\because 2a - b > a)
\end{aligned}$$

（例題 3.11 解　終わり）

例題 3.11 より τ_a の分布関数が以下のように求まる．

$$P(\tau_a \leqq T) = \sum_{b \geqq a} P(\tau_a \leqq T, Z_T = b) + \sum_{b < a} P(\tau_a \leqq T, Z_T = b)$$

$$= \sum_{b \geqq a} P(Z_T = b) + \sum_{b < a} P(Z_T = 2a - b)$$

$$= \sum_{b \geqq a} P(Z_T = b) + \sum_{b' > a} P(Z_T = b')$$

$$= 2\sum_{b > a} P(Z_T = b) + P(Z_T = a) \tag{3.5}$$

さらにこの結果から M_T(M_T を $\max_{0 \leqq s \leqq T} Z_s$ とする)の分布が以下のように求まる.

$$P(M_T = a) = P(M_T \geqq a) - P(M_T \geqq a+1) = P(\tau_a \leqq T) - P(\tau_{a+1} \leqq T)$$

$$= 2\sum_{b > a} P(Z_T = b) + P(Z_T = a)$$

$$\qquad - \left\{ 2 \sum_{b > a+1} P(Z_T = b) + P(Z_T = a+1) \right\}$$

$$= P(Z_T = a+1) + P(Z_T = a) \qquad (a = 1, 2, \cdots)$$

$$P(M_T = 0) = 1 - P(M_T \geqq 1) = 1 - P(\tau_1 \leqq T)$$

$$= 1 - 2\sum_{b > 1} P(Z_T = b) - P(Z_T = 1)$$

$$= 1 - P(|Z_T| \geqq 2) - P(Z_T = 1) = P(Z_T = 1) + P(Z_T = 0)$$

さて, 対称ランダムウォーク Z_t が最初に $a(>0)$ に到達する時刻 τ_a の確率分布は式 (3.5) を用いて $P(\tau_a = T) = P(\tau_a \leqq T) - P(\tau_a \leqq T-1)$ を計算することにより求められることがわかったが, 非対称ランダムウォーク Z'_t の $a(>0)$ への初到達時刻 $\tau'_a = \inf\{t|Z'_t = a\}$ の確率分布はどうなるだろうか. これは $k-1$ に到達してから k に到達するまでの時間を $\tau'^{(k)}_1$ とおくと, $\tau'_a = \tau'_1 + \tau'^{(2)}_1 + \cdots + \tau'^{(a)}_1$ と表せて, さらに直感的に $\tau'_1, \tau'^{(2)}_1, \cdots, \tau'^{(a)}_1$ は独立同分布であることがわかる. したがって τ'_a の分布を知るためには, τ'_1 の分布さえわかればよいことになる. そこでまず, τ'_1 の確率母関数 $g(t) = E(t^{\tau'_1})$ を求めてみよう.

$$g(t) = E(t^{\tau'_1})$$

$$= \sum_l t^l \{P(\tau'_1 = l|\xi'_1 = 1)P(\xi'_1 = 1) + P(\tau'_1 = l|\xi'_1 = -1)P(\xi'_1 = -1)\}$$

$$= E(t^{\tau'_1}|\xi'_1 = 1) \cdot p + E(t^{\tau'_1}|\xi'_1 = -1) \cdot (1-p)$$

$$= t^1 \cdot p + E(t^{1+\tau'_2}) \cdot (1-p)$$

ここで $E(t^{\tau_2'}) = E(t^{\tau_1' + \tau_1'^{(2)}}) = E(t^{\tau_1'})E(t^{\tau_1'^{(2)}}) = g^2(t)$ より,

$$g(t) = tp + t(1-p)g^2(t) \tag{3.6}$$

これを $g(0) = P(\tau_1' = 0) = 0$ に注意して $g(t)$ について解くと,

$$\begin{aligned}
g(t) &= \frac{1 - \sqrt{1 - 4p(1-p)t^2}}{2(1-p)t} \\
&= \frac{1}{2(1-p)t} - \frac{1}{2(1-p)t}(1 - 4p(1-p)t^2)^{\frac{1}{2}} \\
&= \frac{1}{2(1-p)t} - \frac{1}{2(1-p)t}\sum_{k=0}^{\infty}\binom{\frac{1}{2}}{k}(-4p(1-p)t^2)^k
\end{aligned}$$

($\because$ 一般2項展開（ニュートン展開）による)

$$= \sum_{k=1}^{\infty}\binom{\frac{1}{2}}{k}(-1)^{k+1}\frac{1}{2}4^k p^k (1-p)^{k-1}t^{2k-1} \tag{3.7}$$

ここで,

$$\begin{aligned}
\binom{\frac{1}{2}}{k} &= \frac{\frac{1}{2}(\frac{1}{2}-1)(\frac{1}{2}-2)(\frac{1}{2}-3)\cdots(\frac{1}{2}-k+1)}{k!} \\
&= \frac{1(-1)(-3)(-5)\cdots(-2k+3)}{k!2^k} = \frac{(-1)^{k-1}}{k!2^k}1 \times 3 \times 5 \times \cdots \times (2k-3) \\
&= \frac{(-1)^{k-1}}{k!2^k}\frac{1\times 2\times 3\times 4\times 5\times\cdots\times(2k-3)\times(2k-2)}{2\times 4\times\cdots\times(2k-2)} \\
&= \frac{(-1)^{k-1}}{k!2^k}\frac{(2k-2)!}{2^{k-1}(k-1)!} = \frac{(-1)^{k-1}}{4^k}2\frac{(2k-2)!}{k!(k-1)!} \\
&= \frac{(-1)^{k-1}}{4^k}2\binom{2k-1}{k}\frac{1}{2k-1}
\end{aligned}$$

これを式 (3.7) に代入すると以下を得る.

$$g(t) = \sum_{k=1}^{\infty}\frac{1}{2k-1}\binom{2k-1}{k}p^k(1-p)^{k-1}t^{2k-1}$$

したがって確率母関数の一意性より以下を得る.

$P(\tau_1' = 偶数) = 0$

$P(\tau_1' = 2k-1) = \dfrac{1}{2k-1}\dbinom{2k-1}{k}p^k(1-p)^{k-1} \quad (k = 1, 2, \cdots)$

よって後は $P(\tau_1' = \infty)$ がわかれば, τ_1' の確率分布が完全に求まる. これは以下

のように計算できる.

$$P(\tau_1' < \infty) = \sum_{l=0}^{\infty} P(\tau_1' = l) = g(1) = \frac{1 - \sqrt{1 - 4p(1-p)}}{2(1-p)}$$

$$= \frac{1 - \{(p + (1-p))^2 - 4p(1-p)\}^{1/2}}{2(1-p)} = \frac{1 - |2p - 1|}{2(1-p)}$$

$$= \begin{cases} \frac{p}{1-p} \ (< 1) & \cdots p < \frac{1}{2} \text{のとき} \\ 1 & \cdots p \geqq \frac{1}{2} \text{のとき} \end{cases}$$

$$\therefore \ P(\tau_1' = \infty) = 1 - P(\tau_1' < \infty) = \begin{cases} \frac{1-2p}{1-p} & \cdots p < \frac{1}{2} \text{のとき} \\ 0 & \cdots p \geqq \frac{1}{2} \text{のとき} \end{cases}$$

最後に $E(\tau_1')$ も計算しておこう.まず $p < \frac{1}{2}$ のときは $P(\tau_1' = \infty) > 0$ より,明らかに $E(\tau_1') = \infty$ となる.次に $p > \frac{1}{2}$ のときは式 (3.6) を微分すると,

$$g'(t) = p + (1-p)g^2(t) + t(1-p)2g(t)g'(t)$$

よって,$p > \frac{1}{2}$ のとき $g(1) = 1$ であったことに注意して,上式において $t = 1$ とすると以下を得る.

$$E(\tau_1') = g'(1) = \frac{1}{2p - 1}$$

また $p = \frac{1}{2}$ のときは,上式において $p \to \frac{1}{2} + 0$(p は上から $\frac{1}{2}$ に近づく)とすると $E(\tau_1') = \infty$ となることがわかる.$p = \frac{1}{2}$ のとき,$Z_t'(= Z_t)$ は確率 1 で有限時間内に 1 に到達するが,1 に到達するまでの平均時間は無限大であるというこの結果はとても興味深い.

第4章
離散モデルのデリバティブ価格理論II

4.1 2項 T 期間モデルのデリバティブの価格理論

4.1.1 用語と記号の導入

現時点 $t=0$ での株価 S の株式が $t=1$ で $(1+\mu+\sigma)S$ に上昇するか，$(1+\mu-\sigma)S$ に下降するとする．この $t=1$ における株価 S_1 を $\{-1,+1\}$ 値確率変数 ξ_1 を用いて $S_1 = S(1+\mu+\sigma\xi_1)$ と表す（これは 2.3 節で用いた u,d について $u=\mu+\sigma, d=\mu-\sigma$ とおいたものである）．これを T 期間にわたって繰り返し，独立な $\{-1,+1\}$ 値確率変数 $\xi_1,\xi_2,\cdots,\xi_T$ を導入し，t 時点での株価 S_t が $S_t = S\prod_{i=1}^{t}(1+\mu+\sigma\xi_i)$，満期時における株価 S_T が $S_T = S\prod_{i=1}^{T}(1+\mu+\sigma\xi_i)$ と表されるとする．さらに時点 $t(=0,1,\cdots,T)$ における価格が $B_t = (1+r)^t$ で与えられる安全債券も市場にあるものとする（図 4.1）．

	$t=0$	$t=1$	$t=2$	$\cdots$	$t=T$
株価	S	$S(1+\mu+\sigma\xi_1)$	$S(1+\mu+\sigma\xi_1)$ $\times(1+\mu+\sigma\xi_2)$	$\cdots$	$S\prod_{i=1}^{T}(1+\mu+\sigma\xi_i)$
安全債券	1	$1+r$	$(1+r)^2$	$\cdots$	$(1+r)^T$

図 **4.1** T 期間での株価と安全債券

まず，この市場におけるデリバティブの定義をしておこう．

定義 4.1（デリバティブ）
満期 T のデリバティブとは独立な $\{-1,+1\}$ 値確率変数 $\xi_1,\xi_2,\cdots,\xi_T$ によってお金のやりとりが決まる契約 Y，つまり一般的には $\sigma(\xi_1,\xi_2,\cdots,\xi_T)$ 可測確率変数 Y，すなわち $(\xi_1,\xi_2,\cdots,\xi_T)$ の値によって決まる確率変数 Y のことである．

いくつか例を述べよう．

Y を先物, S_T を満期 T での価値, K を受け渡し価格, S を $t=0$ での株価とする. このとき

$$Y = S_T - K = S\prod_{i=1}^{T}(1+\mu+\sigma\xi_i) - K$$

である. 次にコールオプションを考えよう. 受け渡し価格を K, $t=0$ での株価を S とすると, コールオプション Y は

$$Y = \max\left(S\prod_{i=1}^{T}(1+\mu+\sigma\xi_i) - K, 0\right)$$

で表される. プットオプションの場合には

$$Y = \max\left(K - S\prod_{i=1}^{T}(1+\mu+\sigma\xi_i), 0\right)$$

である.

このモデルでは以下の手順によって任意のデリバティブの価格が無裁定の考え方により決定される.

まず, マルチンゲール表現定理 (定理3.6) を用いると, 各時点 t から株 ϕ_{t+1} 単位, 安全債券 ψ_{t+1} 単位持つ (正確にいうと時点 t から時点 $t+1$ までの株と安全債券の持ち単位で時点 $t+1$ になればすぐに株 ϕ_{t+2} 単位, 安全債券 ψ_{t+2} 単位に組み換える) ポートフォリオが資金自己調達で, 最終的に満期時 T にデリバティブのペイオフ Y と一致するような組 (ϕ_{t+1}, ψ_{t+1}) $(t=0, 1, \cdots, T-1)$ を見つけることができる. ここで, ポートフォリオが**資金自己調達(self-financing)**であるとは, 途中でお金を引き上げたり投入したりしないことである. つまり, $\phi_t S_t + \psi_t(1+r)^t = \phi_{t+1}S_t + \psi_{t+1}(1+r)^t$ が任意の t に対して成立していることである.

この組 (ϕ_{t+1}, ψ_{t+1}) $(t=0, 1, \cdots, T-1)$ をデリバティブの**複製ポートフォリオ**という. そのような, 複製ポートフォリオが見つかれば, 無裁定の仮定より, デリバティブの現在価格は $\phi_1 S + \psi_1$ と一致しなければならない.

以上がデリバティブ価格決定理論の骨子である. また $T=2$ については 2.2 節でみてきた通りである. 以下でこの手順をより詳しくみていこう.

4.1.2 同値マルチンゲール測度 Q の存在とその一意性

まず, 割引株価過程を $S'_t = (1+r)^{-t}S_t$ で定義する. この S'_t が $\xi_1, \xi_2, \cdots, \xi_t$ に関するマルチンゲールとなるような確率 (測度) Q を求める (そのような確率測度 Q を同値マルチンゲール測度と呼ぶ). Q のもとでの期待値を E^Q と表すと, そのためには Q が

$$E^Q\left(S'_{t+1} \,\middle|\, \xi_1, \xi_2, \cdots, \xi_t\right) = \frac{S'_t}{1+r} E^Q\left(1+\mu+\sigma\xi_{t+1} \,\middle|\, \xi_1, \xi_2, \cdots, \xi_t\right) = S'_t$$

すなわち,

$$E^Q\left(1+\mu+\sigma\xi_{t+1} \,\middle|\, \xi_1, \xi_2, \cdots, \xi_t\right) = 1+r$$

を満たさなければならないことがわかる.

つまり任意の $x_1, x_2, \cdots, x_t$ に対して,

$$Q(\xi_{t+1}=1 \,|\, \xi_1=x_1, \xi_2=x_2, \cdots, \xi_t=x_t) = p(x_1, x_2, \cdots, x_t),$$

$$Q(\xi_{t+1}=-1 \,|\, \xi_1=x_1, \xi_2=x_2, \cdots, \xi_t=x_t) = 1-p(x_1, x_2, \cdots, x_t)$$

として

$$1+r = (1+\mu+\sigma)p(x_1, x_2, \cdots, x_t) + (1+\mu-\sigma)\left(1-p(x_1, x_2, \cdots, x_t)\right)$$

よって,

$$p(x_1, x_2, \cdots, x_t) = \frac{r-\mu+\sigma}{2\sigma}, \quad 1-p(x_1, x_2, \cdots, x_t) = \frac{-r+\mu+\sigma}{2\sigma}$$

が成り立てばよいことになり, これは結局,

$$\begin{aligned} Q(\xi_{t+1}=1 \,|\, \xi_1, \xi_2, \cdots, \xi_t) &= \frac{r-\mu+\sigma}{2\sigma} \\ Q(\xi_{t+1}=-1 \,|\, \xi_1, \xi_2, \cdots, \xi_t) &= \frac{-r+\mu+\sigma}{2\sigma} \end{aligned} \tag{4.1}$$

と Q を定めればよいことを意味する.

またこの同値マルチンゲール測度 Q について, 式 (4.1) から確率 $Q(\xi_1=x_1, \xi_2=x_2, \cdots, \xi_t=x_t)$ の値も定まる. たとえば,

$$\begin{aligned} &Q(\xi_1=1, \xi_2=1, \xi_3=-1) \\ &= Q(\xi_3=-1 \,|\, \xi_1=1, \xi_2=1)Q(\xi_2=1 \,|\, \xi_1=1)Q(\xi_1=1) \\ &= \frac{-r+\mu+\sigma}{2\sigma} \cdot \frac{r-\mu+\sigma}{2\sigma} \cdot \frac{r-\mu+\sigma}{2\sigma} \end{aligned}$$

($\because$ $t=0$ のときには上と同様に

$$Q(\xi_1=1) = \tfrac{r-\mu+\sigma}{2\sigma}, \ Q(\xi_1=-1) = \tfrac{-r+\mu+\sigma}{2\sigma})$$

また $Q(\xi_{t+1}=1 \,|\, \xi_1, \xi_2, \cdots, \xi_t), Q(\xi_{t+1}=-1 \,|\, \xi_1, \xi_2, \cdots, \xi_t)$ の値が $\xi_1, \xi_2, \cdots, \xi_t$ に依らないことより, Q のもとで $\xi_1, \xi_2, \cdots, \xi_T$ は独立同分布で,

$$\begin{aligned} Q(\xi_1=1) &= \frac{r-\mu+\sigma}{2\sigma} (=p \text{ とおく}) \\ Q(\xi_1=-1) &= \frac{-r+\mu+\sigma}{2\sigma} (=1-p=q) \end{aligned}$$

がわかる．この p のことをリスク中立上昇確率，q をリスク中立下降確率と呼ぶ．

また，作り方よりこのような Q，つまり割引株価過程 S'_t を $\xi_1, \xi_2, \cdots, \xi_t$ マルチンゲールとするような確率測度は一意的であることも明らかであろう．

また上述のように，この同値マルチンゲール測度 Q のもとでは，ある時点とほかのある時点の株価の上り下りは独立なので，この Q のもとでは $Z_t = \xi_1 + \xi_2 + \cdots + \xi_t$ は 1 次元非対称ランダムウォークであることを注意しておく．

4.1.3 デリバティブの価格決定と複製ポートフォリオ

満期 T のデリバティブのペイオフを Y とすると，$t=0$ におけるデリバティブの価格は，結論としては $C = E^Q\left(\dfrac{Y}{(1+r)^T}\right)$ で与えられる．

実際に，まず

$$S'_{t+1} - S'_t = \frac{S'_{t+1} - S'_t}{\xi_{t+1} - E^Q[\xi_{t+1}]}(\xi_{t+1} - E^Q[\xi_{t+1}])$$

$$= S'_t \frac{(1+r)^{-1}(1+\mu+\sigma\xi_{t+1}) - 1}{\xi_{t+1} - \frac{r-\mu}{\sigma}}(\xi_{t+1} - E^Q[\xi_{t+1}]) \tag{4.2}$$

と変形する．S'_t は $\xi_1, \xi_2, \cdots, \xi_t$ に関し Q のもとでマルチンゲールとなるので，定理 3.6（非対称ランダムウォークに関するマルチンゲール表現定理）より，式 (4.2) 最右辺の $\xi_{t+1} - E^Q[\xi_{t+1}]$ の係数は ξ_{t+1} の値に依存しないので，特に $\xi_{t+1} = 1$ を代入して整理すると以下を得る．

$$S'_{t+1} - S'_t = S'_t \sigma (1+r)^{-1}(\xi_{t+1} - E^Q[\xi_{t+1}])$$

また，$M_t = E^Q\left(\dfrac{Y}{(1+r)^T}\bigg|\xi_1, \xi_2, \cdots, \xi_t\right)$ も Q のもとでマルチンゲール（ドゥーブマルチンゲール）なので，定理 3.6 より

$$M_{t+1} - M_t = g_{t+1}(\xi_1, \xi_2, \cdots, \xi_t)(\xi_{t+1} - E^Q[\xi_{t+1}])$$

と表せる．よって

$$\phi_{t+1}(\xi_1, \xi_2, \cdots, \xi_t) = \frac{g_{t+1}(\xi_1, \xi_2, \cdots, \xi_t)}{S'_t \sigma (1+r)^{-1}}$$

とおくと，

$$M_{t+1} - M_t = \phi_{t+1}(\xi_1, \xi_2, \cdots, \xi_t)(S'_{t+1} - S'_t)$$

となる．これを $t=0$ から $t=T-1$ まで加えると

$$\frac{Y}{(1+r)^T} - E^Q\left(\frac{Y}{(1+r)^T}\right)$$

$$= M_T - M_0 = \sum_{t=0}^{T-1} \phi_{t+1}\Big(\frac{S_{t+1}}{(1+r)^{t+1}} - \frac{S_t}{(1+r)^t}\Big) \tag{4.3}$$

となる．初期資産 $C = E^Q\Big(\dfrac{Y}{(1+r)^T}\Big)$ と，右辺の原資産から成る複製ポートフォリオでデリバティブを複製できるので，デリバティブの価格は $C = E^Q\Big(\dfrac{Y}{(1+r)^T}\Big)$ となる．複製の方法は上式両辺を $(1+r)^T$ 倍した式を以下のように解釈すればわかる．

$$\underbrace{Y}_{\text{デリバティブの}\atop\text{ペイオフ}} = \underbrace{C(1+r)^T}_{\text{初期資金 }C\text{ を}\atop\text{複利 }r\text{ で }T\text{ 期間運用}}$$

$$+ \sum_{t=0}^{T-1} \underbrace{\phi_{t+1}(\xi_1,\xi_2,\cdots,\xi_t)}_{\text{時刻 }t\text{ における売買単位}} \times \underbrace{(S_{t+1} - (1+r)S_t)}_{\substack{\text{時点 }t\text{ で銀行から }S_t\text{ 借りて}\\\text{株を買い，時点 }t+1\text{ で }S_{t+1}\text{ で売り，}\\\text{銀行に }(1+r)S_t\text{ 返し清算したときの収益}}}$$

$$\times \underbrace{(1+r)^{T-(t+1)}}_{\substack{\text{時点 }t+1\text{ での収益を}\\\text{満期までの残りの }T-(t+1)\text{ 期間}\\\text{複利 }r\text{ で運用する}}}$$

もっと丁寧に複製ポートフォリオの構築の仕方を説明しよう．

まず時点 $t=0$ において，初期資金 $C = E^Q((1+r)^{-T}Y) = M_0$ を使って株式を ϕ_1 単位保有し，残ったお金の $M_0 - \phi_1 S$ を全額，安全債券に投入する．つまり安全債券を $\psi_1 = M_0 - \phi_1 S$ 単位保有する（もちろん株式の購入資金が足りないときはその不足額を借入でまかなうことになるので安全債券の保有単位はマイナスとなる）．このときポートフォリオ (ϕ_1, ψ_1) の時点 $t=1$ における価値 V_1 は以下になる．

$$V_1 = \phi_1 S_1 + \psi_1 B_1 = B_1 \phi_1(S_1' - S_0') + B_1 M_0$$

そこで次に時点 $t=1$（の直後）においてポートフォリオを組み換えることにし，資金 V_1 を使って株式を ϕ_2 単位保有し，残ったお金を安全債券に投入する．つまり安全債券の保有単位 ψ_2 は以下になる．

$$\psi_2 = \frac{1}{B_1}(V_1 - \phi_2 S_1) = \phi_1(S_1' - S_0') + M_0 - \phi_2 S_1'$$

このとき (ϕ_2, ψ_2) の時点 $t=2$ における価値 V_2 は以下になる．

$$V_2 = \phi_2 S_2 + \psi_2 B_2$$

$$= B_2\{\phi_2(S_2' - S_1') + \phi_1(S_1' - S_0')\} + B_2 M_0$$

以下同じ手順を繰り返し，時点 $t = k$（の直後）においてポートフォリオを組み換え，資金 V_k を使って株式を ϕ_{k+1} 単位保有し，残ったお金を安全債券に投入すると，安全債券の保有単位 ψ_{k+1} は

$$\psi_{k+1} = \sum_{i=1}^{k} \phi_i(S_i' - S_{i-1}') + M_0 - \phi_{k+1} S_k'$$

となり，そしてこのポートフォリオ (ϕ_{k+1}, ψ_{k+1}) の時点 $t = k+1$ における価値 V_{k+1} は以下になる．

$$V_{k+1} = B_{k+1} \sum_{i=1}^{k+1} \phi_i(S_i' - S_{i-1}') + B_{k+1} M_0 \tag{4.4}$$

したがって式 (4.4) において $k = T - 1$ とおくと，初期資金 $C = M_0$ から出発するこの資金自己調達的な動的ポートフォリオの満期時点 T における価値は

$$V_T = B_T \sum_{i=1}^{T} \phi_i(S_i' - S_{i-1}') + B_T M_0$$
$$= B_T(M_T - M_0) + B_T M_0 \quad (\because \text{式 (4.3) による})$$
$$= E^Q(Y|\xi_1, \xi_2, \cdots, \xi_T) = Y$$

となり，デリバティブのペイオフと完全に一致することがわかる．よって無裁定条件より，この動的ポートフォリオの初期価値，すなわち $C = M_0 = E^Q((1+r)^{-T}Y)$ がデリバティブ Y の現在価格となる．

> **例題 4.1** デリバティブ S_T^2（パワーオプション）の価格と ϕ_{t+1}（複製ポートフォリオにおける時点 t から $t+1$ までの株式の保有単位）を求めよ．

解 価格は
$$E^Q\left(\frac{S_T^2}{(1+r)^T}\right) = (1+r)^{-T} S^2 E^Q\left(\prod_{i=1}^{T}(1+\mu+\sigma\xi_i)^2\right)$$
$$= (1+r)^{-T} S^2 \left(E^Q[(1+\mu)^2 + \sigma^2 + 2\sigma(1+\mu)\xi_1]\right)^T$$
$$= S^2 \left(\frac{(1+\mu)^2 + \sigma^2 + 2\sigma(1+\mu)(2p-1)}{1+r}\right)^T$$

ただし $p = Q(\xi_1 = 1) = \frac{r-\mu+\sigma}{2\sigma}$ である．
$$M_t = E^Q\left(\frac{S_T^2}{(1+r)^T} \middle| \xi_1, \cdots, \xi_t\right)$$

$$= (1+r)^{-T} E^Q \left(\left(S_t \prod_{i=t+1}^{T} (1+\mu+\sigma\xi_i) \right)^2 \middle| \xi_1, \cdots, \xi_t \right)$$

$$= (1+r)^{-T} S_t^2 E^Q \left(\prod_{i=t+1}^{T} (1+\mu+\sigma\xi_i)^2 \right)$$

$$= (1+r)^{-T} S_t^2 \{(1+\mu)^2 + \sigma^2 + 2\sigma(1+\mu)(2p-1)\}^{T-t}$$

$$M_{t+1} - M_t = (1+r)^{-T} S_t^2 \{(1+\mu)^2 + \sigma^2 + 2\sigma(1+\mu)(2p-1)\}^{T-t-1}$$
$$\times \{(1+\mu+\sigma\xi_{t+1})^2 - ((1+\mu)^2 + \sigma^2 + 2\sigma(1+\mu)(2p-1))\}$$

$$= (1+r)^{-T} S_t^2 \{(1+\mu)^2 + \sigma^2 + 2\sigma(1+\mu)(2p-1)\}^{T-t-1}$$
$$\times 2\sigma(1+\mu)(\xi_{t+1} - (2p-1))$$

よって

$$\phi_{t+1} = \frac{M_{t+1} - M_t}{\sigma(1+r)^{-(t+1)} S_t (\xi_{t+1} - (2p-1))}$$
$$= 2S_t(1+\mu) \left(\frac{(1+\mu)^2 + \sigma^2 + 2\sigma(1+\mu)(2p-1)}{1+r} \right)^{T-t-1}$$

となる.

（例題 4.1 解　終わり）

練習問題 4.1　デリバティブ S_T^3 の価格と ϕ_{t+1} を求めよ.

4.2　離散から連続へ

ここでは時間の幅を小さくして，連続モデルに近づけていくことを考えてみよう．まず時刻 0 から時刻 T までを n 等分し，$\frac{T}{n} = \Delta t$ とおいて，$0, \Delta t, 2\Delta t, \cdots, n\Delta t = T$ という $n+1$ 個の時刻（n 個の期間）で考える．時刻 0 における株価を S，時刻 $i\Delta t$ における株価を $S_{i\Delta t} = S \prod_{j=1}^{i} (1+\mu\Delta t + \sigma\sqrt{\Delta t}\xi_{j\Delta t})$ とモデル化する．ただし，$\xi_{\Delta t}, \xi_{2\Delta t}, \cdots, \xi_{n\Delta t}$ は独立な $\{-1, +1\}$ 値確率変数である．また，特に満期時刻 T における株価は以下のように表される．

$$S_T = S \prod_{j=1}^{n} (1+\mu\Delta t + \sigma\sqrt{\Delta t}\xi_{j\Delta t})$$
$$= S \prod_{j=1}^{n} ((1+\mu\Delta t)^2 - \sigma^2 \Delta t)^{\frac{1}{2}} \left(\frac{1+\mu\Delta t + \sigma\sqrt{\Delta t}}{1+\mu\Delta t - \sigma\sqrt{\Delta t}} \right)^{\frac{1}{2}\xi_{j\Delta t}}$$
$$= S((1+\mu\Delta t)^2 - \sigma^2 \Delta t)^{\frac{n}{2}} \left(\frac{1+\mu\Delta t + \sigma\sqrt{\Delta t}}{1+\mu\Delta t - \sigma\sqrt{\Delta t}} \right)^{\frac{1}{2}\sum_{j=1}^{n}\xi_{j\Delta t}} \quad (4.5)$$

一方，時刻 $i\Delta t$ における安全債券の価格は $B_{i\Delta t} = (1+r\Delta t)^i$ とモデル化する．つまり，安全債券の時刻 $i\Delta t$ から時刻 $(i+1)\Delta t$ までの利子率は $r\Delta t$ であると

する．このとき，4.1 節の結果より満期時のペイオフが $f(S_T)$ と表されるデリバティブの現在価格は以下のように同値マルチンゲール測度 Q のもとでの割引ペイオフの期待値として与えられる．

$$E^Q((1+r\Delta t)^{-\frac{T}{\Delta t}} f(S_T)) \tag{4.6}$$

ただし，Q のもとで $\xi_{\Delta t}, \xi_{2\Delta t}, \cdots, \xi_{n\Delta t}$ は独立同分布であり，かつ以下を満たす．

$$Q(\xi_{i\Delta t} = 1) = \frac{r\Delta t - (\mu\Delta t - \sigma\sqrt{\Delta t})}{2\sigma\sqrt{\Delta t}} = \frac{1}{2} + \frac{r-\mu}{2\sigma}\sqrt{\Delta t}$$

$$Q(\xi_{i\Delta t} = -1) = \frac{1}{2} - \frac{r-\mu}{2\sigma}\sqrt{\Delta t}$$

$$\therefore E^Q(\xi_{i\Delta t}) = \frac{r-\mu}{\sigma}\sqrt{\Delta t}, \quad V^Q(\xi_{i\Delta t}) = 1 - \left(\frac{r-\mu}{\sigma}\right)^2 \Delta t \tag{4.7}$$

ここで $\Delta t \to 0 (\Leftrightarrow n \to \infty)$ とすると，式 (4.6) における割引ファクターは，$\lim_{\Delta t \to 0}(1+r\Delta t)^{-\frac{T}{\Delta t}} = e^{-rT}$ となる．次に式 (4.5) に関して，以下を得る．

$$\lim_{\Delta t \to 0}((1+\mu\Delta t)^2 - \sigma^2 \Delta t)^{\frac{n}{2}}$$

$$= \lim_{\Delta t \to 0} \exp\{\tfrac{T}{2\Delta}\log(1 + (2\mu - \sigma^2)\Delta t + \mu^2(\Delta t)^2)\}$$

$$= \lim_{\Delta t \to 0} \exp\{\tfrac{T}{2\Delta}((2\mu - \sigma^2)\Delta t + o(\Delta t))\} = e^{(\mu - \frac{1}{2}\sigma^2)T}$$

$$\lim_{\Delta t \to 0} \left(\frac{1+\mu\Delta t + \sigma\sqrt{\Delta t}}{1+\mu\Delta t - \sigma\sqrt{\Delta t}}\right)^{\frac{1}{2\sqrt{\Delta t}}}$$

$$= \lim_{\Delta t \to 0} \exp\{\tfrac{1}{2\sqrt{\Delta t}}(\log(1+\mu\Delta t + \sigma\sqrt{\Delta t}) - \log(1+\mu\Delta t - \sigma\sqrt{\Delta t}))\}$$

$$= \lim_{\Delta t \to 0} \exp\{\tfrac{1}{2\sqrt{\Delta t}}(2\sigma\sqrt{\Delta t} + o(\sqrt{\Delta t}))\} = e^{\sigma}$$

また，式 (4.7) をふまえて中心極限定理（160 ページ参照）を適用すると，

$$\frac{\sum_{j=1}^{n}\xi_{j\Delta t} - E^Q\left(\sum_{j=1}^{n}\xi_{j\Delta t}\right)}{\sqrt{V^Q\left(\sum_{j=1}^{n}\xi_{j\Delta t}\right)}} = \frac{\sum_{j=1}^{n}\xi_{j\Delta t} - n\frac{r-\mu}{\sigma}\sqrt{\Delta t}}{\sqrt{n(1-(\frac{r-\mu}{\sigma})^2\Delta t)}}$$

$$\xrightarrow[\Delta t \to 0]{} N(0,1)$$

ここで $N(0,1)$ は平均 0，分散 1 の正規分布（標準正規分布）である．よって十分小さい Δt について，

$$\sum_{j=1}^{n}\xi_{j\Delta t} \sim \sqrt{n(1-(\tfrac{r-\mu}{\sigma})^2\Delta t)}N(0,1) + n\tfrac{r-\mu}{\sigma}\sqrt{\Delta t}$$

$$\therefore \sqrt{\Delta t}\sum_{j=1}^{n}\xi_{j\Delta t} \sim \sqrt{T(1-(\tfrac{r-\mu}{\sigma})^2\Delta t)}\mathrm{N}(0,1) + \tfrac{r-\mu}{\sigma}T$$

したがって，式 (4.5) において $\Delta t \to 0$ とすると以下を得る．

$$S_T \xrightarrow[\Delta t \to 0]{} Se^{(\mu-\frac{1}{2}\sigma^2)T}e^{\sigma(\sqrt{T}\mathrm{N}(0,1)+\frac{r-\mu}{\sigma}T)} = Se^{(r-\frac{1}{2}\sigma^2)T+\sigma\sqrt{T}\mathrm{N}(0,1)}$$

ここで，式中の $\mathrm{N}(0,1)$ は，この部分にある確率変数が極限において標準正規分布に従うことを示している．

以上により，ペイオフが $f(S_T)$ のデリバティブの現在価格式 (4.6) の $\Delta t \to 0$ としたときの極限は以下で与えられる．

$$\lim_{\Delta t \to 0} E^Q((1+r\Delta t)^{-\frac{T}{\Delta t}}f(S_T)) = E(e^{-rT}f(Se^{(r-\frac{1}{2}\sigma^2)T+\sigma\sqrt{T}\mathrm{N}(0,1)}))$$

ただし，本書中では期待値 E のカッコ内に分布を記した場合，その分布の期待値を示す．分散 V や確率 P に対しても同様に用いる．また，記号 $\sim$ は確率変数と分布の関係，確率分布と確率分布の関係を示す記号である．たとえば，$X \sim \mathrm{N}(0,1)$ と書けば確率変数 X が標準正規分布に従うことを指し，$X \sim Y$ と書けば X の従う確率分布と Y の従う確率分布が等しいことを示す．

この右辺を特に $f(x) = \max(x-K, 0)$ について計算したものがブラック・ショールズ価格式（式 (4.8)）となるのである．

実際にこのブラック・ショールズの価格式を計算してみよう．満期までの時間 T のコールオプションの現在価値を $C(T)$ とする．

$$C(T) = S\Phi\left(\frac{\log\frac{S}{K}+(r+\frac{1}{2}\sigma^2)T}{\sigma\sqrt{T}}\right) - Ke^{-rT}\Phi\left(\frac{\log\frac{S}{K}+(r-\frac{1}{2}\sigma^2)T}{\sigma\sqrt{T}}\right) \tag{4.8}$$

ここで，$\Phi(x)$ は，標準正規分布の分布関数 $P(\mathrm{N}(0,1) \leqq x) = \frac{1}{\sqrt{2\pi}}\int_{-\infty}^{x}e^{-\frac{1}{2}u^2}du$ である．今，

$$\frac{\log\frac{S}{K}+(r+\frac{1}{2}\sigma^2)T}{\sigma\sqrt{T}} = d_+, \quad \frac{\log\frac{S}{K}+(r-\frac{1}{2}\sigma^2)T}{\sigma\sqrt{T}} = d_-$$

とおくと，

$$\begin{aligned}
C(T) &= e^{-rT}E\left(\max\left(Se^{(r-\frac{1}{2}\sigma^2)T+\sigma\sqrt{T}\mathrm{N}(0,1)} - K, 0\right)\right) \\
&= e^{-rT}\int_{-d_-}^{+\infty}\left(Se^{(r-\frac{1}{2}\sigma^2)T+\sigma\sqrt{T}x} - K\right)\frac{1}{\sqrt{2\pi}}e^{-\frac{1}{2}x^2}dx \\
&= \frac{S}{\sqrt{2\pi}}\int_{-d_-}^{+\infty}e^{-\frac{1}{2}(x-\sigma\sqrt{T})^2}dx - \frac{Ke^{-rT}}{\sqrt{2\pi}}\int_{-d_-}^{+\infty}e^{-\frac{1}{2}x^2}dx
\end{aligned}$$

$$= SP(\mathrm{N}(0,1) \geqq -(d_- + \sigma\sqrt{T})) - Ke^{-rT}P(\mathrm{N}(0,1) \geqq -d_-)$$
$$= SP(\mathrm{N}(0,1) \leqq d_+) - Ke^{-rT}P(\mathrm{N}(0,1) \leqq d_-)$$
$$= S\Phi(d_+) - Ke^{-rT}\Phi(d_-)$$

となり,式 (4.8) が確認できた.

第5章
ブラウン運動とマルチンゲール

5.1 ブラウン運動の定義と基本的性質

時間間隔 Δt, 空間間隔 $\sqrt{\Delta t}$ の 1 次元対称ランダムウォーク $Z_t^{\Delta t}$ とは

$$Z_t^{\Delta t} = \sqrt{\Delta t}(\xi_1 + \xi_2 + \cdots + \xi_{\frac{t}{\Delta t}})$$

である.ここで $\xi_1, \xi_2, \cdots, \xi_i, \cdots$ は独立同分布の $\{-1, +1\}$ 値確率変数で,その確率は

$$P(\xi_i = 1) = P(\xi_i = -1) = \frac{1}{2}$$

とする.このとき,期待値 E, 分散 V は

$$E(Z_t^{\Delta t}) = \sqrt{\Delta t}(E(\xi_1) + \cdots + E(\xi_{\frac{t}{\Delta t}})) = 0$$

$$V(Z_t^{\Delta t}) = (\sqrt{\Delta t})^2(V(\xi_1) + \cdots + V(\xi_{\frac{t}{\Delta t}})) = \Delta t \times \frac{t}{\Delta t} = t$$

となる.
($\because \xi_1, \cdots, \xi_{\frac{t}{\Delta t}}$ は独立で, $E(\xi_i^2) = (-1)^2 \times \frac{1}{2} + 1 \times \frac{1}{2} = 1$,
 $V(\xi_i) = E(\xi_i^2) - (E(\xi_i))^2 = 1$)

定義 5.1 (ブラウン運動)

$\lim_{\Delta t \to 0} Z_t^{\Delta t}$ が確率過程の極限として存在することがわかるので,これを 1 次元ブラウン運動 W_t と定義する.

すると中心極限定理より

$$\frac{Z_t^{\Delta t} - E(Z_t^{\Delta t})}{\sqrt{V(Z_t^{\Delta t})}} = \frac{Z_t^{\Delta t}}{\sqrt{t}} \xrightarrow[\Delta t \to 0]{} \mathrm{N}(0, 1)$$

つまり

$$\lim_{\Delta t \to 0} Z_t^{\Delta t} = \sqrt{t}\mathrm{N}(0, 1) = \mathrm{N}(0, t)$$

W_t の分布は $\mathrm{N}(0, t)$ である.

W_t を確率過程としてみるためには 1 次元分布 (周辺分布) がわかるだけでは不十分

で，すべての $0 \leq t_1 < t_2 < \cdots < t_n$ に対する有限次元分布 $(W_{t_1}, W_{t_2}, \cdots, W_{t_n})$ がわからなければならない．これは次のようにしてわかる．

$0 < t_1 < t_2$ に対して

$$\frac{Z_{t_1}^{\Delta t} - E(Z_{t_1}^{\Delta t})}{\sqrt{V(Z_{t_1}^{\Delta t})}} = \frac{Z_{t_1}^{\Delta t}}{\sqrt{t_1}} \xrightarrow[\Delta t \to 0]{} \mathrm{N}(0,1)$$

$$\frac{Z_{t_2}^{\Delta t} - Z_{t_1}^{\Delta t} - E(Z_{t_2}^{\Delta t} - Z_{t_1}^{\Delta t})}{\sqrt{V(Z_{t_2}^{\Delta t} - Z_{t_1}^{\Delta t})}} = \frac{Z_{t_2}^{\Delta t} - Z_{t_1}^{\Delta t}}{\sqrt{t_2 - t_1}} \longrightarrow \mathrm{N}(0,1)$$

$$\left(\because Z_{t_2}^{\Delta t} - Z_{t_1}^{\Delta t} = \sqrt{\Delta t} \sum_{i=\frac{t_1}{\Delta t}+1}^{\frac{t_2}{\Delta t}} \xi_i \right)$$

またこれらの左辺は独立なので右辺も独立である．

つまり

$$(W_{t_1}, W_{t_2} - W_{t_1}) \sim \left(\lim_{\Delta t \to 0} Z_{t_1}^{\Delta t}, \lim_{\Delta t \to 0}(Z_{t_2}^{\Delta t} - Z_{t_1}^{\Delta t}) \right)$$
$$\sim (\sqrt{t_1}\mathrm{N}(0,1), \sqrt{t_2 - t_1}\mathrm{N}(0,1))$$
$$\sim (\mathrm{N}(0, t_1), \mathrm{N}(0, t_2 - t_1))$$

かつ $W_{t_1}, W_{t_2} - W_{t_1}$ は独立であることがわかる．

これは時点が増えても同じなので，$0 < t_1 < t_2 < \cdots < t_n$ に対して $(W_{t_1}, W_{t_2} - W_{t_1}, \cdots, W_{t_n} - W_{t_{n-1}})$ の分布は $(\mathrm{N}(0, t_1), \mathrm{N}(0, t_2 - t_1), \cdots, \mathrm{N}(0, t_n - t_{n-1}))$ で，$W_{t_1}, W_{t_2} - W_{t_1}, \cdots, W_{t_n} - W_{t_{n-1}}$ は独立である（ブラウン運動の独立増分性）．これは非常に重要な性質である．

以上のことをまとめておく．

定理 5.1 （ブラウン運動 W_t の基本的性質）

ブラウン運動 W_t について以下の (1)〜(4) が成り立つ．

(1) $W_0 = 0$

(2) W_t の分布 $= \mathrm{N}(0, t)$

(3) $0 < t_1 < t_2 < \cdots < t_n$ に対し，$W_{t_1}, W_{t_2} - W_{t_1}, \cdots, W_{t_n} - W_{t_{n-1}}$ は独立で（独立増分性），$W_{t_i} - W_{t_{i-1}}$ の分布は $\mathrm{N}(0, t_i - t_{i-1})$ （定常増分性）．

(4) $t \longrightarrow W_t$ は連続（すべての t で微分不可能）

定理 5.1 の (1) は $Z_0^{\Delta t} = 0$ より明らかである．(4) についての厳密な証明は本

書の程度を越えるので省略せざるを得ない[29] [40].

注意 定理 5.1 の (1)〜(4) をブラウン運動 W_t の定義としている本も多いが，本書では直感を重視し，時間間隔 Δt，空間間隔 $\sqrt{\Delta t}$ のランダムウォークの確率過程の極限として，ブラウン運動を定義し（定義 5.1），その性質として，定理 5.1 を述べた．

注意 一般に X_t が確率過程であるとは，任意の $0 \leqq t_1 < t_2 < \cdots < t_n$ に対して $(X_{t_1}, X_{t_2}, \cdots, X_{t_n})$ の n 次元同時分布がわからなければならない．つまり 1 次元周辺分布 X_t だけがわかったとしても確率過程がわかったこととはならないことに注意しよう．

ブラウン運動の場合，$0 < t_1 < t_2 < \cdots < t_n$ と $(W_{t_1}, W_{t_2}, \cdots, W_{t_n})$ の同時密度関数は次のようにしてわかる．ここでは

$$P(X \in dx \cap Y \in dy) = f_{(X,Y)}(x,y)\,dxdy$$

$\quad((X,Y)$ の同時密度関数$)$

(つまり (X,Y) が $(x, x+dx) \times (y, y+dy)$ に落ちる確率が大体

$f_{(X,Y)}(x,y)\,dxdy$ である)

の記法を使う．すると

$$P(W_{t_1} \in dx_1 \cap W_{t_2} \in dx_2 \cap \cdots \cap W_{t_n} \in dx_n)$$
$$= P(W_{t_1} \in dx_1 \cap W_{t_2} - W_{t_1} \in d(x_2 - x_1) \cap \cdots$$
$$\cap W_{t_n} - W_{t_{n-1}} \in d(x_n - x_{n-1}))$$
$$= P(W_{t_1} \in dx_1) P(W_{t_2} - W_{t_1} \in d(x_2 - x_1)) \cdots$$
$$P(W_{t_n} - W_{t_{n-1}} \in d(x_n - x_{n-1}))$$
$$= \frac{1}{\sqrt{2\pi t_1}} e^{-\frac{x_1^2}{2t_1}}\,dx_1 \frac{1}{\sqrt{2\pi(t_2 - t_1)}} e^{-\frac{(x_2 - x_1)^2}{2(t_2 - t_1)}}\,d(x_2 - x_1) \cdots$$
$$\frac{1}{\sqrt{2\pi(t_n - t_{n-1})}} e^{-\frac{(x_n - x_{n-1})^2}{2(t_n - t_{n-1})}}\,d(x_n - x_{n-1})$$
$$= \frac{1}{\sqrt{2\pi t_1}} e^{-\frac{x_1^2}{2t_1}} \frac{1}{\sqrt{2\pi(t_2 - t_1)}} e^{-\frac{(x_2 - x_1)^2}{2(t_2 - t_1)}} \cdots$$
$$\frac{1}{\sqrt{2\pi(t_n - t_{n-1})}} e^{-\frac{(x_n - x_{n-1})^2}{2(t_n - t_{n-1})}}\,dx_1 dx_2 \cdots dx_n$$

($\because$ 厳密にはヤコビアンを用いて多次元確率変数の変数変換を使う．)

8.2 節参照)

つまり

$$f_{(W_{t_1}, W_{t_2}, \cdots, W_{t_n})}(x_1, x_2, \cdots, x_n)$$
$$= \frac{1}{\sqrt{2\pi t_1}} e^{-\frac{x_1^2}{2t_1}} \frac{1}{\sqrt{2\pi(t_2 - t_1)}} e^{-\frac{(x_2 - x_1)^2}{2(t_2 - t_1)}} \cdots \frac{1}{\sqrt{2\pi(t_n - t_{n-1})}} e^{-\frac{(x_n - x_{n-1})^2}{2(t_n - t_{n-1})}}$$

である．またこれは図 5.1 のように 時点 $t_1, t_2, \cdots, t_n$ でそれぞれスリット $A_1, A_2, \cdots, A_n$ を通り抜ける確率が

$$P(W_{t_1} \in A_1 \cap W_{t_2} \in A_2 \cap \cdots \cap W_{t_n} \in A_n)$$
$$= \int_{A_1} \frac{1}{\sqrt{2\pi t_1}} e^{-\frac{x_1^2}{2t_1}} dx_1 \int_{A_2} \frac{1}{\sqrt{2\pi(t_2 - t_1)}} e^{-\frac{(x_2 - x_1)^2}{2(t_2 - t_1)}} dx_2 \cdots$$
$$\int_{A_n} \frac{1}{\sqrt{2\pi(t_n - t_{n-1})}} e^{-\frac{(x_n - x_{n-1})^2}{2(t_n - t_{n-1})}} dx_n$$

であることを表しているのである．

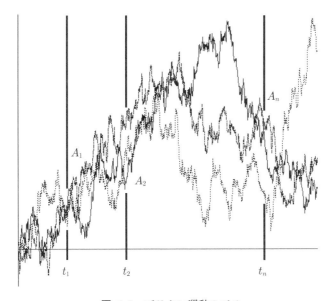

図 **5.1** ブラウン運動のパス

注意 また $t_1 < t_2$ とすると $\mathrm{Cov}(W_{t_1}, W_{t_2}) = \min(t_1, t_2) = t_1$ もわかり，$(W_{t_1}, W_{t_2}, \cdots, W_{t_n})$ の分布は

$$\text{平均ベクトル} \begin{pmatrix} E(W_{t_1}) \\ \vdots \\ E(W_{t_n}) \end{pmatrix} = \begin{pmatrix} 0 \\ \vdots \\ 0 \end{pmatrix}$$

$$\text{分散共分散行列} \begin{pmatrix} V(W_{t_1}) & \mathrm{Cov}(W_{t_2}, W_{t_1}) & \cdots & \mathrm{Cov}(W_{t_n}, W_{t_1}) \\ \mathrm{Cov}(W_{t_1}, W_{t_2}) & & \ddots & \\ \vdots & & & \ddots \\ \mathrm{Cov}(W_{t_1}, W_{t_n}) & & & V(W_{t_n}) \end{pmatrix}$$

$$= \begin{pmatrix} t_1 & t_1 & \cdots & t_1 \\ t_1 & t_2 & \cdots & t_2 \\ \vdots & \vdots & \ddots & \\ t_1 & t_2 & & t_n \end{pmatrix}$$

の多次元正規分布（8.3 節参照）であることもわかる．

例題 5.1 W_t をブラウン運動 $(0 < t < T)$ とするとき以下を求めよ．
(1) $E(W_t)$ (2) $V(W_t)$ (3) $E(W_T^3)$ (4) $E(W_t W_T)$ (5) $E(e^{\alpha W_t + \beta W_T})$
(6) $f_{W_T | W_t}(x|y)$ (7) $E(W_T | W_t = x)$

解

(1) $E(W_t) = E(\mathrm{N}(0, t)) = 0$

(2) $V(W_t) = V(\mathrm{N}(0, t)) = t$

(3) $E(W_T^3) = \displaystyle\int_{-\infty}^{+\infty} x^3 \frac{1}{\sqrt{2\pi T}} e^{-\frac{x^2}{2T}} dx = 0$
（$\because$ 被積分関数はグラフが原点対称，すなわち奇関数）

(4) $E(W_t W_T) = E(W_t(W_T - W_t) + W_t^2)$
$= E(W_t) E(W_T - W_t) + E(W_t^2) = 0 \times 0 + t$
（$\because$ ブラウン運動の独立増分性と $E(W_t^2) = V(W_t) + (E(W_t))^2 = t$ であることから）

(5) $E(e^{\alpha W_t + \beta W_T}) = E(e^{\beta(W_T - W_t) + (\alpha + \beta) W_t})$
$= E(e^{\beta(W_T - W_t)}) E(e^{(\alpha + \beta) W_t}) = e^{\frac{1}{2}\beta^2(T-t)} e^{\frac{1}{2}(\alpha + \beta)^2 t}$
（$\because$ ブラウン運動の独立増分性と $\mathrm{N}(\mu, \sigma^2)$ のモーメント母関数 $M_{\mathrm{N}(\mu, \sigma^2)}(t)$

$$= E(e^{tN(\mu,\sigma^2)}) = e^{\mu t + \frac{1}{2}\sigma^2 t^2})$$

(6) $f_{(W_T,W_t)}(x,y) = \dfrac{1}{\sqrt{2\pi t}}e^{-\frac{y^2}{2t}}\dfrac{1}{\sqrt{2\pi(T-t)}}e^{-\frac{(x-y)^2}{2(T-t)}}$

∴ $f_{W_T|W_t}(x|y) = \dfrac{f_{(W_T,W_t)}(x,y)}{f_{W_t}(y)}$

$$= \dfrac{\dfrac{1}{\sqrt{2\pi t}}e^{-\frac{y^2}{2t}}\dfrac{1}{\sqrt{2\pi(T-t)}}e^{-\frac{(x-y)^2}{2(T-t)}}}{\dfrac{1}{\sqrt{2\pi t}}e^{-\frac{y^2}{2t}}} = \dfrac{1}{\sqrt{2\pi(T-t)}}e^{-\frac{(x-y)^2}{2(T-t)}}$$

つまり $W_t = y$ のもとでの W_T の分布は平均 y 分散 $T-t$ の正規分布である．

(7) (6) より，$E(W_T|W_t = x) = E(N(x, T-t)) = x$

(別解) $E(W_T|W_t = x) = E(x + (W_T - W_t)|W_t = x)$
$= x + E(W_T - W_t|W_t = x) = x + E(W_T - W_t)$
$= x + 0 = x$ （∵ $W_T - W_t$ と W_t は独立）

（例題 5.1 解　終わり）

注意 60 ページでも触れたが，本書では，分布の期待値，分散の意味でも記号 E, V を用いる．確率変数を表す直接的な式がわからなくても，その変数が従っている分布がわかれば計算できることも多いので，便宜的に確率変数と分布とを同一視し，同じ記号で表現する．

練習問題 5.1 W_t をブラウン運動 $(0 < t < T)$ とするとき以下を求めよ．

(1) $E(W_T^4)$ (2) $E(e^{\alpha W_T})$ (3) $E(W_t^2 W_T)$

(4) $E(W_t^2 W_T^2)$ (5) $\mathrm{Cov}(W_t, W_T)$ (6) $E(W_T^2|W_t = x)$

(7) $E(e^{\alpha W_T}|W_t = x)$ (8) $f_{W_t|W_T}(x|y)$ (9) $E(W_t|W_T = x)$

例題 5.2 W_t をブラウン運動とするとき，$-W_t$ もブラウン運動であることを示せ．

解 $X_t = -W_t$ とおくと，$t_1 < t_2 < \cdots < t_n$ のとき，
$(X_{t_1}, X_{t_2} - X_{t_1}, \cdots, X_{t_n} - X_{t_{n-1}}) = (-W_{t_1}, -W_{t_2} + W_{t_1}, \cdots, -W_{t_n} + W_{t_{n-1}})$
が独立であることは明らかで，また

$X_{t_i} - X_{t_{i-1}}$ の分布 $= -W_{t_i} + W_{t_{i-1}}$ の分布
$= -N(0, t_i - t_{i-1}) = N(0, t_i - t_{i-1})$

よってブラウン運動の定義より，X_t もブラウン運動．

（例題 5.2 解　終わり）

練習問題 5.2

(1) $c > 0$ として $\dfrac{1}{\sqrt{c}} W_{ct}$ もブラウン運動であることを示せ（この性質をブラウン運動のスケーリングプロパティという）．

(2) $Y_0 = 0$, $t > 0$ について $Y_t = tW_{\frac{1}{t}}$ とおくと，Y_t $(0 \leqq t < \infty)$ もブラウン運動であることを示せ．

(3) $Y_t = W_T - W_{T-t}$ とおくと Y_t は $t \leqq T$ でブラウン運動であることを示せ．

5.2 ブラウン運動に関するマルチンゲールと確率積分

5.2.1 マルチンゲールと確率積分の定義

確率過程 M_t がブラウン運動 W_t に関してマルチンゲール（公平な賭け）であるとは，M_t が $W_s(s \leqq t)$ の関数で，任意の $t > u$ について

$$E(M_t | W_s(s \leqq u)) = M_u$$

を満たすことと定義する．

注意 この条件付期待値を厳密に定義するには測度論的な確率論からの準備が必要になるが，本書では直感的に議論し，計算ができるようになることを目標とする．このような計算に慣れてから一般論に進むとよい．

ここでは u 以下の有限個の時点で条件づけられたと思ってもよく，それはランダムウォークのときに調べた $E(M_t | \xi_1, \xi_2, \cdots, \xi_u)$ と同じ意味である．

またこの $E(M_t | W_s(s \leqq u))$ を $E(M_t | \mathcal{F}_u)$ と書く．

定理 5.2 確率過程 M_t がブラウン運動 W_t に関してマルチンゲールなら（このことを $\mathcal{F}_t$ マルチンゲールであるともいう）$t > u$ に対し，$E(M_t) = E(M_u)$ が成り立つ．

証明　$E(M_t) = E(E(M_t | \mathcal{F}_u)) = E(M_u)$　　（∵ 定理 3.1(3)）

（定理 5.2 証明　終わり）

例題 5.3 ブラウン運動 W_t は $\mathcal{F}_t$ マルチンゲールであることを示せ．

解　$t > u$ として

5.2 ブラウン運動に関するマルチンゲールと確率積分

$$E(W_t|\mathcal{F}_u) = E(W_u + W_t - W_u|\mathcal{F}_u) = E(W_u|\mathcal{F}_u) + E(W_t - W_u|\mathcal{F}_u)$$
$$= W_u + E(W_t - W_u)$$
($\because \mathcal{F}_u = W_s(s \leqq u)$ で W_u はその中に入っているので
$E(W_u|\mathcal{F}_u) = W_u$,また $W_t - W_u$ は $W_s(s \leqq u)$ と独立
なので $E(W_t - W_u|\mathcal{F}_u) = E(W_t - W_u)$)
$$= W_u + 0 = W_u$$

（例題 5.3 解　終わり）

例題 5.4 W_t をブラウン運動とする．$W_t^2 - t$ は $\mathcal{F}_t$ マルチンゲールであることを示せ．

解 $t > u$ として

$$E(W_t^2 - t|\mathcal{F}_u) = E((W_u + W_t - W_u)^2|\mathcal{F}_u) - t$$
$$= E(W_u^2 + 2W_u(W_t - W_u) + (W_t - W_u)^2|\mathcal{F}_u) - t$$
$$= W_u^2 + 2W_u E(W_t - W_u|\mathcal{F}_u) + E((W_t - W_u)^2|\mathcal{F}_u) - t$$
$$= W_u^2 + 2W_u E(W_t - W_u) + E((W_t - W_u)^2) - t$$
$$= W_u^2 + 0 + (t - u) - t = W_u^2 - u$$

（例題 5.4 解　終わり）

練習問題 5.3 σ を定数として $e^{\sigma W_t - \frac{1}{2}\sigma^2 t}$ は $\mathcal{F}_t$ マルチンゲールであることを示せ．

例題 5.5 （ドゥーブマルチンゲール）
W_t をブラウン運動とする．$T > t$ として $E(W_T^2|\mathcal{F}_t)$ を計算せよ．

解
$$E(W_T^2|\mathcal{F}_t) = E((W_t + W_T - W_t)^2|\mathcal{F}_t)$$
$$= W_t^2 + 2W_t E(W_T - W_t) + E((W_T - W_t)^2)$$
($\because$ 例題 5.4 と同じ)
$$= W_t^2 + T - t$$

（例題 5.5 解　終わり）

重要な注意 例題 5.4, 5.5 をみると $E(W_T^2|\mathcal{F}_t)(=M_t)$ は（平均 T の）$\mathcal{F}_t$ マルチンゲールとなる．一般に $E(f(W_T)|\mathcal{F}_t)=M_t$ は時刻 T までの $\mathcal{F}_t$ マルチンゲールとなるが（∵ 定理 3.3），これをドゥーブマルチンゲールと呼ぶ．

練習問題 5.4 W_t をブラウン運動とする．$T>t$ として以下を求めよ．
(1)　$E(W_T^3|\mathcal{F}_t)$　　(2)　$E(e^{\alpha W_T}|\mathcal{F}_t)$

定義 5.2（確率積分）
$f(s)$ をブラウン運動 $W_u(u \leqq s)$ の関数とし，$0=t_0<t_1<\cdots<t_n=t$, $\Delta t = \max_i (t_i - t_{i-1})$ とおく．
$$\int_0^t f(s)\,dW_s = \lim_{\Delta t \to 0} \sum_{i=1}^n f(t_{i-1})(W_{t_i}-W_{t_{i-1}})$$
において右辺の極限が存在するとき，左辺を f の**確率積分**（stochastic integral）と呼ぶ．

注意 $E\Big(\int_0^t f(s)^2\,ds\Big) < +\infty$ のとき定義 5.2 内の式の極限が存在することが知られている．

以下では，この極限がどのような収束であるとか，存在するための条件など厳密な議論は避け，直感的な理解を目標とする．

5.2.2　確率積分の直感的な意味

3.4 節ですでに出てきた離散確率積分 U_t を思い出すと
$$U_t = \sum_{i=1}^t \underbrace{g_i(\xi_1,\xi_2,\cdots,\xi_{i-1})}_{i\,\text{回目の掛け金}} \underbrace{(Z_i - Z_{i-1})}_{i\,\text{回目の賭け}} \quad (g_0 = \text{定数であることに注意})$$
で i 回目の掛け金と i 回目の賭けは独立となっているが，同様に
$$\sum_{i=1}^n \underbrace{f(t_{i-1})}_{i\,\text{回目の掛け金}} \underbrace{(W_{t_i}-W_{t_{i-1}})}_{i\,\text{回目の賭け}}$$
となる．確率積分の離散近似では，意味は前とほとんど同じで，ただ離散確率積分の場合には賭けのとる値が 1 または -1 であった（ベルヌーイ分布に従った）のに対し，連続では $N(0, t_i - t_{i-1})$（正規分布）になるだけである．

5.2 ブラウン運動に関するマルチンゲールと確率積分

定理 5.3 $f(s)$ がブラウン運動 $W_u(u \leqq s)$ に関係しない s だけの関数のとき（たとえば，$f(s) = \sqrt{s}$ や $f(s) = e^s$ のとき）

$$\int_0^t f(s)\, dW_s \text{ の分布} = \mathrm{N}\left(0, \int_0^t f^2(s)\, ds\right)$$

が成立する．

証明 モーメント母関数を計算する．

$$\begin{aligned}
M_{\int_0^t f(s)\, dW_s}(\alpha) &= E(e^{\alpha \int_0^t f(s)\, dW_s}) \\
&= E(e^{\alpha \lim_{\Delta t \to 0} \sum_{i=1}^n f(t_{i-1})(W_{t_i} - W_{t_{i-1}})}) \\
&= \lim_{\Delta t \to 0} \prod_{i=1}^n E(e^{\alpha f(t_{i-1})(W_{t_i} - W_{t_{i-1}})}) \\
&\qquad (\because f(t_{i-1}) \text{ は定数なので各項は独立}) \\
&= \lim_{\Delta t \to 0} \prod_{i=1}^n e^{\frac{1}{2}\alpha^2 (f(t_{i-1}))^2 (t_i - t_{i-1})} \\
&= e^{\frac{\alpha^2}{2} \int_0^t f(s)^2\, ds}
\end{aligned}$$

よって正規分布のモーメント母関数を考えれば定理が示せたことになる．

（定理 5.3 証明　終わり）

また，

$$\mathrm{Cov}\left(\int_0^t f(s)\, dW_s, \int_0^t g(s)\, dW_s\right) = \int_0^t f(s)g(s)\, ds$$

である．

例題 5.6 W_t をブラウン運動とする．$\int_0^t \sqrt{s}\, dW_s$ の分布を求めよ．

解 $\int_0^t (\sqrt{s})^2\, ds = \dfrac{t^2}{2} \quad \therefore \mathrm{N}\left(0, \dfrac{t^2}{2}\right)$

（例題 5.6 解　終わり）

練習問題 5.5 W_t をブラウン運動とする．$\int_0^t e^{\alpha s}\, dW_s$ の分布を求めよ．

確率積分の定義をみれば，次の定理は直感的に明らかであろう．

定理 5.4 確率積分 $\int_0^t f(s)\,dW_s$ は平均 0 の $\mathcal{F}_t$ マルチンゲールである．

証明 $M_t = \int_0^t f(s)\,dW_s$ とおき，$t > u$ として
$$E(M_t|\mathcal{F}_u) = M_u$$
を示せばよい．

M_u は $\mathcal{F}_u = W_s(s \leqq u)$ の関数なので
$$E(M_u|\mathcal{F}_u) = M_u$$

ゆえに，$E(M_t - M_u|\mathcal{F}_u) = 0$ が示されればよい．これは，$u = u_0 < u_1 < \cdots < u_n = t$ として

$$E(M_t - M_u|\mathcal{F}_u) = E\Big(\int_u^t f(s)\,dW_s \Big| \mathcal{F}_u\Big)$$

$$= \lim_{\Delta t \to 0} E\Big(\sum_{i=1}^n f(u_{i-1})(W_{u_i} - W_{u_{i-1}}) \Big| \mathcal{F}_u\Big)$$

$$= \lim_{\Delta t \to 0} \sum_{i=1}^n E(f(u_{i-1})(W_{u_i} - W_{u_{i-1}})|\mathcal{F}_u)$$

$$= \lim_{\Delta t \to 0} \sum_{i=1}^n E(E(f(u_{i-1})(W_{u_i} - W_{u_{i-1}})|\mathcal{F}_{u_{i-1}})|\mathcal{F}_u)$$

$(\because u_{i-1} \geqq u$ より $\mathcal{F}_{u_{i-1}} \supset \mathcal{F}_u)$

$$= \lim_{\Delta t \to 0} \sum_{i=1}^n E(f(u_{i-1})E(W_{u_i} - W_{u_{i-1}}|\mathcal{F}_{u_{i-1}})|\mathcal{F}_u)$$

$(\because f(u_{i-1})$ は $\mathcal{F}_{u_{i-1}}$ の関数$)$

$$= \lim_{\Delta t \to 0} \sum_{i=1}^n E(f(u_{i-1})E(W_{u_i} - W_{u_{i-1}})|\mathcal{F}_u)$$

$(\because W_{u_i} - W_{u_{i-1}}$ と $\mathcal{F}_{u_{i-1}}$ は独立$)$

$$= \lim_{\Delta t \to 0} \sum_{i=1}^n E(f(u_{i-1}) \times 0|\mathcal{F}_u) = 0$$

と示される．

（定理 5.4 証明　終わり）

またランダムウォークのときと同じように，この逆も成立し，それは次に示

すブラウン運動に関するマルチンゲール表現定理である（証明はたとえば，文献[29],[40],[41]）．

定理 5.5（ブラウン運動に関するマルチンゲール表現定理）
M_t が $\mathcal{F}_t$ マルチンゲールならば，ある定数 C，ある $W_u(u \leqq s)$ の関数 ϕ_s が存在して，
$$M_t = C + \int_0^t \phi_s \, dW_s$$
と表される．

5.3 伊藤の公式

この節では，確率解析において基本的な役割を果たす伊藤の公式について調べる．

定理 5.6 W_t をブラウン運動とし，$0 = t_0 < t_1 < t_2 < \cdots < t_n = t$, $t_i - t_{i-1} = \dfrac{t}{n}$ とすると
$$\sum_{i=1}^n (W_{t_i} - W_{t_{i-1}})^2 \xrightarrow[n \to \infty]{} t \tag{5.1}$$
となる．

証明の概略

$$W_{t_i} - W_{t_{i-1}} \text{の分布} = N(0, t_i - t_{i-1}) = N\left(0, \frac{t}{n}\right) = \sqrt{\frac{t}{n}} N(0, 1)$$

よって
$$X_i = \frac{W_{t_i} - W_{t_{i-1}}}{\sqrt{\dfrac{t}{n}}}$$

とおくと，ブラウン運動の独立増分性より $X_1, X_2, \cdots, X_n$ は独立で，これらすべての分布は $N(0,1)$ である．すると
$$\sum_{i=1}^n (W_{t_i} - W_{t_{i-1}})^2 = t \times \frac{1}{n} \sum_{i=1}^n X_i^2$$
$$\xrightarrow[n \to \infty]{} t \times E(X_1^2) = t \quad (\because \text{大数の法則（8.3 節)})$$

（定理 5.6 証明の概略　終わり）

これを

$$\int_0^t (dW_s)^2 = \lim_{n\to\infty} \sum_{i=1}^n (W_{t_i} - W_{t_{i-1}})^2 = t \quad \text{(積分形)} \tag{5.2}$$

と書く．

この微分形とし

$$(dW_t)^2 = dt \tag{5.3}$$

が得られ，式 (5.2), (5.3), 後で述べる式 (5.4), (5.5), (5.6) は，すべて伊藤の公式と呼ばれる．

例題 5.7 W_t をブラウン運動とする．以下を示せ．
$$\int_0^t W_s\, dW_s = \frac{W_t^2 - t}{2}$$

証明 $0 = t_0 < t_1 \cdots < t_n = t$, $t_i - t_{i-1} = \frac{t}{n}$ とし

$$\sum_{i=1}^n W_{t_{i-1}}(W_{t_i} - W_{t_{i-1}}) = \sum_{i=1}^n \frac{(W_{t_{i-1}} + W_{t_i} - (W_{t_i} - W_{t_{i-1}}))}{2}(W_{t_i} - W_{t_{i-1}})$$

$$= \frac{1}{2}\sum_{i=1}^n (W_{t_i}^2 - W_{t_{i-1}}^2) - \frac{1}{2}\sum_{i=1}^n (W_{t_i} - W_{t_{i-1}})^2$$

$$= \frac{1}{2}(W_t^2 - W_0^2) - \frac{1}{2}\sum_{i=1}^n (W_{t_i} - W_{t_{i-1}})^2 \xrightarrow[n\to\infty]{} \frac{W_t^2 - t}{2}$$

（例題 5.7 証明　終わり）

注意 同じような考え方で

$$\int_0^t W_s^2\, dW_s = \frac{1}{3}W_t^3 - \int_0^t W_s\, ds$$

となることも

$$W_{t_i}^3 - W_{t_{i-1}}^3 = 3W_{t_{i-1}}^2(W_{t_i} - W_{t_{i-1}}) + (W_{t_i} - W_{t_{i-1}})^3$$
$$+ 3W_{t_{i-1}}(W_{t_i} - W_{t_{i-1}})^2$$

という関係式を用いて示すことができる．ただしその際，$\sum_{i=1}^n 3W_{t_{i-1}}(W_{t_i} - W_{t_{i-1}})^2$ の $3\int_0^t W_s\, ds$ への収束を示すことが必要になってくるが，これは少し難しい．しかし直感的には，$(dW_t)^2 = dt$ より $(W_{t_i} - W_{t_{i-1}})^2$ を $t_i - t_{i-1}$ で置き換えれば，その収束は明らかであろう．

もし W_t が微分可能なら
$$\int_0^t W_s\, dW_s = \int_0^t W_s \frac{dW_s}{ds}\, ds = \frac{1}{2}\Big[W_s^2\Big]_0^t = \frac{1}{2}W_t^2$$
となってしまうがこの例題では余分な項 $-\dfrac{t}{2}$ がついてしまっている．よって W_t は微分可能ではなく普通の微積分は適用できない．そこで，このような確率解析学（伊藤解析）が必要となるのである．

また W_t, W_t' を独立なブラウン運動とするとき
$$\int_0^t dW_s dW_s' = \lim_{n\to\infty} \sum_{i=1}^n (W_{t_i} - W_{t_{i-1}})(W_{t_i}' - W_{t_{i-1}}')$$
$$= \lim_{n\to\infty} \frac{t}{n}\sum_{i=1}^n X_i X_i' = tE(X_1 X_1') = tE(X_1)E(X_1') = 0$$
より
$$dW_t dW_t' = 0$$
である．これらを用いて
$$df(X_t) = f'(X_t)\, dX_t + \frac{1}{2}f''(X_t)\, dX_t dX_t \tag{5.4}$$
$$df(X_t, Y_t) = \frac{\partial f}{\partial x}(X_t, Y_t)\, dX_t + \frac{\partial f}{\partial y}(X_t, Y_t)\, dY_t$$
$$+ \frac{1}{2}\Big(\frac{\partial^2 f}{\partial x^2}(X_t, Y_t)\, dX_t dX_t + 2\frac{\partial^2 f}{\partial x \partial y}(X_t, Y_t)\, dX_t dY_t$$
$$+ \frac{\partial^2 f}{\partial y^2}(X_t, Y_t)\, dY_t dY_t\Big) \tag{5.5}$$
特に $f(x,y) = xy$ として
$$d(X_t Y_t) = Y_t\, dX_t + X_t\, dY_t + dX_t dY_t$$
などと計算し，$dW_t dW_t$ が出てくれば dt に直し，$dW_t dt$, $dt dt$, $dW_t dW_t'$ などはすべて 0 に直して計算すれば，確率微分が計算できる（その厳密な意味は積分形に直して定義される）．

同様に
$$\int_0^t f(W_s)(dW_s)^2 \stackrel{\text{定義}}{=} \lim_{n\to\infty} \sum_{i=1}^n f(W_{t_{i-1}})(W_{t_i} - W_{t_{i-1}})^2$$
$$= \int_0^t f(W_s)\, ds$$

が示せる.[29, 40]，つまり

$$f(W_{t_i}) - f(W_{t_{i-1}}) \fallingdotseq f'(W_{t_{i-1}})(W_{t_i} - W_{t_{i-1}}) + \frac{1}{2}f''(W_{t_{i-1}})(W_{t_i} - W_{t_{i-1}})^2$$

の両辺を $i = 1$ から n まで加えて極限をとると，

$$f(W_t) - f(W_0) = \int_0^t f'(W_s)\,dW_s + \frac{1}{2}\int_0^t f''(W_s)\,ds \quad (\text{伊藤の公式 積分形})$$

となる．これの微分形として

$$df(W_t) = f'(W_t)\,dW_t + \frac{1}{2}f''(W_t)\,dt \quad (\text{伊藤の公式 微分形}) \tag{5.6}$$

がある．また

$$\int_0^t dW_s\,ds = \lim_{n\to\infty}\sum_{i=1}^n (W_{t_i} - W_{t_{i-1}})\frac{t}{n} = \lim_{n\to\infty}\sum_{i=1}^n \sqrt{\frac{t}{n}}X_i\frac{t}{n}$$

$$= \lim_{n\to\infty}\frac{t\sqrt{t}}{\sqrt{n}}\frac{1}{n}\sum_{i=1}^n X_i = 0 \times E(X_1) = 0$$

より $dW_t dt = 0$

$$\int_0^t ds\,ds = \lim_{n\to\infty}\sum_{i=1}^n (t_i - t_{i-1})^2 = \lim_{n\to\infty}\sum_{i=1}^n \left(\frac{t}{n}\right)^2 = \lim_{n\to\infty}\frac{t^2}{n} = 0$$

よって $dt\,dt = 0$ に注意する．

例題 5.8 W_t, W_t' を独立なブラウン運動とするとき以下の確率微分を計算せよ．
(1) $d(W_t^2)$ (2) de^{W_t} (3) $d\log|W_t|\,dW_t$ (4) $d(e^{W_t + W_t'})$

解
(1) $f(x) = x^2$ として伊藤の公式で
$d(W_t^2) = 2W_t\,dW_t + \frac{1}{2}2\,dt = 2W_t\,dW_t + dt$
(2) $d(e^{W_t}) = e^{W_t}\,dW_t + \frac{1}{2}e^{W_t}\,dt$
(3) $d\log|W_t| = \frac{1}{W_t}\,dW_t - \frac{1}{2W_t^2}\,dt$
$\therefore d\log|W_t|\,dW_t = \frac{1}{W_t}\,dW_t dW_t - \frac{1}{2W_t^2}\,dt\,dW_t = \frac{1}{W_t}\,dt$
(4) $d(e^{W_t + W_t'}) = d(e^{W_t}e^{W_t'}) = e^{W_t}de^{W_t'} + e^{W_t'}de^{W_t} + d(e^{W_t})d(e^{W_t'})$
$= e^{W_t}\left(e^{W_t'}\,dW_t' + \frac{1}{2}e^{W_t'}\,dt\right) + e^{W_t'}\left(e^{W_t}\,dW_t + \frac{1}{2}e^{W_t}\,dt\right)$
$+ \left(e^{W_t}\,dW_t + \frac{1}{2}e^{W_t}\,dt\right)\left(e^{W_t'}\,dW_t' + \frac{1}{2}e^{W_t'}\,dt\right)$

$$= e^{W_t + W_t'}(dW_t + dW_t' + dt)$$

（例題 5.8 解　終わり）

練習問題 5.6　W_t, W_t' を独立なブラウン運動とするとき，以下を計算せよ．

(1) $de^{W_t^2}$　　　(2) $de^{W_t^2}de^{W_t}$　　　(3) $d(W_t e^{W_t})$

(4) $d(W_t' e^{W_t})$　　(5) $d(\sin(W_t + W_t'))$

例題 5.9　伊藤の公式を用いることにより $M_t = e^{\sigma W_t - \frac{1}{2}\sigma^2 t}$ は $\mathcal{F}_t$ マルチンゲールであることを示せ．

解
$$dM_t = e^{\sigma W_t - \frac{1}{2}\sigma^2 t} d\left(\sigma W_t - \frac{1}{2}\sigma^2 t\right)$$
$$+ \frac{1}{2} e^{\sigma W_t - \frac{1}{2}\sigma^2 t} d\left(\sigma W_t - \frac{1}{2}\sigma^2 t\right) d\left(\sigma W_t - \frac{1}{2}\sigma^2 t\right)$$
$$= \sigma M_t dW_t - \frac{1}{2}\sigma^2 M_t dt + \frac{1}{2}\sigma^2 M_t dW_t dW_t = \sigma M_t dW_t$$

および $M_0 = 1$ より
$$M_t = 1 + \int_0^t \sigma M_s dW_s$$

と右辺は確率積分＋定数なので $\mathcal{F}_t$ マルチンゲールである．

（例題 5.9 解　終わり）

練習問題 5.7　伊藤の公式を用いることにより
(1) $W_t^2 - t$ は $\mathcal{F}_t$ マルチンゲールであることを示せ．
(2) $W_t^4 - M_t$ が $\mathcal{F}_t$ マルチンゲールとなる確率過程 M_t を 1 つ求めよ．

注意　3.5 節で求めた離散伊藤公式（定理 3.7）を $Z_t^{\Delta t}$ に適用してみると
$$f(Z_{t+\Delta t}^{\Delta t}) - f(Z_t^{\Delta t}) = \frac{f(Z_t^{\Delta t} + \sqrt{\Delta t}) - f(Z_t^{\Delta t} - \sqrt{\Delta t})}{2}(\xi_{\frac{t}{\Delta t}+1})$$
$$+ \frac{f(Z_t^{\Delta t} + \sqrt{\Delta t}) - 2f(Z_t^{\Delta t}) + f(Z_t^{\Delta t} - \sqrt{\Delta t})}{2}$$
$$= \frac{f(Z_t^{\Delta t} + \sqrt{\Delta t}) - f(Z_t^{\Delta t} - \sqrt{\Delta t})}{2\sqrt{\Delta t}}(Z_{t+\Delta t}^{\Delta t} - Z_t^{\Delta t})$$
$$+ \frac{f(Z_t^{\Delta t} + \sqrt{\Delta t}) - 2f(Z_t^{\Delta t}) + f(Z_t^{\Delta t} - \sqrt{\Delta t})}{2}$$
$$\fallingdotseq f'(W_t)(W_{t+\Delta t} - W_t) + \frac{1}{2}f''(W_t)\Delta t$$

$$\left(\because f(x+\Delta x) \fallingdotseq f(x) + f'(x)\Delta x + \frac{1}{2}f''(x)(\Delta x)^2 \text{より},\right.$$
$$f(Z_t^{\Delta t} + \sqrt{\Delta t}) \fallingdotseq f(Z_t^{\Delta t}) + f'(Z_t^{\Delta t})\sqrt{\Delta t} + \frac{1}{2}f''(Z_t^{\Delta t})\Delta t,$$
$$f(Z_t^{\Delta t} - \sqrt{\Delta t}) \fallingdotseq f(Z_t^{\Delta t}) - f'(Z_t^{\Delta t})\sqrt{\Delta t} + \frac{1}{2}f''(Z_t^{\Delta t})\Delta t$$
$$\left.\text{の近似と } W_t \fallingdotseq Z_t^{\Delta t} \text{を用いた}\right)$$

上のように離散伊藤公式は連続版の伊藤公式を示唆していることに注意しよう．また離散伊藤公式が $f(Z_t)$ のドゥーブ・メイヤー分解を与えたように，伊藤の公式は次のように $f(W_t)$ のドゥーブ・メイヤー分解を与える．

$$f(W_t) - f(W_0) = \underbrace{\int_0^t f'(W_s)\,dW_s}_{\mathcal{F}_t \text{マルチンゲール部分}} + \underbrace{\frac{1}{2}\int_0^t f''(W_s)\,ds}_{\text{有界変動部分}} \text{(ドゥーブ・メイヤー分解)}$$

である．離散時間の場合はマルチンゲール部分と可予測部分への分解だったのが，連続時間ではマルチンゲール部分と有界変動部分としているのが気になると思うが，$\frac{1}{2}\int_0^t f''(W_s)\,ds$ は t の関数として連続，したがって特に左連続なので，結局，時刻 t におけるその値は直前の値からわかるという意味で可予測であることに注意しよう．

練習問題 5.8 W_t をブラウン運動とする．W_t^2, tW_t^3, $e^{\alpha W_t}$, $te^{\alpha W_t}$ のドゥーブ・メイヤー分解を求めよ．

5.4 ブラウン運動に関する話題

定義 5.3（停止時間）
非負の確率変数 τ がブラウン運動に関する**停止時間** (stopping time) であるとは，任意の $t(>0)$ について $\{\tau \leqq t\} \in \mathcal{F}_t$ つまり $\{\tau \leqq t\}$ が $W_u(u \leqq t)$ ブラウン運動で決まることである．例としては W_t がはじめて a に達する時間 τ_a があげられる．まず，$\{\tau_a > t\} = \{\forall u(u \leqq t), W_u \neq a\}$ であり，つまりは $\{\tau_a \leqq t\} = \{\exists u(u \leqq t), W_u = a\}$ である．

その他の例には W_t が t までに正に滞在する時間 $\left(= \int_0^t 1_{(0,+\infty)}(W_s)\,ds\right)$ がはじめて a を超える時間 τ'_a がある．

$$\{\tau'_a > t\} = \left\{\int_0^t 1_{(0,+\infty)}(W_s)\,ds < a\right\}$$

$$\therefore \ \{\tau_a' \leqq t\} = \left\{ \int_0^t 1_{(0,+\infty)}(W_s)\, ds \geqq a \right\} \in \mathcal{F}_t$$

直感的にいうと，$\tau = t$ で止めるかどうかを t までの情報（過去の情報）のみに基づいて決めることができるとき，τ を停止時間と呼ぶのである．

練習問題 5.9 停止時間ではない $\mathcal{F}_T$ 可測確率変数の例をあげよ．

これを準備すると次の重要な概念が得られる．

定理 5.7 （ブラウン運動の強マルコフ性）
τ を $P(\{\tau < \infty\}) = 1$ となる停止時間とし，W_t をブラウン運動とするとき，$\hat{W}_t = W_{\tau+t} - W_\tau$ はブラウン運動である．

証明 簡単のため τ が密度関数 $f_\tau(t)$ を持つ場合のみを考える．$0 < t_1 < t_2 < \cdots < t_n$ として，

$$E[e^{c_1(\hat{W}_{t_1}) + c_2(\hat{W}_{t_2} - \hat{W}_{t_1}) + \cdots + c_n(\hat{W}_{t_n} - \hat{W}_{t_{n-1}})}]$$
$$= e^{\frac{1}{2}c_1^2 t_1 + \frac{1}{2}c_2^2(t_2 - t_1) + \cdots + \frac{1}{2}c_n^2(t_n - t_{n-1})}$$

が示せればよい．実際に計算してみる．

$$\text{左辺} = E[E[e^{c_1(W_{\tau+t_1} - W_\tau) + c_2(W_{\tau+t_2} - W_{\tau+t_1}) + \cdots + c_n(W_{\tau+t_n} - W_{\tau+t_{n-1}})} | \tau]]$$
$$= \int_0^\infty E[e^{c_1(W_{\tau+t_1} - W_\tau) + c_2(W_{\tau+t_2} - W_{\tau+t_1}) + \cdots + c_n(W_{\tau+t_n} - W_{\tau+t_{n-1}})} | \tau = u]$$
$$\quad \times f_\tau(u)\, du$$
$$= \int_0^\infty E[e^{c_1(W_{u+t_1} - W_u) + c_2(W_{u+t_2} - W_{u+t_1}) + \cdots + c_n(W_{u+t_n} - W_{u+t_{n-1}})}] f_\tau(u)\, du$$
$$= \int_0^\infty E[e^{c_1(W_{u+t_1} - W_u)}] E[e^{c_2(W_{u+t_2} - W_{u+t_1})}] \cdots$$
$$\quad E[e^{c_n(W_{u+t_n} - W_{u+t_{n-1}})}] f_\tau(u)\, du$$
$$= \int_0^\infty e^{\frac{1}{2}c_1^2 t_1} e^{\frac{1}{2}c_2^2(t_2 - t_1)} \cdots e^{\frac{1}{2}c_n^2(t_n - t_{n-1})} f_\tau(u)\, du$$
$$= e^{\frac{1}{2}c_1^2 t_1 + \frac{1}{2}c_2^2(t_2 - t_1) + \cdots + \frac{1}{2}c_n^2(t_n - t_{n-1})}$$

（定理 5.7 証明　終わり）

注意 このブラウン運動 $\hat{W}_t = W_{\tau+t} - W_\tau$ は $\mathcal{F}_\tau$ と独立である．ただし $\mathcal{F}_\tau = \{A | \forall t > 0, A \cap \{\tau \leq t\} \in \mathcal{F}_t\}$（時刻 τ までのブラウン運動で決まる事象全体）としている．$\mathcal{F}_\tau$ 可測確率変数の例には，$W_{\frac{\tau}{2}} W_\tau$，$\int_0^\tau W_s^2\, ds$ などがあ

る．つまり $\tau = t$ で条件づければ $W_s(s \leqq t)$ で決まる確率変数である．$\mathcal{F}_\tau$ 可測確率変数でない例には，$W_\tau W_{\tau+1}$, $\int_0^{\tau+1} W_s^2 ds$ などがある．たとえば，$\tau = u$ で条件づければ $W_u W_{u+1}$ と $\mathcal{F}_u$ に入らないブラウン運動 W_{u+1} が入っている．同様に $\{W_{\frac{\tau}{2}} W_\tau \leqq a\} \in \mathcal{F}_\tau$, $\left\{\int_0^\tau W_s^2 ds \leqq a\right\} \in \mathcal{F}_\tau$, $\left\{\int_0^{\tau+1} W_s^2 ds \leqq a\right\} \notin \mathcal{F}_\tau$ である．

すると X が $\mathcal{F}_\tau$ 可測確率変数のとき

$E[f(\hat{W}_{t_1}, \hat{W}_{t_2}, \cdots, \hat{W}_{t_n}) g(X)] = E[E[f(\hat{W}_{t_1}, \hat{W}_{t_2}, \cdots, \hat{W}_{t_n}) g(X) | \mathcal{F}_\tau]]$
$= E[g(X) E[f(\hat{W}_{t_1}, \hat{W}_{t_2}, \cdots, \hat{W}_{t_n}) | \mathcal{F}_\tau]] = E[g(X) E[f(\hat{W}_{t_1}, \hat{W}_{t_2}, \cdots, \hat{W}_{t_n})]]$
$= E[f(W_{t_1}, W_{t_2}, \cdots, W_{t_n})] E[g(X)]$

となる．

以上を用いて，いろいろなところで重要な鏡像原理について述べる．

定理 5.8 （鏡像原理）

$a > 0$ とし時刻 0 で原点 (0) から出発するブラウン運動 W_t が a にはじめて到達する時刻を τ_a とする．それで

$$\hat{W}_t = \begin{cases} W_t & \cdots t \leqq \tau_a \text{のとき} \\ W_\tau + W_\tau - W_t = 2a - W_t & \cdots t > \tau_a \text{のとき} \end{cases}$$

と $\hat{W}_t$ を定義する．要するに時刻 τ_a 以降で，もとのブラウン運動のパスを $y = a$ に関して折り返す．すると $\hat{W}_t$ もブラウン運動となる．

証明 本来なら n 時点でやらなければならないが 2 時点で証明する．直感的には，3.6 節のはじめと同じことである．

つまり $s < t$ として

$$E[e^{\alpha \hat{W}_s + \beta \hat{W}_t}] = E[e^{\alpha W_s + \beta W_t}]$$

が示されればよい．

$\hat{W}$ の定義より

$$E[e^{\alpha \hat{W}_s + \beta \hat{W}_t}, \tau_a \geqq t] = E[e^{\alpha W_s + \beta W_t}, \tau_a \geqq t]$$

また

$$E[e^{\alpha \hat{W}_s + \beta \hat{W}_t}, s \leqq \tau_a \leqq t]$$
$$= E[e^{\alpha W_s + \beta(2a - W_t)}, s \leqq \tau_a \leqq t]$$

5.4 ブラウン運動に関する話題　　81

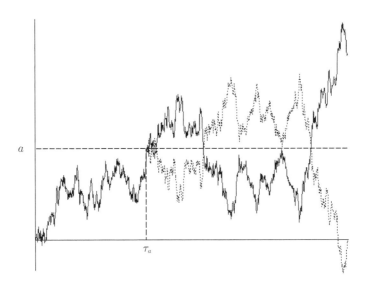

図 5.2　ブラウン運動の鏡像原理

$$
\begin{aligned}
&= \int_s^t E[e^{\alpha W_s + \beta(2a - W_t)} | \tau_a = u] f_{\tau_a}(u) \, du \\
&= \int_s^t E[e^{\alpha W_s + a\beta + (-\beta)(W_t - W_u)} | \tau_a = u] f_{\tau_a}(u) \, du \\
&= \int_s^t E[E[e^{\alpha W_s + a\beta + (-\beta)(W_t - W_u)} | \mathcal{F}_u] | \tau_a = u] f_{\tau_a}(u) \, du \\
&= \int_s^t E[e^{\alpha W_s + a\beta} E[e^{-\beta(W_t - W_u)} | \mathcal{F}_u] | \tau_a = u] f_{\tau_a}(u) \, du \\
&= \int_s^t E[e^{\alpha W_s + a\beta} E[e^{-\beta(W_t - W_u)}] | \tau_a = u] f_{\tau_a}(u) \, du \\
&= \int_s^t e^{\frac{1}{2}\beta^2(t-u)} E[e^{\alpha W_s + a\beta} | \tau_a = u] f_{\tau_a}(u) \, du
\end{aligned}
$$

一方

$$
\begin{aligned}
&E[e^{\alpha W_s + \beta W_t}, s \leqq \tau_a \leqq t] \\
&= \int_s^t E[e^{\alpha W_s + \beta W_t} | \tau_a = u] f_{\tau_a}(u) \, du
\end{aligned}
$$

$$= \int_s^t E[e^{\alpha W_s + a\beta + \beta(W_t - W_u)} | \tau_a = u] f_{\tau_a}(u) \, du$$

$$= \int_s^t E[e^{\alpha W_s + a\beta} E[e^{\beta(W_t - W_u)} | \mathcal{F}_u] | \tau_a = u] f_{\tau_a}(u) \, du$$

$$= \int_s^t e^{\frac{1}{2}\beta^2(t-u)} E[e^{\alpha W_s + a\beta} | \tau_a = u] f_{\tau_a}(u) \, du$$

$$\therefore E[e^{\alpha \hat{W}_s + \beta \hat{W}_t}, s \leqq \tau_a \leqq t] = E[e^{\alpha W_s + \beta W_t}, s \leqq \tau_a \leqq t]$$

同様に

$$E[e^{\alpha \hat{W}_s + \beta \hat{W}_t}, \tau_a \leqq s] = E[e^{\alpha W_s + \beta W_t}, \tau_a \leqq s]$$

も証明でき，3つをあわせて

$$E[e^{\alpha \hat{W}_s + \beta \hat{W}_t}] = E[e^{\alpha W_s + \beta W_t}]$$

ゆえに $\hat{W}$ はブラウン運動であることが証明できた．

（定理 5.8 証明　終わり）

注意 τ_a 以前と τ_a 以降で $\hat{W}_t$ は独立である．これは証明が難しいが直感的には明らかであろう．

この鏡像原理を用いてブラウン運動に関する次の確率変数の同時確率分布がわかる．

定理 5.9

$$M_T = \max_{0 \leqq u \leqq T} W_u$$

とすると

$$E[f(M_T, W_T)] = \iint_{a \geqq b,\, a > 0} f(a, b) \frac{2(2a-b)}{\sqrt{2\pi T^3}} e^{-\frac{(2a-b)^2}{2T}} \, da\,db$$

つまり (M_T, W_T) の同時密度関数は以下になる．

$$f_{(M_T, W_T)}(a, b) = \begin{cases} \dfrac{2(2a-b)}{\sqrt{2\pi T^3}} e^{-\frac{(2a-b)^2}{2T}} & \cdots a \geqq b \text{ かつ } a > 0 \\ 0 & \cdots \text{その他} \end{cases}$$

証明 $a \geqq b$ として

$$P(M_T \geqq a \cap W_T \leqq b) = P(\tau_a \leqq T \cap W_T \leqq b) = P(\tau_a \leqq T \cap \hat{W}_T \leqq b)$$
$$= P(\tau_a \leqq T \cap 2a - W_T \leqq b) = P(\tau_a \leqq T \cap W_T \geqq 2a - b)$$

$$= P(W_T \geqq 2a - b)$$

$$(\because 2a - b \geqq a \text{ より } W_T \geqq 2a - b \text{ なら必然的に} \tau_a \leqq T)$$

$$= \int_{2a-b}^{+\infty} \frac{1}{\sqrt{2\pi T}} e^{-\frac{u^2}{2T}} \, du$$

また (M_T, W_T) の密度関数を $f_{(M_T, W_T)}(x, y)$ とすると

$$P(M_T \geqq a \cap W_T \leqq b) = \iint_{x \geqq a, \, y \leqq b} f_{(M_T, W_T)}(x, y) \, dxdy$$

$$\therefore f_{(M_T, W_T)}(a, b) = -\frac{\partial^2}{\partial a \partial b} \int_{2a-b}^{+\infty} \frac{1}{\sqrt{2\pi T}} e^{-\frac{u^2}{2T}} \, du$$

$$= -\frac{\partial}{\partial a} \frac{1}{\sqrt{2\pi T}} e^{-\frac{(2a-b)^2}{2T}} = \frac{2(2a-b)}{\sqrt{2\pi T^3}} e^{-\frac{(2a-b)^2}{2T}}$$

（定理 5.9 証明　終わり）

練習問題 5.10　M_T の密度関数 $f_{M_T}(x)$ を求めよ（ヒント：鏡像原理を用いて

$$P(M_T \geqq a) = P(\tau_a \leqq T) = P(\tau_a \leqq T \cap W_T \geqq a) + P(\tau_a \leqq T \cap W_T \leqq a)$$

$$= P(W_T \geqq a) + P(\tau_a \leqq T \cap \hat{W}_T \leqq a)$$

$$= P(W_T \geqq a) + P(\tau_a \leqq T \cap W_T \geqq a)$$

$$= 2P(W_T \geqq a)$$

の両辺を微分するか，または定理の両辺を積分して周辺分布として求める）．

練習問題 5.11　τ_a の密度関数 $f_{\tau_a}(t)$ を求めよ（ヒント：$P(\tau_a \leqq t) = P(M_t \geqq a)$ の両辺を t で偏微分せよ）．

第6章 確率微分方程式

6.1 確率微分方程式とは

$a(x)$, $b(x)$ を関数として

$$\begin{cases} dX_t = a(X_t)\,dt + b(X_t)\,dW_t \\ X_0 = x \quad \text{(初期条件)} \end{cases}$$

を**確率微分方程式** (**Stochastic Differential Equation**, **S.D.E.**) と呼ぶ．

X_t がこの確率微分方程式の解であるとは

$$X_t - x = \int_0^t dX_s = \int_0^t a(X_s)\,ds + \int_0^t b(X_s)\,dW_s$$

を満たすことである．特に出発点が x の解であることを明示するときは $X_t = X_t^x$ と書くことにする．また $a(X_t)\,dt$ の項をドリフト項，$b(X_t)\,dW_t$ の項をノイズ項という．$b \equiv 0$ とすると，普通の常微分方程式であることに注意しよう．その普通の常微分方程式に $dW_t \fallingdotseq W_{t+\Delta t} - W_t$ からなるノイズ（撹乱項）が加わったとみればよい．つまり X_t と少し未来の $X_{t+\Delta t}$ の差が

$$\begin{aligned} X_{t+\Delta t} - X_t &\fallingdotseq a(X_t)\Delta t + b(X_t)(W_{t+\Delta t} - W_t) \\ &= a(X_t)\Delta t + b(X_t)\mathrm{N}(0, \Delta t) \\ &= a(X_t)\Delta t + b(X_t)\sqrt{\Delta t}\mathrm{N}(0, 1) \end{aligned}$$

と考えられる（この $\mathrm{N}(0,1)$ は時間軸を Δt ずつ区切ったときの各時点で独立な標準正規分布である）．

6.2 いろいろな計算例

6.1 節の書き方を用いて以下にいくつか計算例を示す．

例 6.1 $a(x) \equiv 0$, $b(x) \equiv 1$

$$\begin{cases} dX_t = dW_t \\ X_0 = x \end{cases}$$

これを解くと,
$$X_t - x = \int_0^t dX_s = \int_0^t dW_s = W_t$$
$$\therefore\ X_t = x + W_t \quad \text{(出発点 } x \text{ のブラウン運動)}$$

となる．

例 6.2 (ドリフトつきブラウン運動) $a(x) \equiv \mu$, $b(x) \equiv \sigma$ (μ, σ は定数)
$$\begin{cases} dX_t = \mu\, dt + \sigma\, dW_t \\ X_0 = x \end{cases}$$

これを解くと,
$$X_t - x = \int_0^t dX_s = \int_0^t (\mu\, ds + \sigma\, dW_s) = \mu t + \sigma W_t$$

移項して
$$X_t = x + \mu t + \sigma W_t \quad \text{(出発点 } x \text{ のドリフトつきブラウン運動)}$$

となる．

例 6.3 (幾何的ブラウン運動 (ブラック・ショールズモデル))

$a(x) = \mu x$, $b(x) = \sigma x$ (μ, σ は定数)
$$\begin{cases} dX_t = \mu X_t\, dt + \sigma X_t\, dW_t \\ X_0 = x \end{cases}$$

を解こう．これは右辺にも X_t が入っているので前の例のようにすぐ解けるわけではなく少し工夫が必要となる．伊藤の公式より

$$\begin{aligned}
d\log|X_t| &= \frac{1}{X_t} dX_t - \frac{1}{2}\frac{1}{X_t^2} dX_t dX_t \\
&= \frac{1}{X_t}(\mu X_t\, dt + \sigma X_t\, dW_t) \\
&\quad - \frac{1}{2}\frac{1}{X_t^2}(\mu X_t\, dt + \sigma X_t\, dW_t)(\mu X_t\, dt + \sigma X_t\, dW_t) \\
&= \mu\, dt + \sigma\, dW_t - \frac{1}{2}\sigma^2\, dt
\end{aligned}$$

$$\therefore\ \log|X_t| = \log|x| + \left(\mu - \frac{1}{2}\sigma^2\right)t + \sigma W_t$$

変形すると
$$\log\left|\frac{X_t}{x}\right| = \left(\mu - \frac{1}{2}\sigma^2\right)t + \sigma W_t$$

となる．これより，
$$X_t = \pm x e^{(\mu - \frac{1}{2}\sigma^2)t + \sigma W_t}$$
である．

$X_0 = x$ なので，　$X_t = x e^{(\mu - \frac{1}{2}\sigma^2)t + \sigma W_t}$

となる．

練習問題 6.1　前述の例 6.3 の $X_t = x e^{(\mu - \frac{1}{2}\sigma^2)t + \sigma W_t}$ が実際に $dX_t = \mu X_t\, dt + \sigma X_t\, dW_t$ を満たすことを示せ．

例 6.4（オルンスタイン・ウーレンベック過程（Ornstein Uhlenbeck 過程，O.U. 過程））

$a(x) = a - bx$, $b(x) \equiv c$　（a, b, c は定数）

$$\begin{cases} dX_t = (a - bX_t)\, dt + c\, dW_t \\ X_0 = x \end{cases}$$

を解く．

まず
$$dx_t = (a - bx_t)\, dt, \quad x_0 = x$$
という常微分方程式を解くと
$$x_t = \frac{a}{b} - \left(\frac{a}{b} - x\right) e^{-bt}$$
となる．ここで $Y_t = X_t - x_t$ とおくと $Y_0 = x - x = 0$．また，
$$dY_t = dX_t - dx_t = (a - bX_t)\, dt + c\, dW_t - (a - bx_t)\, dt$$
$$= -bY_t\, dt + c\, dW_t$$

$$\therefore\; d(e^{bt} Y_t) = (be^{bt}\, dt) Y_t + e^{bt}\, dY_t + (be^{bt}\, dt)\, dY_t$$
$$= (be^{bt}\, dt) Y_t + e^{bt}(-bY_t\, dt + c\, dW_t) + 0$$
$$= c e^{bt}\, dW_t$$

よって
$$e^{bt} Y_t - 0 = \int_0^t d(e^{bs} Y_s) = \int_0^t c e^{bs}\, dW_s$$
となる．整理して両辺に e^{-bt} をかけると

$$Y_t = ce^{-bt} \int_0^t e^{bs} \, dW_s$$

となり，$X_t = x_t + Y_t$ より

$$X_t = \frac{a}{b} - \left(\frac{a}{b} - x\right)e^{-bt} + ce^{-bt} \int_0^t e^{bs} \, dW_s$$

と解ける．

練習問題 6.2 前述の例 6.4 の X_t の分布を求めよ．また $t_1 < t_2$ として $\mathrm{Cov}(X_{t_1}, X_{t_2})$ も求めよ．

注意 例 6.4 の X_t はファイナンスではバシチェックモデル (Vasicek model) という確率金利モデルとしても知られており，このモデルのもとでは，満期 t における価値が 1（つまり額面が 1）という割引債の無裁定価格が $E[e^{-\int_0^t X_s \, ds}]$ で与えられる．この期待値は以下のように計算される．まず，

$$E[e^{-\int_0^t X_s \, ds}] = \exp\left\{-\frac{a}{b}t + \left(\frac{a}{b} - x\right)\frac{1-e^{-bt}}{b}\right\} E[e^{-c \int_0^t Y_s \, ds}]$$

ただし，$Y_s = e^{-bs} \int_0^s e^{bu} \, dW_u$ であり，これに伊藤の公式を適用すると，

$$dY_s = -be^{-bs}\left(\int_0^s e^{bu} \, dW_u\right) ds + e^{-bs} e^{bs} \, dW_s = -bY_s \, ds + dW_s$$

$$\Rightarrow Y_t = -b \int_0^t Y_s \, ds + W_t$$

$$\Leftrightarrow \int_0^t Y_s \, ds = \frac{1}{b}\left(W_t - \int_0^t e^{-b(t-u)} \, dW_u\right) = \frac{1}{b} \int_0^t (1 - e^{-b(t-u)}) \, dW_u$$

$$\sim \mathrm{N}\left(0, \frac{1}{b^2} \int_0^t (1 - e^{-b(t-u)})^2 \, du\right)$$

したがって，

$$E[e^{-\int_0^t X_s \, ds}] = \exp\left\{-\frac{a}{b}t + \left(\frac{a}{b} - x\right)\frac{1-e^{-bt}}{b} + \frac{c^2}{2b^2} \int_0^t (1 - e^{-b(t-u)})^2 \, du\right\}$$

$$= \exp\left\{-\frac{a}{b}t + \left(\frac{a}{b} - x\right)\frac{1-e^{-bt}}{b} + \frac{c^2}{2b^2}\left(t - 2\frac{1-e^{-bt}}{b} + \frac{1-e^{-2bt}}{2b}\right)\right\}$$

例題 6.1

$$\begin{cases} dX_t = 3X_t^{\frac{2}{3}} \, dW_t + 3X_t^{\frac{1}{3}} \, dt \\ X_0 = x \end{cases}$$

を解け（ヒント：$Y_t = X_t^{\frac{1}{3}}$ を考える）．

解 $Y_t = X_t^{\frac{1}{3}}$ とおくと

$$dY_t = \frac{1}{3} X_t^{-\frac{2}{3}} dX_t - \frac{1}{9} X_t^{-\frac{5}{3}} dX_t dX_t$$

$$= \frac{1}{3} X_t^{-\frac{2}{3}} (3 X_t^{\frac{2}{3}} dW_t + 3 X_t^{\frac{1}{3}} dt)$$

$$\quad - \frac{1}{9} X_t^{-\frac{5}{3}} (3 X_t^{\frac{2}{3}} dW_t + 3 X_t^{\frac{1}{3}} dt)(3 X_t^{\frac{2}{3}} dW_t + 3 X_t^{\frac{1}{3}} dt)$$

$$= dW_t$$

$Y_0 = x^{\frac{1}{3}}$ より $Y_t = x^{\frac{1}{3}} + W_t$ $\quad \therefore X_t = (x^{\frac{1}{3}} + W_t)^3$

（例題 6.1 解　終わり）

注意 実は例題 6.1 の確率微分方程式だと解の一意性が成り立たない．したがって $X_t = (x^{\frac{1}{3}} + W_t)^3$ はその解の 1 つ（自然な解）であることに注意する必要がある．ちなみに，以下の確率微分方程式

$$dX_t = a(X_t)\, dt + b(X_t)\, dW_t, \ X_0 = x$$

の解の一意性は，以下の条件（リプシッツ条件と呼ばれる）が成り立つときに保証されることが知られている．

$$^\exists K > 0,\ {}^\forall y,\ {}^\forall z,\ |a(y) - a(z)|,\ |b(y) - b(z)| \leqq K|y - z|$$

練習問題 6.3

$$\begin{cases} dX_t = \sqrt{1 - X_t^2}\, dW_t - \dfrac{1}{2} X_t\, dt \\ X_0 = x \qquad\qquad (-1 \leqq x \leqq 1) \end{cases}$$

を解け（ヒント：$Y_t = \operatorname{Arcsin} X_t$ を考えよ）．

例題 6.2 $Y_t = e^{x + W_t}$ の満たす確率微分方程式を作れ．

解

$$\begin{cases} dY_t = e^x\, d(e^{W_t}) = e^x \left(e^{W_t}\, dW_t + \dfrac{1}{2} e^{W_t}\, dt \right) = Y_t\, dW_t + \dfrac{1}{2} Y_t\, dt \\ Y_0 = e^x \end{cases}$$

これが求める確率微分方程式である．

（例題 6.2 解　終わり）

一般に f を逆関数を持つ関数（つまり，f は $\mathbb{R}$ における 1 対 1 対応）とする

と，$Y_t = f(x + W_t)$ の満たす確率微分方程式は，

$$dY_t = f'(x+W_t)\,d(x+W_t) + \frac{1}{2}f''(x+W_t)\,d(x+W_t)d(x+W_t)$$
$$= f'(x+W_t)\,dW_t + \frac{1}{2}f''(x+W_t)\,dt \quad (\because x \text{ は定数より } dx=0)$$
$$= f'(f^{-1}(Y_t))\,dW_t + \frac{1}{2}f''(f^{-1}(Y_t))\,dt$$

つまり，

$$g(x) = f'(f^{-1}(x)) \quad (f' \text{と } f^{-1} \text{の合成関数})$$
$$h(x) = f''(f^{-1}(x)) \quad (f'' \text{と } f^{-1} \text{の合成関数})$$

として

$$\begin{cases} dY_t = g(Y_t)\,dW_t + \frac{1}{2}h(Y_t)\,dt \\ Y_0 = f(x) \end{cases}$$

となる．

6.3 コルモゴロフ偏微分方程式

時間間隔 Δt，空間間隔 $\sqrt{\Delta t}$ のランダムウォーク $Z_t^{\Delta t}$ によって

$$u^{\Delta t}(t, x) = E[f(x + Z_t^{\Delta t})]$$

を考える．ここで $x \in \mathbb{R}$, $f : \mathbb{R} \to \mathbb{R}$ である．すると

$$\begin{aligned}
u^{\Delta t}(t+\Delta t, x) &= E[f(x + Z_{t+\Delta t}^{\Delta t})] \\
&= E[f(x + \sqrt{\Delta t}\,(\xi_1 + \xi_2 + \cdots + \xi_{\frac{t}{\Delta t}} + \xi_{\frac{t}{\Delta t}+1}))] \\
&= E[f(x + \sqrt{\Delta t} + \sqrt{\Delta t}\,(\xi_2 + \cdots + \xi_{\frac{t}{\Delta t}} + \xi_{\frac{t}{\Delta t}+1})), \xi_1 = 1] \\
&\quad + E[f(x - \sqrt{\Delta t} + \sqrt{\Delta t}\,(\xi_2 + \cdots + \xi_{\frac{t}{\Delta t}} + \xi_{\frac{t}{\Delta t}+1})), \xi_1 = -1] \\
&= E[f(x + \sqrt{\Delta t} + \sqrt{\Delta t}\,(\xi_2 + \cdots + \xi_{\frac{t}{\Delta t}} + \xi_{\frac{t}{\Delta t}+1})) | \xi_1 = 1] P(\xi_1 = 1) \\
&\quad + E[f(x - \sqrt{\Delta t} + \sqrt{\Delta t}\,(\xi_2 + \cdots + \xi_{\frac{t}{\Delta t}} + \xi_{\frac{t}{\Delta t}+1})) | \xi_1 = -1] P(\xi_1 = -1) \\
&= \frac{1}{2} E[f(x + \sqrt{\Delta t} + \sqrt{\Delta t}\,(\xi_2 + \cdots + \xi_{\frac{t}{\Delta t}} + \xi_{\frac{t}{\Delta t}+1}))] \\
&\quad + \frac{1}{2} E[f(x - \sqrt{\Delta t} + \sqrt{\Delta t}\,(\xi_2 + \cdots + \xi_{\frac{t}{\Delta t}} + \xi_{\frac{t}{\Delta t}+1}))] \\
&= \frac{1}{2} u^{\Delta t}(t, x + \sqrt{\Delta t}) + \frac{1}{2} u^{\Delta t}(t, x - \sqrt{\Delta t})
\end{aligned}$$

$$\therefore \frac{u^{\Delta t}(t+\Delta t, x) - u^{\Delta t}(t, x)}{\Delta t}$$
$$= \frac{1}{2} \frac{u^{\Delta t}(t, x+\sqrt{\Delta t}) - 2u^{\Delta t}(t, x) + u^{\Delta t}(t, x-\sqrt{\Delta t})}{\Delta t}$$

ここで $\Delta t \to 0$ として

$$\frac{\partial u}{\partial t} = \frac{1}{2} \frac{\partial^2 u}{\partial x^2}$$

$$\left(\because u^{\Delta t}(t, x+\sqrt{\Delta t}) \fallingdotseq u^{\Delta t}(t, x) + \frac{\partial u^{\Delta t}}{\partial x} \sqrt{\Delta t} + \frac{1}{2} \frac{\partial^2 u^{\Delta t}}{\partial x^2} (\sqrt{\Delta t})^2 \right.$$
$$\left. u^{\Delta t}(t, x-\sqrt{\Delta t}) \fallingdotseq u^{\Delta t}(t, x) - \frac{\partial u^{\Delta t}}{\partial x} \sqrt{\Delta t} + \frac{1}{2} \frac{\partial^2 u^{\Delta t}}{\partial x^2} (\sqrt{\Delta t})^2 \right)$$

また初期条件

$$u^{\Delta t}(0, x) = E[f(x)] = f(x)$$

も考え,また $\lim_{\Delta t \to 0} Z_t^{\Delta t} = W_t$ なので

$$u(t, x) = E[f(x + W_t)]$$

は次の偏微分方程式

$$\begin{cases} \dfrac{\partial u}{\partial t} = \dfrac{1}{2} \dfrac{\partial^2 u}{\partial x^2} \\ u(0, x) = f(x) \qquad \text{(初期条件)} \end{cases}$$

を満たすことがわかる.

注意 $\begin{cases} \frac{\partial u}{\partial t} = \frac{1}{2} \frac{\partial^2 u}{\partial x^2} \\ u(0, x) = f(x) \end{cases}$ は,物理学でよく登場する熱偏微分方程式(拡散方程式)である.

注意 $\Delta t \to 0$ の極限がきちんと偏微分方程式に収束するということは時間間隔 Δt,空間間隔 $\sqrt{\Delta t}$ のスケーリングが正しかったということの傍証にもなっている.

$$u(t, x) = E[f(x + W_t)] = \int_{-\infty}^{+\infty} f(x+y) \frac{1}{\sqrt{2\pi t}} e^{-\frac{y^2}{2t}} \, dy$$

となるので,上の熱偏微分方程式の解が確率論を用いて具体的に解けたことになるのである.

練習問題 6.4 $x + y = z$ とおいて

$$u(t, x) = \int_{-\infty}^{+\infty} f(z) \frac{1}{\sqrt{2\pi t}} e^{-\frac{(x-z)^2}{2t}} \, dz$$

よって

$$\frac{\partial u}{\partial t} = \int_{-\infty}^{+\infty} f(z) \frac{\partial}{\partial t}\Big(\frac{1}{\sqrt{2\pi t}} e^{-\frac{(x-z)^2}{2t}}\Big) dz$$

$$\frac{1}{2}\frac{\partial^2 u}{\partial x^2} = \int_{-\infty}^{+\infty} f(z) \frac{1}{2}\frac{\partial^2}{\partial x^2}\Big(\frac{1}{\sqrt{2\pi t}} e^{-\frac{(x-z)^2}{2t}}\Big) dz$$

となるが

$$\frac{\partial}{\partial t}\Big(\frac{1}{\sqrt{2\pi t}} e^{-\frac{(x-z)^2}{2t}}\Big) = \frac{1}{2}\frac{\partial^2}{\partial x^2}\Big(\frac{1}{\sqrt{2\pi t}} e^{-\frac{(x-z)^2}{2t}}\Big)$$

を直接計算により確かめよ．

注意 また $t \to +0$ とすると $u(t,x) \to f(x)$ となるが，これは

$$\frac{1}{\sqrt{2\pi t}} e^{-\frac{(x-z)^2}{2t}} \xrightarrow[t\to +0]{} \delta_x(z) (= 点\ x\ 上のデルタ測度)\ (超関数の意味で)$$

となることを示している．

少し違った形で伊藤の公式を通してながめてみよう．以下の 2 定理（定理 6.1, 定理 6.2）は応用も多く非常に大事である．

定理 6.1 （偏微分方程式 (Partial Differential Equation, P.D.E.) の確率表現）

$X_t = X_t^x$ は次の（マルコフ型の）確率微分方程式を満たすとする．

$$\begin{cases} dX_t^x = a(X_t^x)\,dt + b(X_t^x)\,dW_t & (0 \leq t) \\ X_0^x = x \end{cases}$$

ここで，$g(t,x) = E(f(X_t^x))$ とおく．このとき，$g(t,x)$ はコルモゴロフ偏微分方程式

$$\frac{\partial g}{\partial t} = a(x)\frac{\partial g}{\partial x} + \frac{1}{2}(b(x))^2 \frac{\partial^2 g}{\partial x^2}, \quad 境界条件\ g(0,x) = f(x) \tag{6.1}$$

を満たす．また逆にコルモゴロフ偏微分方程式 (6.1) を満たす $g(t,x)$ は，$g(t,x) = E(f(X_t^x))$ と表現される．

注意 $X_t = X_t^x$ がマルコフ型である，つまりマルコフ性を有するとは，任意の $0 < s < t$ と任意の有界かつ連続な関数 f について

$$E[f(X_t)|X_u\,(0 \leq u \leq s)] = E[f(X_t)|X_s] \tag{6.2}$$

が成り立つことを意味する．これは確率微分方程式の形から直感的に理解できる

だろう．また任意の $0 \leqq s_1 < s_2 < \cdots < s_n < s$ について，$(X_{s_1}, \cdots, X_{s_n}, X_s)$ を条件とする式 (6.2) の条件付期待値をとると以下を得る．

$$E[f(X_t)|X_{s_1}, \cdots, X_{s_n}, X_s] = E[f(X_t)|X_s]$$

つまり X_{s_k} のとり得る任意の値 y_k と X_s のとり得る任意の値 y について以下が成り立つ．

$$E[f(X_t)|X_{s_1} = y_1, \cdots, X_{s_n} = y_n, X_s = y] = E[f(X_t)|X_s = y]$$

よって，$1_{(-\infty, z]}(a)$ なる形の定義関数が，有界かつ連続な関数の極限として得られることから，以下が成り立つことがわかる．

$$P(X_t \leqq z | X_{s_1} = y_1, \cdots, X_{s_n} = y_n, X_s = y) = P(X_t \leqq z | X_s = y) \quad (6.3)$$

また逆に式 (6.3) から式 (6.2) を導くこともできる．したがって式 (6.3) と式 (6.2) のどちらをもってマルコフ性を定義しても主張は同じであることに注意しよう．

証明 g がコルモゴロフ偏微分方程式を満たすとすると，$0 \leqq s \leqq t$ として伊藤の公式より，

$$\begin{aligned} dg(t-s, X_s^x) &= -\frac{\partial g}{\partial t} ds + \frac{\partial g}{\partial x} dX_s^x + \frac{1}{2} \frac{\partial^2 g}{\partial x^2} dX_s^x dX_s^x \\ &= \left(-\frac{\partial g}{\partial t} + a(X_s^x) \frac{\partial g}{\partial x} + \frac{1}{2}(b(X_s^x))^2 \frac{\partial^2 g}{\partial x^2} \right) ds + \frac{\partial g}{\partial x} b(X_s^x) dW_s \\ &= \frac{\partial g}{\partial x} b(X_s^x) dW_s \end{aligned}$$

となる．すると

$$\int_0^t dg(t-s, X_s^x) = \int_0^t \frac{\partial g}{\partial x} b(X_s^x) dW_s$$

つまり，

$$g(0, X_t^x) - g(t, X_0^x) = f(X_t^x) - g(t, x) \quad \text{（平均 0 のマルチンゲール）}$$

両辺の期待値をとって，

$$E(f(X_t^x)) = g(t, x)$$

である．これで定理の後半部分の主張が示された．

次に定理の前半部分をおおまかに示したい．まず $g(t, x) = E(f(X_t^x))$ とおき，g は $C^{1,2}$ 級であると仮定する．つまり $g_t(t, x) = \frac{\partial}{\partial t} g(t, x)$，$g_x(t, x) = \frac{\partial}{\partial x} g(t, x)$，$g_{xx}(t, x) = \frac{\partial^2}{\partial x^2} g(t, x)$ が存在し，かつ連続であると仮定する（$g \in C^{1,2}$ となるために f, a, b に課せられる条件については Friedman[13] を参照された

6.3 コルモゴロフ偏微分方程式

い)．このとき以下を得る．

$$g_t(t,x) = \lim_{h\to +0} \frac{g(t+h,x) - g(t,x)}{h} = \lim_{h\to 0+} \frac{E[E[f(X^x_{t+h})|X^x_h]] - g(t,x)}{h}$$

$$= \lim_{h\to +0} \frac{E[E[f(X^x_{t+h})|X^x_h = y]|_{y=X^x_h}] - g(t,x)}{h}$$

ここで直感的に考えて $X^x_{t+h}|X^x_h = y$ と X^y_t は同分布なので，

$$= \lim_{h\to +0} \frac{E[E[f(X^y_t)]|_{y=X^x_h}] - g(t,x)}{h} = \lim_{h\to 0+} \frac{E[g(t,X^x_h) - g(t,x)]}{h}$$

ここで伊藤の公式を適用すると，

$$= \lim_{h\to +0} \frac{1}{h} E\Big[\int_0^h g_x(t,X^x_s)\,dX^x_s + \frac{1}{2}\int_0^h g_{xx}(t,X^x_s)\,(dX^x_s)^2\Big]$$

ここで伊藤積分のマルチンゲール性より，

$$= \lim_{h\to +0} \frac{1}{h} \Big\{ E\Big[\int_0^h g_x(t,X^x_s)a(X^x_s)\,ds + \frac{1}{2}\int_0^h g_{xx}(t,X^x_s)(b(X^x_s))^2\,ds\Big]\Big\}$$

$$= E\Big[\lim_{h\to 0+} \frac{1}{h}\Big\{\int_0^h g_x(t,X^x_s)a(X^x_s)\,ds + \frac{1}{2}\int_0^h g_{xx}(t,X^x_s)(b(X^x_s))^2\,ds\Big\}\Big]$$

$$= E\Big[g_x(t,X^x_0)a(X^x_0) + \frac{1}{2}g_{xx}(t,X^x_0)(b(X^x_0))^2\Big]$$

$$= g_x(t,x)a(x) + \frac{1}{2}g_{xx}(t,x)(b(x))^2$$

（定理 6.1 証明　終わり）

例題 6.3 $g(t,x)$ は

$$g(0,x) = f(x) = e^x, \quad \frac{\partial g}{\partial t} = \frac{1}{2}\frac{\partial^2 g}{\partial x^2}$$

を満たすとする．

$g(t,x)$ を求めよ．

解 定理6.1にあてはめる．まず与式は $a \equiv 0$, $b \equiv 1$ なので，$dX^x_t = dW_t$, $X^x_0 = x$ より $X^x_t = x + W_t$．すると確率表現より，

$$g(t,x) = E(f(X^x_t)) = E(e^{x+W_t}) = e^x E(e^{N(0,t)}) = e^{x+\frac{t}{2}}$$

（例題 6.3 解　終わり）

注意 検算をしておくこと．$g(t,x) = e^{x+\frac{t}{2}}$ とおくと $g(0,x) = e^x$, $\frac{\partial}{\partial t}e^{x+\frac{t}{2}} = \frac{1}{2}g(t,x)$, $\frac{\partial}{\partial x}e^{x+\frac{t}{2}} = g(t,x)$, $\frac{1}{2}\frac{\partial^2}{\partial x^2}g(t,x) = \frac{1}{2}g(t,x)$

第 6 章 確率微分方程式

例題 6.4 $g(t,x)$ は
$$g(0,x) = f(x) = e^{-\frac{x^2}{2}}, \quad \frac{\partial g}{\partial t} = \frac{1}{2}\frac{\partial^2 g}{\partial x^2}$$
を満たすとする．この $g(t,x)$ を求めよ．

解 確率表現より，
$$g(t,x) = E(f(X_t^x)) = E(e^{-\frac{(x+W_t)^2}{2}})$$
$$= \int_{-\infty}^{+\infty} e^{-\frac{(x+y)^2}{2}} \frac{1}{\sqrt{2\pi t}} e^{-\frac{y^2}{2t}} \, dy$$
$$(\because W_t \text{の分布} = N(0,t))$$
$$= \frac{1}{\sqrt{2\pi t}} e^{-\frac{x^2}{2}} \int_{-\infty}^{+\infty} e^{-\frac{t+1}{2t}\left(y + \frac{t}{t+1}x\right)^2 + \frac{t}{2(t+1)}x^2} \, dy$$
$$(\because y \text{で平方完成})$$
$$= \frac{1}{\sqrt{2\pi t}} e^{-\left(\frac{1}{2} - \frac{t}{2(t+1)}\right)x^2} \sqrt{2\pi \frac{t}{t+1}}$$
$$\left(\because \int_{-\infty}^{+\infty} e^{-\frac{(y-x)^2}{2\sigma^2}} \, dy = \sqrt{2\pi}\sigma, \, N(\mu, \sigma^2) \text{を考える}\right)$$
$$= \frac{1}{\sqrt{t+1}} e^{-\frac{x^2}{2(t+1)}}$$

（例題 6.4 解　終わり）

注意 検算をしておくこと．

練習問題 6.5 $g(t,x)$ は
$$g(0,x) = x^2, \quad \frac{\partial g}{\partial t} = \frac{1}{2}\sigma^2 x^2 \frac{\partial^2 g}{\partial x^2} + \mu x \frac{\partial g}{\partial x}$$
を満たす．この $g(t,x)$ を求めよ．

定理 6.2（ファインマン・カッツの定理）
　$g(t,x) = E(e^{-\int_0^t r(X_u^x)\,du} f(X_t^x))$ とおく．すると，$g(t,x)$ は次の偏微分方程式を満たす．
$$\frac{\partial g}{\partial t} = \frac{1}{2}(b(x))^2 \frac{\partial^2 g}{\partial x^2} + a(x)\frac{\partial g}{\partial x} - r(x)g, \text{ 境界条件 } g(0,x) = f(x) \quad (6.4)$$
また逆に式 (6.4) を満たす $g(t,x)$ は
$$g(t,x) = E(e^{-\int_0^t r(X_u^x)\,du} f(X_t^x))$$
と表現できる．

証明 $g(t,x)$ が式 (6.4) を満たすとする．$0 \leqq s \leqq t$ とし

$$Y_s = e^{-\int_0^s r(X_u^x)\,du}, \ Z_s = Y_s\, g(t-s, X_s^x)$$

と定義する．このとき伊藤の公式より

$$dZ_s = g(t-s, X_s^x)\,dY_s + Y_s\,dg(t-s, X_s^x) + dY_s\,dg(t-s, X_s^x)$$

$$= g(t-s, X_s^x)Y_s(-r(X_s^x))\,ds$$

$$\quad + Y_s\Big\{ -\frac{\partial g}{\partial t}(t-s, X_s^x)\,ds + \frac{\partial g}{\partial x}(t-s, X_s^x)\,dX_s^x$$

$$\quad\quad + \frac{1}{2}\frac{\partial^2 g}{\partial x^2}(t-s, X_s^x)\,dX_s^x\,dX_s^x \Big\}$$

（注意：$dY_s\,dg(t-s, X_s^x) = 0$）

$$= Y_s\Big\{ -g r(X_s^x) - \frac{\partial g}{\partial t} + a(X_s^x)\frac{\partial g}{\partial x} + \frac{1}{2}(b(X_s^x))^2 \frac{\partial^2 g}{\partial x^2} \Big\}\,ds$$

$$\quad + Y_s b(X_s^x)\frac{\partial g}{\partial x}\,dW_s$$

$$= Y_s b(X_s^x)\frac{\partial g}{\partial x}\,dW_s$$

よって

$$\int_0^t Y_s b(X_s^x)\frac{\partial g}{\partial x}\,dW_s = Z_t - Z_0 = e^{-\int_0^t r(X_u^x)\,du} f(X_t^x) - g(t,x)$$

つまり，

$$e^{-\int_0^t r(X_u^x)\,du} f(X_t^x) - g(t,x) \quad (\text{平均 } 0 \text{ のマルチンゲール})$$

となる．そこで両辺の期待値をとると，

$$E[e^{-\int_0^t r(X_u^x)\,du} f(X_t^x)] - g(t,x) = 0$$

となり，

$$g(t,x) = E(e^{-\int_0^t r(X_u^x)\,du} f(X_t^x))$$

である．また，逆も成立する．

（定理 6.2 証明　終わり）

例題 6.5 α, β を実数として，$g(t,x)$ は

$$g(0,x) = e^{\alpha x}, \quad \frac{\partial g}{\partial t} = \frac{1}{2}\frac{\partial^2 g}{\partial x^2} - \beta x g$$

を満たす．$g(t,x)$ を求めよ．

解 $a \equiv 0$, $b \equiv 1$ より $X_t^x = x + W_t$. よってファインマン・カッツの定理より,

$$g(t,x) = E[e^{-\int_0^t \beta X_u^x \, du} e^{\alpha X_t^x}] = E[e^{-\beta \int_0^t (x+W_u) \, du} e^{\alpha x + \alpha W_t}]$$
$$= e^{-\beta x t + \alpha x} E[e^{-\beta \int_0^t W_u \, du + \alpha W_t}]$$

よって $\left(W_t, \int_0^t W_s \, ds\right)$ の同時分布が定まればよく,これは 2 次元正規分布なので,平均ベクトル,分散共分散行列 (8.3 節参照) が求まればよい.必要な値を以下で計算していく.

$$E(W_t) = 0$$
$$E\left(\int_0^t W_s \, ds\right) = \int_0^t E(W_s) \, ds = 0$$
$$V(W_t) = t$$
$$\mathrm{Cov}\left(W_t, \int_0^t W_s \, ds\right) = E\left(W_t \int_0^t W_s \, ds\right) - E(W_t) E\left(\int_0^t W_s \, ds\right)$$
$$= \int_0^t E(W_t W_s) \, ds = \int_0^t s \, ds = \frac{t^2}{2}$$
$$V\left(\int_0^t W_s \, ds\right) = E\left(\left(\int_0^t W_s \, ds\right)^2\right) - \left(E\left(\int_0^t W_s \, ds\right)\right)^2$$
$$= E\left(\int_0^t W_s \, ds \int_0^t W_u \, du\right) = \int_0^t \int_0^t E(W_s W_u) \, ds du$$
$$= \int_0^t \int_0^t \min(s,u) \, ds du = 2 \iint_{0 \leq s \leq u \leq t} s \, ds du$$
$$= 2 \int_0^t \frac{u^2}{2} \, du = \frac{t^3}{3}$$

よって $\left(W_t, \int_0^t W_s \, ds\right)$ の分布は $\mathrm{N}\left(\begin{pmatrix} 0 \\ 0 \end{pmatrix}, \begin{pmatrix} t & \frac{t^2}{2} \\ \frac{t^2}{2} & \frac{t^3}{3} \end{pmatrix}\right)$ である.2 次元正規分布のモーメント母関数より

$$E(e^{\alpha W_t + \beta \int_0^t W_s \, ds}) = e^{\frac{1}{2}(\alpha, \beta) \begin{pmatrix} t & \frac{t^2}{2} \\ \frac{t^2}{2} & \frac{t^3}{3} \end{pmatrix} \begin{pmatrix} \alpha \\ \beta \end{pmatrix}} = e^{\frac{1}{2}(\alpha^2 t + \alpha \beta t^2 + \beta^2 \frac{t^3}{3})}$$

が成り立つ.したがって

$$g(t,x) = e^{-\beta x t + \alpha x} e^{\frac{1}{2}(\alpha^2 t - \alpha \beta t^2 + \frac{\beta^2 t^3}{3})}$$

である．

(例題 6.5 解　終わり)

練習問題 6.6　$g(t,x)$ は，
$$g(0,x) = x^2, \quad \frac{\partial g}{\partial t} = \frac{1}{2}\sigma^2 x^2 \frac{\partial^2 g}{\partial x^2} + \mu x \frac{\partial g}{\partial x} - rg$$
を満たす．$g(t,x)$ を求めよ．

ここでファインマン・カッツの定理の応用を紹介する．

ブラウン運動が正にいる滞在時間
$$A_t = \int_0^t 1_{[0,+\infty)}(W_s)\,ds$$
の分布を求める．そのために
$$A_t^{(x)} = \int_0^t 1_{[0,+\infty)}(x+W_s)\,ds$$
を定義する．特に $A_t = A_t^{(0)}$ となることに注意しよう．そこで $\lambda > 0$ として
$$f(t,x) = E[e^{-\lambda A_t^{(x)}}]$$
を考えると，ファインマン・カッツの定理より f は
$$\frac{\partial f}{\partial t} = \frac{1}{2}\frac{\partial^2 f}{\partial x^2} - \lambda 1_{[0,+\infty)}(x)f, \quad f(0,x) \equiv 1$$
を満たす．

この偏微分方程式の t に関するラプラス変換をとり
$$\hat{f}(\xi,x) = \int_0^\infty e^{-\xi t}f(t,x)\,dt$$
とおくと，
$$-1 + \xi\hat{f} = \frac{1}{2}\frac{d^2}{dx^2}\hat{f} - \lambda 1_{[0,+\infty)}(x)\hat{f}$$
となる．これを解くと

$x \geqq 0$ のとき
$$\hat{f}(\xi,x) = \frac{1}{\xi+\lambda} + C_0 e^{-x\sqrt{2(\xi+\lambda)}}$$

$x \leqq 0$ のとき
$$\hat{f}(\xi,x) = \frac{1}{\xi} + C_1 e^{x\sqrt{2\xi}}$$

となる（∵ $x \to +\infty$ のとき，$\hat{f}$ は有界でなければならない）．

また，$x=0$ における境界条件

$$\hat{f}(\xi, 0-) = \hat{f}(\xi, 0+)$$

$$\frac{\partial \hat{f}}{\partial x}(\xi, 0-) = \frac{\partial \hat{f}}{\partial x}(\xi, 0+)$$

を考えると

$$C_0 = \frac{\sqrt{\xi+\lambda} - \sqrt{\xi}}{\sqrt{\xi}(\xi+\lambda)}, \quad C_1 = \frac{\sqrt{\xi} - \sqrt{\xi+\lambda}}{\xi\sqrt{\xi+\lambda}}$$

となり

$$\hat{f}(\xi, 0) = \frac{1}{\sqrt{\xi(\xi+\lambda)}}$$

である．

$$F_X(x) = \frac{1}{\pi}\int_0^x \frac{du}{\sqrt{u(t-u)}} \qquad (x \leqq t)$$

となる分布関数を考えると，

$$E[e^{-\lambda X}] = \int_0^t \frac{1}{\pi}\frac{e^{-\lambda s}}{\sqrt{s(t-s)}}\, ds$$

となる．
また

$$\int_0^\infty E(e^{-\lambda X})e^{-\xi t}\, dt = \int_0^\infty \int_0^t e^{-\xi t}\frac{1}{\pi}\frac{e^{-\lambda s}}{\sqrt{s(t-s)}}\, dtds$$

$$= \int_0^\infty ds \int_s^\infty e^{-\xi t}\frac{1}{\pi}\frac{e^{-\lambda s}}{\sqrt{s(t-s)}}\, dt = \frac{1}{\pi}\int_0^\infty \frac{e^{-\lambda s}}{\sqrt{s}}\, ds \int_0^\infty \frac{e^{-\xi(s+u)}}{\sqrt{u}}\, du$$

$$= \frac{1}{\pi}\frac{1}{\sqrt{\lambda+\xi}}\Gamma\left(\frac{1}{2}\right)\frac{1}{\sqrt{\xi}}\Gamma\left(\frac{1}{2}\right) = \frac{1}{\sqrt{\xi(\lambda+\xi)}}$$

である．よってラプラス変換（8.4節）の一意性より，

$$A_t \text{の分布} = X \text{の分布}$$

である．ゆえに

$$A_t \text{の密度関数} f_{A_t}(u) = \begin{cases} \dfrac{1}{\pi}\dfrac{1}{\sqrt{u(t-u)}} & \cdots 0 \leqq u \leqq t \\ 0 & \cdots \text{その他} \end{cases}$$

となる．

また $0 \leqq x \leqq t$ とし,

$$A_t\text{の分布関数} = P(A_t \leqq x) = \frac{1}{\pi}\int_0^x \frac{du}{\sqrt{u(t-u)}} = \frac{2}{\pi}\text{Arcsin}\sqrt{\frac{x}{t}}$$

となるので，この定理はアークサイン法則，逆正弦法則と呼ばれる．

これは第 7 章の α パーセンタイルオプションのプライシングのところでさらに一般化する．また，ランダムウォークの場合については文献[12]を参照．

6.4　ギルサノフ・丸山の定理

第 7 章で扱う連続モデルのデリバティブ価格理論においてリスク中立確率測度をつくるという重要な役割を担うことになるギルサノフ・丸山の定理をここで説明する．そのために少し準備を行う．

補題 6.3-[1]　$Y_t(0 \leqq t \leqq T)$ を $Y_0 = 0$ なる確率過程（伊藤過程）とするとき，任意の決定論的（つまり不確実性を持たない）関数 $f(t)(0 \leqq t \leqq T)$ に対して，

$$E[e^{\int_0^T f(t)\,dY_t}] = e^{\frac{1}{2}\int_0^T f^2(t)\,dt}$$

ならば Y_t はブラウン運動である．

注意　Y が伊藤過程であるとは，$dY_t = a\,dt + b\,dW_t$ となることである．

証明

$$f(t) = \begin{cases} \alpha_1 & \cdots & 0 \leqq t < t_1 \\ \alpha_2 & \cdots & t_1 \leqq t < t_2 \\ \vdots & & \vdots \\ \alpha_n & \cdots & t_{n-1} \leqq t < t_n \leqq T \end{cases}$$

とすると

$$\int_0^T f(t)\,dY_t = \alpha_1 Y_{t_1} + \alpha_2(Y_{t_2} - Y_{t_1}) + \cdots + \alpha_n(Y_{t_n} - Y_{t_{n-1}})$$

$$\frac{1}{2}\int_0^T f^2(t)\,dt = \frac{1}{2}\alpha_1^2 t_1 + \frac{1}{2}\alpha_2^2(t_2 - t_1) + \cdots + \frac{1}{2}\alpha_n^2(t_n - t_{n-1})$$

より

$$E[e^{\alpha_1 Y_{t_1} + \alpha_2(Y_{t_2} - Y_{t_1}) + \cdots + \alpha_n(Y_{t_n} - Y_{t_{n-1}})}]$$

$$= e^{\frac{1}{2}\alpha_1{}^2 t_1 + \frac{1}{2}\alpha_2{}^2 (t_2 - t_1) + \cdots + \frac{1}{2}\alpha_n{}^2 (t_n - t_{n-1})}$$

となり

$$(Y_{t_1}, Y_{t_2} - Y_{t_1}, \cdots, Y_{t_n} - Y_{t_{n-1}}) \text{の分布}$$
$$= (\underbrace{\mathrm{N}(0, t_1), \mathrm{N}(0, t_2 - t_1), \cdots, \mathrm{N}(0, t_n - t_{n-1})}_{\text{独立}})$$

となる.よって,Y_t はブラウン運動となる.

(補題の証明　終わり)

注意 もちろん逆に Y_t がブラウン運動なら

$$\int_0^T f(t)\,dY_t \text{の分布} = \mathrm{N}\left(0, \int_0^T f^2(t)\,dt\right)$$

なので

$$E[e^{\int_0^T f(t)\,dY_t}] = E[e^{\mathrm{N}(0, \int_0^T f^2(t)\,dt)}] = e^{\frac{1}{2}\int_0^T f^2(t)\,dt}$$

となり,補題の逆も成立する.

補題 6.3-[2]　$e^{\int_0^t f_s\,dW_s - \frac{1}{2}\int_0^t f_s^2\,ds}$ は $t \leqq T$ で平均 1 のマルチンゲール(指数マルチンゲール)である.ここで f_s は $W_u\,(u \leqq s)$ の関数で,実定数 C_T が存在して $P\left(\int_0^T f_s^2\,ds < C_T\right) = 1$ を満たすものとする.

証明　$M_t = e^{\int_0^t f_s\,dW_s - \frac{1}{2}\int_0^t f_s^2\,ds}$ とおくと

$$dM_t = e^{\int_0^t f_s\,dW_s - \frac{1}{2}\int_0^t f_s^2\,ds}\left(f_t\,dW_t - \frac{1}{2}f_t^2\,dt\right)$$
$$+ \frac{1}{2}e^{\int_0^t f_s\,dW_s - \frac{1}{2}\int_0^t f_s^2\,ds}\left(f_t\,dW_t - \frac{1}{2}f_t^2\,dt\right)\left(f_t\,dW_t - \frac{1}{2}f_t^2\,dt\right)$$
$$= M_t f_t\,dW_t - \frac{1}{2}f_t^2 M_t\,dt + \frac{1}{2}f_t^2 M_t\,dt = M_t f_t\,dW_t$$

$$\therefore\ M_t = 1 + \int_0^t M_s f_s\,dW_s$$

つまり,M_t は確率積分で表現されるのでマルチンゲールである.

(補題の証明　終わり)

また,$P\left(\int_0^T f_s^2\,ds < C_T\right) = 1$ はテクニカルな条件で,M_t が実際にマルチンゲールとなる十分条件の 1 つであり,そのほかにもノヴィコフ条件 $E[e^{\frac{1}{2}\int_0^T f_s^2\,ds}] < +\infty$ が知られている.

定理 6.3 （ギルサノフ・丸山の定理）

確率測度 P のもとで W_t がブラウン運動なら，確率測度 Q のもとで

$$W_t - \int_0^t b(s)\, ds$$

はブラウン運動である．ここで

$$P\Big(\int_0^T b(s)^2\, ds < C_T\Big) = 1$$

 (C_T はある定数，$b(s)$ は $W_u\,(u \leqq s)$ で決まる確率変数)

を仮定する．また Q は

$$E^Q(f) = E^P(e^{\int_0^T b(s)\, dW_s - \frac{1}{2}\int_0^T b(s)^2\, ds} f)$$

 (f は $W_s\,(s \leqq T)$ で決まる確率変数)

の関係によって決まる確率測度とする．つまり，$W_s\,(s \leqq T)$ だけに関係する事象 A に対して

$$Q(A) = E^Q(1_A) = E^P(e^{\int_0^T b(s)\, dW_s - \frac{1}{2}\int_0^T b(s)^2\, ds} 1_A)$$

(ここで 1_A は指示関数，つまり $1_A(w) = \begin{cases} 1 & \cdots w \in A \\ 0 & \cdots w \notin A \end{cases}$ で決まるものとする)

証明 $Y_t = W_t - \int_0^t b(s)\, ds$ とおくと，補題 6.3-①より

$$E^Q[e^{\int_0^T f(s)\, dY_s}] = e^{\frac{1}{2}\int_0^T f(s)^2\, ds}$$

が示されればよい．

$$E^Q[e^{\int_0^T f(s)\, dY_s}] e^{-\frac{1}{2}\int_0^T f(s)^2\, ds}$$
$$= E^P[e^{\int_0^T b(s)\, dW_s - \frac{1}{2}\int_0^T b(s)^2\, ds} e^{\int_0^T f(s)\, dW_s - \int_0^T f(s)\, d(\int_0^s b(u)\, du)}] e^{-\frac{1}{2}\int_0^T f(s)^2\, ds}$$
$$= E^P[e^{\int_0^T (b(s)+f(s))\, dW_s - \frac{1}{2}\int_0^T b(s)^2\, ds - \int_0^T f(s)b(s)\, ds - \frac{1}{2}\int_0^T f(s)^2\, ds}]$$
$$= E^P[e^{\int_0^T (b(s)+f(s))\, dW_s - \frac{1}{2}\int_0^T (b(s)+f(s))^2\, ds}]$$
$$= 1 \quad (\because \text{補題 6.3-②による})$$

（定理 6.3 証明　終わり）

特にドリフトが定数の場合が大事なので別掲しておこう．これをカメロン・マ

ルティンの定理と呼ぶ．

定理 6.4 （カメロン・マルティンの定理）
$$E[f(W_s + \mu s, s \leqq T, W_T + \mu T)] = E[e^{\mu W_T - \frac{1}{2}\mu^2 T} f(W_s, s \leqq T, W_T)]$$
が成立する．

この定理は，ドリフトつきブラウン運動の計算が，右辺のようなドリフトなしブラウン運動の計算に帰着できるという意味の定理である．

証明 $\tilde{W}_s = W_s + \mu s$ とおくと，$\tilde{W}_s$ は
$$E^Q(f) = E(e^{-\mu W_T - \frac{1}{2}\mu^2 T} f)$$
として，Q のもとでのブラウン運動となる．よって
$$E[f(W_s + \mu s, s \leqq T, W_T + \mu T)] = E[f(\tilde{W}_s, s \leqq T, \tilde{W}_T)]$$
$$= E[e^{-\mu W_T - \frac{1}{2}\mu^2 T} e^{\mu W_T + \frac{1}{2}\mu^2 T} f(\tilde{W}_s, s \leqq T, \tilde{W}_T)]$$
$$= E^Q[e^{\mu \tilde{W}_T - \frac{1}{2}\mu^2 T} f(\tilde{W}_s, s \leqq T, \tilde{W}_T)]$$

（定理 6.4 証明　終わり）

注意 定理 6.4 において特に $f(W_s, s \leqq T, W_T) = 1_{(W_T \in B)}$（ただし $B \subset \mathbb{R}$）とすると
$$P(W_T + \mu T \in B) = E[1_{(W_T + \mu T \in B)}] = E\Big[\frac{e^{\mu W_T}}{E[e^{\mu W_T}]} 1_{(W_T \in B)}\Big]$$
$$\Leftrightarrow P(\mathrm{N}(\mu T, T) \in B) = E\Big[\frac{e^{\mu \mathrm{N}(0,T)}}{E[e^{\mu \mathrm{N}(0,T)}]} 1_{(\mathrm{N}(0,T) \in B)}\Big]$$

を得るが，より一般的に以下が成り立つことが容易にわかる．
$$P(\mathrm{N}(\mu + \alpha \sigma^2, \sigma^2) \in B) = E\Big[\frac{e^{\alpha \mathrm{N}(\mu, \sigma^2)}}{E[e^{\alpha \mathrm{N}(\mu, \sigma^2)}]} 1_{(\mathrm{N}(\mu, \sigma^2) \in B)}\Big] \tag{6.5}$$

実際，P のもとで $X \sim \mathrm{N}(\mu, \sigma^2)$ として，X に関する事象 A に対して確率測度 $Q(A)$ を $Q(A) (= E^Q(1_A)) = E\big[\frac{e^{\alpha X}}{E[e^{\alpha X}]} 1_A\big]$ と定義する（これを**エッシャー変換(Esscher transform)** と呼ぶ）．すると $E^Q[e^{\beta X}] = E\big[e^{\beta X} \frac{e^{\alpha X}}{E[e^{\alpha X}]}\big] = \frac{E[e^{(\alpha+\beta)X}]}{E[e^{\alpha X}]} = e^{(\mu + \alpha \sigma^2)\beta + \frac{1}{2}\sigma^2 \beta^2}$ となる．よって Q のもとで $X \sim \mathrm{N}(\mu + \alpha \sigma^2, \sigma^2)$ となるので，以下のように式 (6.5) が成り立つことがわかる．
$$P(\mathrm{N}(\mu + \alpha \sigma^2, \sigma^2) \in B) = Q(X \in B) = E\Big[\frac{e^{\alpha X}}{E[e^{\alpha X}]} 1_{(X \in B)}\Big]$$

6.4 ギルサノフ・丸山の定理 **103**

$$= E\Big[\frac{e^{\alpha \mathrm{N}(\mu,\sigma^2)}}{E[e^{\alpha \mathrm{N}(\mu,\sigma^2)}]}1_{(\mathrm{N}(\mu,\sigma^2)\in B)}\Big]$$

エキゾティックオプション（7.3 節）の価格計算では式 (6.5) の右辺のような計算がたびたび出てくるので，エッシャー変換は覚えておくと便利である．

例題 6.6 $M_T^{\mu,\sigma} = \max_{t \leq T}(\mu t + \sigma W_t)$ の密度関数を求めよ．

解 h を任意の有界かつ連続な関数として，定理 6.4 を用いてドリフトなしブラウン運動の計算に帰着させると，

$$E[h(M_T^{\mu,\sigma})] = E[h(\sigma \max_{t \leq T}(\tfrac{\mu}{\sigma}t + W_t))]$$

$$= E[e^{\frac{\mu}{\sigma}W_T - \frac{1}{2}(\frac{\mu}{\sigma})^2 T} h(\sigma M_T)] \quad (\because \text{定理 } 6.4\,.\text{ ただし } M_T = \max_{t \leq T} W_t)$$

$$= \iint_{\substack{x \geq y \\ x > 0}} e^{\frac{\mu}{\sigma}y - \frac{1}{2}(\frac{\mu}{\sigma})^2 T} h(\sigma x) \frac{2(2x-y)}{\sqrt{2\pi T^3}} e^{-\frac{(2x-y)^2}{2T}} dx dy \quad (\because \text{定理 } 5.8)$$

$$= \int_0^\infty h(\sigma x)\, dx \int_{-\infty}^x e^{\frac{\mu}{\sigma}y - \frac{1}{2}(\frac{\mu}{\sigma})^2 T} \Big(\frac{2}{\sqrt{2\pi T}} e^{-\frac{(2x-y)^2}{2T}}\Big)' dy$$

$$= \int_0^\infty h(\sigma x)\, dx \Big\{ \Big[e^{\frac{\mu}{\sigma}y - \frac{1}{2}(\frac{\mu}{\sigma})^2 T} \frac{2}{\sqrt{2\pi T}} e^{-\frac{(2x-y)^2}{2T}}\Big]_{-\infty}^x$$

$$- \int_{-\infty}^x \frac{2\mu}{\sigma} e^{\frac{\mu}{\sigma}y - \frac{1}{2}(\frac{\mu}{\sigma})^2 T} f_{\mathrm{N}(2x,T)}(y)\, dy \Big\}$$

$$= \int_0^\infty h(\sigma x)\, dx \Big\{ e^{\frac{\mu}{\sigma}x - \frac{1}{2}(\frac{\mu}{\sigma})^2 T} \frac{2}{\sqrt{2\pi T}} e^{-\frac{x^2}{2T}}$$

$$- \frac{2\mu}{\sigma} E[e^{\frac{\mu}{\sigma}\mathrm{N}(2x,T) - \frac{1}{2}(\frac{\mu}{\sigma})^2 T} 1_{(\mathrm{N}(2x,T) \leq x)}] \Big\}$$

ここでエッシャー変換により，Φ を標準正規分布の分布関数として，

$$E[e^{\frac{\mu}{\sigma}\mathrm{N}(2x,T) - \frac{1}{2}(\frac{\mu}{\sigma})^2 T} 1_{(\mathrm{N}(2x,T) \leq x)}] = e^{\frac{2\mu}{\sigma}x} E\Big[\frac{e^{\frac{\mu}{\sigma}\mathrm{N}(0,T)}}{E[e^{\frac{\mu}{\sigma}\mathrm{N}(0,T)}]} 1_{(\mathrm{N}(0,T) \leq -x)}\Big]$$

$$= e^{\frac{2\mu}{\sigma}x} P(\mathrm{N}(\tfrac{\mu}{\sigma}T,T) \leq -x) = e^{\frac{2\mu}{\sigma}x} \Phi\Big(-\frac{\sigma x + \mu T}{\sigma\sqrt{T}}\Big)$$

よって

$$E[h(M_T^{\mu,\sigma})] = \int_0^\infty h(\sigma x) \Big\{\frac{2}{\sqrt{2\pi T}} e^{-\frac{(\sigma x - \mu T)^2}{2\sigma^2 T}} - \frac{2\mu}{\sigma} e^{\frac{2\mu}{\sigma}x} \Phi\Big(-\frac{\sigma x + \mu T}{\sigma\sqrt{T}}\Big)\Big\} dx$$

$$= \int_0^\infty h(z) \Big\{\frac{2}{\sqrt{2\pi T}} e^{-\frac{(z - \mu T)^2}{2\sigma^2 T}} - \frac{2\mu}{\sigma} e^{\frac{2\mu}{\sigma^2}z} \Phi\Big(-\frac{z + \mu T}{\sigma\sqrt{T}}\Big)\Big\} \frac{1}{\sigma}\, dz$$

$$\therefore f_{M_T^{\mu,\sigma}}(x) = \frac{2}{\sigma\sqrt{2\pi T}}e^{-\frac{(x-\mu T)^2}{2\sigma^2 T}} - \frac{2\mu}{\sigma^2}e^{\frac{2\mu}{\sigma^2}x}\Phi\left(-\frac{x+\mu T}{\sigma\sqrt{T}}\right) \quad (x > 0)$$

（例題 6.6 解　終わり）

例題 6.7　$M_T^{\mu,\sigma} = \max_{t \leq T}(\mu t + \sigma W_t)$ と $W_T^{\mu,\sigma} = \mu T + \sigma W_T$ の同時密度関数 $f_{(M_T^{\mu,\sigma}, W_T^{\mu,\sigma})}(x,y)$ を求めよ．

解　$E[h(M_T^{\mu,\sigma}, W_T^{\mu,\sigma})] = E[h(\sigma\max_{t \leq T}(\frac{\mu}{\sigma}t + W_t), \sigma(\frac{\mu}{\sigma}T + W_T))]$

$$= E[e^{\frac{\mu}{\sigma}W_T - \frac{1}{2}(\frac{\mu}{\sigma})^2 T} h(\sigma M_T, \sigma W_T)] \quad (\because \text{定理 6.4．ただし } M_T = \max_{t \leq T} W_t)$$

$$= \iint_{\substack{x \geq y \\ x > 0}} e^{\frac{\mu}{\sigma}y - \frac{1}{2}(\frac{\mu}{\sigma})^2 T} h(\sigma x, \sigma y) \frac{2(2x-y)}{\sqrt{2\pi T^3}} e^{-\frac{(2x-y)^2}{2T}} \, dxdy$$

$$= \iint_{\substack{u \geq v \\ u > 0}} h(u,v) e^{\frac{\mu}{\sigma^2}v - \frac{1}{2}(\frac{\mu}{\sigma})^2 T} \frac{2(2u-v)}{\sigma\sqrt{2\pi T^3}} e^{-\frac{(2u-v)^2}{2\sigma^2 T}} \frac{1}{\sigma^2} \, dudv$$

$$\therefore f_{(M_T^{\mu,\sigma}, W_T^{\mu,\sigma})}(x,y) = e^{\frac{\mu}{\sigma^2}y - \frac{1}{2}(\frac{\mu}{\sigma})^2 T} \frac{2(2x-y)}{\sigma^3\sqrt{2\pi T^3}} e^{-\frac{(2x-y)^2}{2\sigma^2 T}} \quad (x > y,\, x > 0)$$

（例題 6.7 解　終わり）

第7章
連続モデルのデリバティブ価格理論

7.1 ブラック・ショールズモデルにおけるデリバティブの価格づけ

7.1.1 株価モデルの仮定

時刻 t における株価 S_t は次の確率微分方程式に従っていると仮定する.

$$dS_t = \mu S_t\, dt + \sigma S_t\, dW'_t, \quad S_0 = S$$

ここで W'_t は確率測度 P のもとでのブラウン運動,μ,σ はある定数である.

確率微分方程式の離散近似より

$$\frac{S_{t+\Delta t} - S_t}{S_t} \fallingdotseq \mu \Delta t + \sigma(W'_{t+\Delta t} - W'_t)$$

となるので,時点 t から時点 $t + \Delta t$ までの株価の収益率が

投資家の思う期待収益率 $\times \Delta t$

$+$ 標準正規分布の $\sqrt{\Delta t}$ 倍 $\times$ ボラティリティ (σ)

となっているモデルで,ボラティリティ(株価の収益率の標準偏差のこと)が定数となっているモデルであることに注意をしておく.離散モデルの場合には $N(0,1)\sqrt{\Delta t}$ の代わりに $\{-\sqrt{\Delta t}, \sqrt{\Delta t}\}$ 値確率変数 $\xi_i \sqrt{\Delta t}$ を考えたのであった.また 6.2 節の例 6.3 でみたように伊藤の公式を用いて具体的に解くと

$$S_t = S e^{(\mu - \frac{1}{2}\sigma^2)t + \sigma W'_t}$$

また同時に,価格過程が

$$dB_t = rB_t\, dt, \quad B_0 = 1$$

すなわち

$$B_t = e^{rt}$$

に従う安全債券も市場にあり自由に売り買いできるものとする.

このとき次項以降の手順で任意のデリバティブの価格が「無裁定」の考え方よ

り決定できるのである．

またそれは各投資家が株価にみる期待収益率 μ や確率測度 P に依存せず，離散モデルの場合と同じようにこれから述べるリスク中立確率測度 Q によって求められる．

7.1.2　手順1：同値マルチンゲール測度 Q を求める．

割引株価過程

$$S'_t = e^{-rt} S_t = B_t^{-1} S_t$$

が $\mathcal{F}_t$ マルチンゲールになるように確率測度 P をそれと同値な確率測度 Q に変更する．この確率測度 Q は同値マルチンゲール測度と呼ばれる．また，一般に確率測度 P, Q が同値であるとは，確率1の事象が変わらないこと，つまり，

$$P(A) = 1 \Leftrightarrow Q(A) = 1$$

となることである．

伊藤の公式より

$$dS'_t = e^{-rt}(\sigma S_t \, dW'_t + (\mu - r) S_t \, dt) = e^{-rt} \sigma S_t \, d\Big(W'_t + \frac{\mu - r}{\sigma} t\Big)$$

が成り立つ．よって

$$W_t = W'_t + \frac{\mu - r}{\sigma} t$$

がブラウン運動になるように確率測度 P を同値な確率測度 Q に変更できればよい．またこのとき，

$$dS'_t = \sigma S'_t \, dW_t$$

となる．そのためにはギルサノフ・丸山の定理（定理6.3）によって，

$$E^Q(1_A) = E^P[e^{\int_0^T (-\frac{\mu-r}{\sigma}) \, dW'_t - \frac{1}{2} \int_0^T (-\frac{\mu-r}{\sigma})^2 \, dt} 1_A] = E^P[e^{-\frac{\mu-r}{\sigma} W'_T - \frac{1}{2}(\frac{\mu-r}{\sigma})^2 T} 1_A]$$

(A は $\mathcal{F}_T$ 可測集合 (W_s ($s \leq T$) によって決まる集合))で確率測度 Q を定めればよい．

また逆に

$$E^P(1_A) = E^Q[e^{\frac{\mu-r}{\sigma} W_T - \frac{1}{2}(\frac{\mu-r}{\sigma})^2 T} 1_A]$$

となるので

$$1 = P(A) = E^P(1_A) \text{ なら } P(1_A = 1) = 1$$

$$\therefore\ Q(A) = E^Q(1_A) = E^P[e^{-\frac{\mu-r}{\sigma}W'_T - \frac{1}{2}(\frac{\mu-r}{\sigma})^2 T}] = 1$$

となる.逆も同様である.

また 2 つの確率測度 Q, Q' が S'_t を $\mathcal{F}_t$ マルチンゲールにしたとすると $\int_0^T \alpha(t)^2\,dt < \infty$ を満たす $\alpha(t)$ に対して

$$E^Q[e^{\int_0^T \alpha(t)\,dW_t}] = E^{Q'}[e^{\int_0^T \alpha(t)\,dW_t}] (= e^{\frac{1}{2}\int_0^T \alpha(t)^2\,dt})$$

となるので $Q = Q'$ であり,同値マルチンゲール測度の一意性が示せる.

7.1.3 手順 2：Q のもとで割引ペイオフの期待値を計算する.

満期 T のデリバティブのペイオフが Y のとき ($\sigma(W_s(s \leq T)) = \mathcal{F}_T$ なので Y は $\mathcal{F}_T$ 可測確率変数であることに注意),Q のもとで期待値 $E^Q(e^{-rT}Y)$ を計算すると,これがデリバティブ Y の無裁定価格となる.なぜなら

$$E_t = E^Q(e^{-rT}Y|W_u, u \leq t)(= E^Q(e^{-rT}Y|\mathcal{F}_t))$$

とおくと,E_t はマルチンゲール（ドゥーブマルチンゲール,例題 5.5 参照）となり,マルチンゲール表現定理（定理 5.4）より

$$dE_t = g_t\,dW_t$$

と表すことができ,これと $dS'_t = \sigma S'_t\,dW_t$ をあわせて

$$\phi_t = (\sigma S'_t)^{-1} g_t \tag{7.1}$$

とおけば,離散の場合と同様に

$$e^{-rT}Y - E^Q(e^{-rT}Y) = \int_0^T dE_t = \int_0^T \phi_t\,dS'_t \tag{7.2}$$

と表すことができる.よって離散のときと同様に $C = E^Q(e^{-rT}Y)$ とおき,式 (7.2) の両辺を e^{rT} 倍した式を以下のように解釈すると初期資金 C からデリバティブ Y が複製できることから,$C = E^Q(e^{-rT}Y)$ がデリバティブの価格となる.同時に

$$e^{-r(T-t)}Y - E(e^{r(T-t)}Y|\mathcal{F}_t) = \int_t^T e^{rt}\phi_u\,dS'_u$$

となるので,途中の時点 t における価格 C_t は,

$$C_t = E(e^{r(T-t)}Y|\mathcal{F}_t) = e^{rt}E_t$$

で,右辺の確率積分はその時点 t 以降の複製ポートフォリオとなる.

$$
\begin{aligned}
\underbrace{Y}_{\substack{\text{デリバティブの}\\\text{ペイオフ}}} = &\underbrace{Ce^{rT}}_{\substack{\text{初期資金 }C\text{ を連続利子率 }r\text{ で}\\\text{時刻 }T\text{ まで運用}}}\\
&+ \sum \underbrace{\phi_t(S_{t+\Delta t} - e^{r\Delta t}S_t)}_{\substack{\text{時点 }t\text{ で銀行から }\phi_tS_t\text{ 借りて株を }\phi_t\text{ 単位買い,}\\\text{時点 }t+\Delta t\text{ で 1 株当たり }S_{t+\Delta t}\text{ で売り,}\\\text{銀行に }\phi_t e^{r\Delta t}S_t\text{ 返し清算したときの収益}}}\\
&\quad\times \underbrace{e^{r(T-t-\Delta t)}}_{\substack{\text{時点 }t\text{ から時点 }t+\Delta t\text{ での収益を}\\\text{満期までの残りの }T-t-\Delta t\text{ 期間}\\\text{連続利子率 }r\text{ で運用する}}}
\end{aligned}
$$

あるいは次のように考えることもできる．式 (7.2) より，初期資金 $E^Q(e^{-rT}Y)$ から出発して，途中で資金を追加投入したり，あるいは逆に引き上げたりすることなく（つまり資金自己調達的に），時刻 t において株式を ϕ_t 単位保有し，残ったお金全額を安全債券に投入する（もちろん株式の購入資金が足りないときはその不足額を借入でまかなうことになるので安全債券の保有単位はマイナスとなる）というように連続時間的にポートフォリオを組み換えていくことによって，最終的に時刻 T においてペイオフ Y を完全に複製できることがわかる．したがって無裁定の仮定により，この資金自己調達的な動的ポートフォリオ（これを複製ポートフォリオと呼ぶ）の初期価値，すなわち $E^Q(e^{-rT}Y)$ がデリバティブ Y の価格となるのである．

実際 $\Delta t = \frac{T}{n}$ として，まず時点 $t=0$ において，初期資金 $E_0 = E^Q(e^{-rT}Y)$ を使って株式を ϕ_0 単位保有し，残ったお金 $E_0 - \phi_0 S$ を全額，安全債券に投入する．つまり安全債券を $\psi_0 = E_0 - \phi_0 S$ 単位保有する．このときポートフォリオ (ϕ_0, ψ_0) の時点 $t = \Delta t$ における価値 $V_{\Delta t}$ は以下になる．

$$V_{\Delta t} = \phi_0 S_{\Delta t} + \psi_0 B_{\Delta t} = B_{\Delta t}\phi_0(S'_{\Delta t} - S'_0) + B_{\Delta t}E_0$$

そこで次に時点 $t = \Delta t$（の直後）においてポートフォリオを組み換えることにし，資金 $V_{\Delta t}$ を使って株式を $\phi_{\Delta t}$ 単位保有し，残ったお金を安全債券に投入する．つまり安全債券の保有単位 $\psi_{\Delta t}$ は以下になる．

$$\psi_{\Delta t} = \frac{1}{B_{\Delta t}}(V_{\Delta t} - \phi_{\Delta t}S_{\Delta t}) = \phi_0(S'_{\Delta t} - S'_0) + E_0 - \phi_{\Delta t}S'_{\Delta t}$$

このとき $(\phi_{\Delta t}, \psi_{\Delta t})$ の時点 $t = 2\Delta t$ における価値 $V_{2\Delta t}$ は以下になる．

$$\begin{aligned}
V_{2\Delta t} &= \phi_{\Delta t}S_{2\Delta t} + \psi_{\Delta t}B_{2\Delta t}\\
&= B_{2\Delta t}\{\phi_{\Delta t}(S'_{2\Delta t} - S'_{\Delta t}) + \phi_0(S'_{\Delta t} - S'_0)\} + B_{2\Delta t}E_0
\end{aligned}$$

7.1 ブラック・ショールズモデルにおけるデリバティブの価格づけ

以下同じ手順を繰り返し，時点 $t = (k-1)\Delta t$（の直後）においてポートフォリオを組み換え，資金 $V_{(k-1)\Delta t}$ を使って株式を $\phi_{(k-1)\Delta t}$ 単位保有し，残ったお金を安全債券に投入すると，安全債券の保有単位 $\psi_{(k-1)\Delta t}$ は

$$\psi_{(k-1)\Delta t} = \sum_{i=1}^{k-1} \phi_{(i-1)\Delta t}(S'_{i\Delta t} - S'_{(i-1)\Delta t}) + E_0 - \phi_{(k-1)\Delta t} S'_{(k-1)\Delta t} \quad (7.3)$$

となり，そしてこのポートフォリオ $(\phi_{(k-1)\Delta t}, \psi_{(k-1)\Delta t})$ の時点 $t = k\Delta t$ における価値 $V_{k\Delta t}$ は以下になる．

$$V_{k\Delta t} = B_{k\Delta t} \sum_{i=1}^{k} \phi_{(i-1)\Delta t}(S'_{i\Delta t} - S'_{(i-1)\Delta t}) + B_{k\Delta t} E_0$$

したがって上式において $k = n = \frac{T}{\Delta t}$ とおくと，初期資金 E_0 から出発するこの資金自己調達的な動的ポートフォリオの満期時点 T における価値は以下になる．

$$V_T = e^{rT} \sum_{i=1}^{n} \phi_{(i-1)\Delta t}(S'_{i\Delta t} - S'_{(i-1)\Delta t}) + e^{rT} E_0$$

よってここで $n \to \infty \Leftrightarrow \Delta t \to 0$ とする，つまり上記のポートフォリオの組み換えを連続時間的に行った場合，時刻 T におけるポートフォリオ価値は

$$\lim_{n \to \infty} \left\{ e^{rT} \sum_{i=1}^{n} \phi_{(i-1)\Delta t}(S'_{i\Delta t} - S'_{(i-1)\Delta t}) + e^{rT} E_0 \right\}$$
$$= e^{rT} \int_0^T \phi_t \, dS'_t + e^{rT} E_0 = e^{rT} \int_0^T dE_t + e^{rT} E_0 = Y$$

となり，確かにデリバティブのペイオフと完全に一致する．

またデリバティブ Y の複製ポートフォリオのうち，時刻 t における株式の保有単位はこれまで説明してきた通り式 (7.1) で定められる ϕ_t である（ϕ_t はデルタヘッジと呼ばれる）．安全債券の保有単位 ψ_t のほうは式 (7.3) において $k = \left[\frac{t}{T/n}\right] + 1$ とおいて（ただし $[x]$ は x 以下の最大の整数）$n \to \infty$ とすることで以下のように求まる．

$$\psi_t = \lim_{n \to \infty} \left\{ \sum_{i=1}^{\left[\frac{t}{T/n}\right]} \phi_{(i-1)\Delta t}(S'_{i\Delta t} - S'_{(i-1)\Delta t}) + E_0 - \phi_{(k-1)\Delta t} S'_{(k-1)\Delta t} \right\}$$
$$= \int_0^t \phi_u \, dS'_u + E_0 - \phi_t S'_t = \int_0^t dE_u + E_0 - \phi_t S'_t = E_t - \phi_t S'_t$$

注意 以下，Q のもとで考えていることが明らかな場合は $E^Q[\,\cdot\,]$ の添え字 Q を省略する．

例題 7.1 デリバティブ W_T^2 の価格と複製ポートフォリオ (ϕ_t, ψ_t) を求めよ.

解 まず価格 E_0 を求める.
$$E_0 = E[e^{-rT} W_T^2] = e^{-rT}(V(W_T) + (E(W_T))^2) = Te^{-rT}$$

次に E_t を計算する.
$$\begin{aligned}E_t &= E[e^{-rT} W_T^2 | \mathcal{F}_t] = e^{-rT} E((W_t + (W_T - W_t))^2 | \mathcal{F}_t) \\ &= e^{-rT}(W_t^2 + 2W_t E(W_T - W_t | \mathcal{F}_t) + E((W_T - W_t)^2 | \mathcal{F}_t)) \\ &= e^{-rT}(W_t^2 + 2W_t E(W_T - W_t) + E[(W_T - W_t)^2]) \\ &\quad (\because W_T - W_t \text{と} \mathcal{F}_t \text{は独立}) \\ &= e^{-rT}(W_t^2 + (T - t))\end{aligned}$$

よって
$$dE_t = 2e^{-rT} W_t \, dW_t \quad \therefore \quad \phi_t = (\sigma S_t')^{-1} 2e^{-rT} W_t$$
$$\psi_t = E_t - \phi_t S_t' = e^{-rT}\left(W_t^2 - t + T - \frac{2}{\sigma} W_t\right)$$

（例題 7.1 解　終わり）

練習問題 7.1　(1) デリバティブ W_T^3 の価格と複製ポートフォリオ (ϕ_t, ψ_t)
(2) デリバティブ $e^{\alpha W_T}$ の価格と複製ポートフォリオ (ϕ_t, ψ_t)
を求めよ.

例題 7.2 先物 $S_T - K$ の受け渡し価格 K と複製ポートフォリオ (ϕ_t, ψ_t) を求めよ.

解 まず
$$\begin{aligned}価格 = E_0 &= E[e^{-rT}(S_T - K)] = E[S_T'] - Ke^{-rT} \\ &= S_0' - Ke^{-rT} = S - Ke^{-rT}\end{aligned}$$
ここで K は先物契約の現在価格が 0 となるように定められるので, $K = Se^{rT}$.
$$E_t = E[e^{-rT}(S_T - K) | \mathcal{F}_t] = E[S_T' | \mathcal{F}_t] - Ke^{-rT} = S_t' - Ke^{-rT}$$
$$\therefore \quad dE_t = dS_t' \text{ つまり } \phi_t \equiv 1$$

7.1 ブラック・ショールズモデルにおけるデリバティブの価格づけ **111**

また，$\psi_t = E_t - \phi_t S'_t = (S'_t - Ke^{-rT}) - S'_t = -Ke^{-rT}$

（例題 7.2 解　終わり）

上のようにして求めた K が例題 1.7 の結果と一致していることに注意してほしい．また，$\phi_t \equiv 1$ はダイナミックヘッジ（ポートフォリオをどんどん組み替えるもののこと）ではなく，現物を 1 単位ずっと持ち続けるもの（スタティックヘッジという）を表すことに注意する．

例題 7.3 デリバティブ $f(S_T)$ の価格と複製ポートフォリオ (ϕ_t, ψ_t) を求めよ．

解 デリバティブの価格は $E_0 = E[e^{-rT}f(S_T)]$ である．これを $u(T, S)$ とおく．すると

$$E_t = E[e^{-rT}f(S_T)|\mathcal{F}_t] = e^{-rT}E[f(S_t e^{(r-\frac{1}{2}\sigma^2)(T-t)+\sigma(W_T-W_t)})|\mathcal{F}_t]$$
$$= e^{-rT}E[f(Ae^{(r-\frac{1}{2}\sigma^2)(T-t)+\sigma\hat{W}_{T-t}})]|_{A=S_t}$$
$$\text{（ここで}\hat{W}_{T-t} = W_T - W_t \text{は } \mathcal{F}_t \text{と独立なブラウン運動）}$$
$$= e^{-rt}e^{-r(T-t)}E[f(Ae^{(r-\frac{1}{2}\sigma^2)(T-t)+\sigma\hat{W}_{T-t}})]|_{A=S_t}$$
$$= e^{-rt}u(T-t, S_t)$$

$$dE_t = d(e^{-rt}u(T-t, S_t))$$
$$= -re^{-rt}u(T-t, S_t)\,dt$$
$$\quad + e^{-rt}\left(-\frac{\partial u}{\partial T}(T-t, S_t)\,dt + \frac{\partial u}{\partial S}(T-t, S_t)\,dS_t + \frac{1}{2}\frac{\partial^2 u}{\partial S^2}\,dS_t dS_t\right)$$
$$= e^{-rt}\frac{\partial u}{\partial S}(T-t, S_t)\sigma S_t\,dW_t$$
$$\quad + e^{-rt}\left(-ru - \frac{\partial u}{\partial T} + rS_t\frac{\partial u}{\partial S} + \frac{1}{2}\sigma^2 S_t^2\frac{\partial^2 u}{\partial S^2}\right)dt$$

となる．E_t はマルチンゲールより u は

$$-ru - \frac{\partial u}{\partial T} + rS\frac{\partial u}{\partial S} + \frac{1}{2}\sigma^2 S^2\frac{\partial^2 u}{\partial S^2} = 0$$

を満たし

$$dE_t = e^{-rt}\frac{\partial u}{\partial S}(T-t, S_t)\sigma S_t\,dW_t$$

である．また

$$dS'_t = \sigma S'_t \, dW_t$$

と比較して，$dE_t = \phi_t \, dS'_t$ となるデルタヘッジ ϕ_t は

$$\phi_t = \frac{\partial u}{\partial S}(T-t, S_t)$$

となる．さらに ψ_t を計算すると

$$\psi_t = E_t - \phi_t S'_t = e^{-rt} u(T-t, S_t) - e^{-rt} S_t \frac{\partial u}{\partial S}(T-t, S_t)$$

と価格と複製ポートフォリオが求められた．

（例題 7.3 解　終わり）

注意 デリバティブの価格 $= u(T, S)$ は偏微分方程式

$$-ru - \frac{\partial u}{\partial T} + rS\frac{\partial u}{\partial S} + \frac{1}{2}\sigma^2 S^2 \frac{\partial^2 u}{\partial S^2} = 0, \text{ かつ初期条件 } u(0, S) = f(S) \quad (7.4)$$

を満たす．$u(T, S)$ の T は満期までの時間を表すので，

$$u(0, S) = 満期 T におけるペイオフ = f(S)$$

である．u の満たす式 (7.4) をブラック・ショールズ偏微分方程式という．もちろん

$$e^{-rT} E[f(S_T)] = u(T, S)$$

なので，$v(T, S) = E[f(S_T)]$ はコルモゴロフ偏微分方程式

$$\frac{\partial v}{\partial T} = \frac{1}{2}\sigma^2 S^2 \frac{\partial^2 v}{\partial S^2} + rS\frac{\partial v}{\partial S}, \quad v(0, S) = f(S)$$

を満たす．これに

$$v(T, S) = e^{rT} u(T, S)$$

を代入して $u(T, S)$ のブラック・ショールズ偏微分方程式

$$\frac{\partial u}{\partial T} = \frac{1}{2}\sigma^2 S^2 \frac{\partial^2 u}{\partial S^2} + rS\frac{\partial u}{\partial S} - ru, \quad u(0, S) = f(S)$$

が得られる．

例題 7.4 パワーオプション S_T^2 の価格と複製ポートフォリオ (ϕ_t, ψ_t) を求めよ．

解 例題 7.3 で $f(S) = S^2$ としたもの，つまり，満期時の株価の 2 乗をペイオフとするデリバティブをパワーオプションという．このデリバティブの価格 $C = E_0$

7.1 ブラック・ショールズモデルにおけるデリバティブの価格づけ

は

$$E_0 = E[e^{-rT}S_T^2] = e^{-rT}E[S^2 e^{2(r-\frac{1}{2}\sigma^2)T + 2\sigma W_T}]$$
$$= S^2 e^{rT - \sigma^2 T} e^{\frac{1}{2}(2\sigma)^2 T} = S^2 e^{(r+\sigma^2)T}$$

と求められる．続けて株式と安全債券とによる複製ポートフォリオ (ϕ_t, ψ_t) を計算する．

$$E_t = E[e^{-rT}S_T^2 | \mathcal{F}_t] = e^{-rT}E[S_t^2 e^{2(r-\frac{1}{2}\sigma^2)(T-t) + 2\sigma(W_T - W_t)} | \mathcal{F}_t]$$
$$= e^{-rT}S_t^2 e^{2(r-\frac{1}{2}\sigma^2)(T-t)}E[e^{2\sigma(W_T - W_t)}] = (S_t')^2 e^{rT + \sigma^2(T-t)}$$

$$\therefore \ dE_t = 2S_t' e^{rT + \sigma^2(T-t)} \, dS_t'$$

$$\therefore \ \phi_t = 2S_t' e^{rT + \sigma^2(T-t)}, \quad \psi_t = E_t - \phi_t S_t' = -(S_t')^2 e^{rT + \sigma^2(T-t)}$$

（例題 7.4 解　終わり）

例題 7.5 デリバティブ $\int_0^T W_s \, ds$ の価格と複製ポートフォリオ (ϕ_t, ψ_t) を求めよ．

解 このデリバティブの価格は

$$E_0 = E\left[e^{-rT}\int_0^T W_s \, ds\right] = e^{-rT}\int_0^T E[W_s] \, ds = 0$$

と求められる．続けて株式と安全債券とによる複製ポートフォリオ (ϕ_t, ψ_t) を計算する．

$$E_t = E\left[e^{-rT}\int_0^T W_s \, ds \Big| \mathcal{F}_t\right]$$
$$= e^{-rT}E\left[\int_0^t W_s \, ds + W_t(T-t) + \int_t^T (W_u - W_t) \, du \Big| \mathcal{F}_t\right]$$
$$= e^{-rT}\left(\int_0^t W_s \, ds + W_t(T-t) + E\left[\int_t^T (W_u - W_t) \, du\right]\right)$$
$$= e^{-rT}\left(\int_0^t W_s \, ds + W_t(T-t)\right)$$

$$\therefore \ dE_t = e^{-rT}(W_t \, dt - W_t \, dt + (T-t) \, dW_t) = e^{-rT}(T-t) \, dW_t$$

$$\therefore \ \phi_t = \frac{1}{(\sigma S_t')} e^{-rT}(T-t)$$

$$\psi_t = E_t - \phi_t S'_t = e^{-rT}\Big(\int_0^t W_s\,ds + W_t(T-t)\Big) - \frac{1}{\sigma}e^{-rT}(T-t)$$

(例題 7.5 解　終わり)

練習問題 7.2 以下のデリバティブの現在価格と複製ポートフォリオを求めよ.
(1) S_T^3 　(2) $\int_0^T W_s^2\,ds$ 　(3) $\beta > 0$ として, $e^{-\beta W_T^2}$

この節の議論は大切なので, ここでまとめておく. Y を満期 T のデリバティブのペイオフとする. すなわち,

$$Y = f(S_u, u \leqq T)\ (f \text{ は時刻 } T \text{ までの価格パスの（汎）関数})$$

であるとする.

このとき, このデリバティブの時刻 $t=0$ における価格を C, 時刻 t における価格を C_t と書くと

$$C = E^Q(e^{-rT}Y)$$
$$C_t = E^Q(e^{-r(T-t)}Y|\mathcal{F}_t)\ (= e^{rt}E_t)$$

である. なぜなら,

$$e^{-rT}Y - C = \int_0^T \phi_u dS'_u\quad (\text{時刻 } 0 \text{ から } T \text{ までの複製ポートフォリオ})$$
$$e^{-r(T-t)} - C_t = \int_t^T e^{rt}\phi_u dS'_u\quad (\text{時刻 } t \text{ から } T \text{ までの複製ポートフォリオ})$$

となるからである.

もう少し説明すると, C_t が Y の複製ポートフォリオであるとは

$$C_t = \phi_t S_t + \psi_t e^{rt}$$

となっていることである. この右辺は時刻 t において株を ϕ_t 単位持ち, 安全債券 e^{rt} を ψ_t 単位持つことを示している.

また, 満期時 T における価値 C_T が Y と一致し, t が 0 から T まで資金自己調達であるポートフォリオの価値の増分 $dC_t = \phi_t dS_t + \psi_t d(e^{rt})$ を考えると,

$$C_{t+\Delta t} - C_t = \phi_t(S_{t+\Delta t} - S_t) + \psi_t(e^{r(t+\Delta t)} - e^{rt})$$

と, 持ち単位数 (ϕ_t, ψ_t) は変わらず, 株と安全債券の増分だけで表される. このとき, ポートフォリオ $\phi_t S_t + \psi_t e^{rt}$ は株と安全債券の組み合わせで満期時 T においてデリバティブのペイオフ Y と一致し, 資金自己調達（途中で資金の出し入れはない）である. よって, このポートフォリオは「無裁定」の仮定より, 実質

的にはデリバティブとまったく同じ，つまり，その価格は，デリバティブの現在価格 C_0

$$C_0 = \phi_0 S + \psi_0 e^0 = \phi_0 S + (E_0 - \phi_0 S) = E_0 = E^Q(e^{-rT}Y)$$

となる．

デリバティブの時刻 t における価格 C_t は，

$$C_t = \phi_t S_t + \psi_t e^{rt} = e^{rt}(\phi_t S'_t + (E_t - \phi_t S'_t)) = e^{rt} E_t = E^Q(E^{r(T-t)}Y|\mathcal{F}_t)$$

である．

また，このとき，

$$\begin{aligned} dC_t &= d(e^{rt} E_t) \\ &= re^{rt} E_t dt + e^{rt} dE_t \\ &= rC_t dt + e^{rt} \phi_t dS'_t \\ &= rC_t dt + e^{rt} \phi_t (-re^{-rt} S_t dt + e^{-rt} dS_t) \\ &= r(C_t - \phi_t S_t) dt + \phi_t dS_t \\ &= re^{rt}(E_t - \phi_t S'_t) dt + \phi_t dS_t \\ &= \psi_t d(e^{rt}) + \phi_t dS_t \end{aligned}$$

となり，自動的に資金自己調達になることに注意しておく．

7.2 ブラック・ショールズ式とブラック・ショールズ偏微分方程式

例題 7.3 で特に $f(S) = \max(S - K, 0)$ として価格計算したものが行使価格 K のコールオプション価格のブラック・ショールズ式である．つまり価格 E_0 についての式

$$\begin{aligned} E_0 &= E[e^{-rT} \max(S_T - K, 0)] \\ &= e^{-rT} E[\max(Se^{(r-\frac{1}{2}\sigma^2)T + \sigma W_T} - K, 0)] \\ &= S \cdot \Phi\left(\frac{\log \frac{S}{K} + \left(r + \frac{1}{2}\sigma^2\right)T}{\sigma\sqrt{T}}\right) - Ke^{-rT} \Phi\left(\frac{\log \frac{S}{K} + \left(r - \frac{1}{2}\sigma^2\right)T}{\sigma\sqrt{T}}\right) \\ &(= C(T, S) \text{ とおく}) \end{aligned} \tag{7.5}$$

がブラック・ショールズ式である．するとこの $C(T,S)$ は 7.1 節から

$$-rC - \frac{\partial C}{\partial T} + rS\frac{\partial C}{\partial S} + \frac{1}{2}\sigma^2 S^2 \frac{\partial^2 C}{\partial S^2} = 0$$

初期条件，$C(0,S) = \max(S-K, 0)$ \hfill (7.6)

というブラック・ショールズ偏微分方程式を満たすことがわかる．ここではこれを計算で示してみよう．

まず式 (7.6) の第 3 項の偏微分部分を式 (7.5) より計算する．

$$\frac{\partial C}{\partial S} = \frac{\partial}{\partial S}\left(S\Phi\left(\frac{\log\frac{S}{K} + \left(r + \frac{1}{2}\sigma^2\right)T}{\sigma\sqrt{T}}\right)\right)$$

$$- Ke^{-rT}\frac{\partial}{\partial S}\Phi\left(\frac{\log\frac{S}{K} + \left(r - \frac{1}{2}\sigma^2\right)T}{\sigma\sqrt{T}}\right)$$

$$= \Phi\left(\frac{\log\frac{S}{K} + \left(r + \frac{1}{2}\sigma^2\right)T}{\sigma\sqrt{T}}\right)$$

$$+ S\varphi\left(\frac{\log\frac{S}{K} + \left(r + \frac{1}{2}\sigma^2\right)T}{\sigma\sqrt{T}}\right)\frac{\partial}{\partial S}\left(\frac{\log\frac{S}{K} + \left(r + \frac{1}{2}\sigma^2\right)T}{\sigma\sqrt{T}}\right)$$

$$- Ke^{-rT}\varphi\left(\frac{\log\frac{S}{K} + \left(r - \frac{1}{2}\sigma^2\right)T}{\sigma\sqrt{T}}\right)\frac{\partial}{\partial S}\left(\frac{\log\frac{S}{K} + \left(r - \frac{1}{2}\sigma^2\right)T}{\sigma\sqrt{T}}\right)$$

（ここで

$$\Phi(x) = P(\mathrm{N}(0,1) \leqq x) = \frac{1}{\sqrt{2\pi}}\int_{-\infty}^{x} e^{-\frac{1}{2}u^2}\,du$$

$$= \text{標準正規分布の分布関数},$$

$$\varphi(x) = \Phi'(x) = \frac{1}{\sqrt{2\pi}}e^{-\frac{1}{2}x^2} = \text{標準正規分布の密度関数})$$

$$= \Phi\left(\frac{\log\frac{S}{K} + \left(r + \frac{1}{2}\sigma^2\right)T}{\sigma\sqrt{T}}\right)$$

$$+ \frac{1}{\sigma S\sqrt{2\pi T}}\left(Se^{-\frac{1}{2}\left(\frac{\log\frac{S}{K} + (r+\frac{1}{2}\sigma^2)T}{\sigma\sqrt{T}}\right)^2} - Ke^{-rT}e^{-\frac{1}{2}\left(\frac{\log\frac{S}{K} + (r-\frac{1}{2}\sigma^2)T}{\sigma\sqrt{T}}\right)^2}\right)$$

$$= \Phi\left(\frac{\log\frac{S}{K} + \left(r + \frac{1}{2}\sigma^2\right)T}{\sigma\sqrt{T}}\right)$$

$$\left(\because \left\{\log S - \frac{1}{2}\left(\frac{\log\frac{S}{K} + \left(r + \frac{1}{2}\sigma^2\right)T}{\sigma\sqrt{T}}\right)^2\right\}\right.$$

$$-\left\{\log K - rT - \frac{1}{2}\left(\frac{\log\frac{S}{K} + \left(r - \frac{1}{2}\sigma^2\right)T}{\sigma\sqrt{T}}\right)^2\right\}$$

$$= \log S - \log K + rT - \frac{1}{2\sigma^2 T}\left(\log\frac{S}{K} + \left(r + \frac{1}{2}\sigma^2\right)T\right.$$

$$+ \log\frac{S}{K} + \left(r - \frac{1}{2}\sigma^2\right)T\right)\left(\log\frac{S}{K} + \left(r + \frac{1}{2}\sigma^2\right)T\right.$$

$$- \log\frac{S}{K} - \left(r - \frac{1}{2}\sigma^2\right)T\right)$$

$$\left. = 0\right)$$

この $\frac{\partial C}{\partial S}$ は原資産である株価が ΔS 増えればコールオプション価格が $\Delta C \fallingdotseq \frac{\partial C}{\partial S}\Delta S$ だけ増えることを表し，つまりコールオプション価格の株価に対する瞬間変化率を表していて通常 Δ(デルタ) で表す．

$$\Delta = \frac{\partial C}{\partial S} = \Phi\left(\frac{\log\frac{S}{K} + \left(r + \frac{1}{2}\sigma^2\right)T}{\sigma\sqrt{T}}\right)$$

また例題 7.3 より複製ポートフォリオの株の保有単位数は

$$\phi_t = \frac{\partial C}{\partial S}(T-t, S_t) = \Phi\left(\frac{\log\frac{S_t}{K} + \left(r + \frac{1}{2}\sigma^2\right)(T-t)}{\sigma\sqrt{T-t}}\right)$$

となる．ϕ_t のことをデルタヘッジと呼ぶ．

次に Δ の S に対する瞬間変化率 $\frac{\partial \Delta}{\partial S}$ を Γ(ガンマ) と呼ぶ．これを計算してみよう．

第 7 章 連続モデルのデリバティブ価格理論

$$\Gamma = \frac{\partial \Delta}{\partial S} = \frac{\partial^2 C}{\partial S^2} = \varphi\left(\frac{\log \frac{S}{K} + \left(r + \frac{1}{2}\sigma^2\right)T}{\sigma\sqrt{T}}\right)\frac{1}{S\sigma\sqrt{T}}$$

C の T に関する変化率 $\dfrac{\partial C}{\partial T}$ を $\Theta(セータ)$ と呼ぶ. これも計算してみる.

$$\frac{\partial C}{\partial T} = S\varphi\left(\frac{\log \frac{S}{K} + \left(r + \frac{1}{2}\sigma^2\right)T}{\sigma\sqrt{T}}\right)\frac{\partial}{\partial T}\left(\frac{\log \frac{S}{K}}{\sigma\sqrt{T}} + \frac{r + \frac{1}{2}\sigma^2}{\sigma}\sqrt{T}\right)$$

$$+ rKe^{-rT}\Phi\left(\frac{\log \frac{S}{K} + \left(r - \frac{1}{2}\sigma^2\right)T}{\sigma\sqrt{T}}\right)$$

$$- Ke^{-rT}\varphi\left(\frac{\log \frac{S}{K} + \left(r - \frac{1}{2}\sigma^2\right)T}{\sigma\sqrt{T}}\right)\frac{\partial}{\partial T}\left(\frac{\log \frac{S}{K}}{\sigma\sqrt{T}} + \frac{r - \frac{1}{2}\sigma^2}{\sigma}\sqrt{T}\right)$$

$$= rKe^{-rT}\Phi\left(\frac{\log \frac{S}{K} + \left(r - \frac{1}{2}\sigma^2\right)T}{\sigma\sqrt{T}}\right)$$

$$+ \frac{\sigma}{2\sqrt{T}}S\varphi\left(\frac{\log \frac{S}{K} + \left(r + \frac{1}{2}\sigma^2\right)T}{\sigma\sqrt{T}}\right)$$

$\Bigg(\because$ 前の結果より

$$S\varphi\left(\frac{\log \frac{S}{K} + \left(r + \frac{1}{2}\sigma^2\right)T}{\sigma\sqrt{T}}\right) = Ke^{-rT}\varphi\left(\frac{\log \frac{S}{K} + \left(r - \frac{1}{2}\sigma^2\right)T}{\sigma\sqrt{T}}\right)$$

を用いた$\Bigg)$

するとブラック・ショールズ偏微分方程式を満たすことを直接計算で確かめられる. 実際,
$$\frac{\partial C}{\partial T} - \frac{1}{2}\sigma^2 S^2 \frac{\partial^2 C}{\partial S^2} - rS\frac{\partial C}{\partial S} + rC = \Theta - \frac{1}{2}\sigma^2 S^2 \Gamma - rS\Delta + rC$$

$$
\begin{aligned}
&= rKe^{-rT}\Phi\left(\frac{\log\frac{S}{K}+\left(r-\frac{1}{2}\sigma^2\right)T}{\sigma\sqrt{T}}\right) + \frac{\sigma}{2\sqrt{T}}S\varphi\left(\frac{\log\frac{S}{K}+\left(r+\frac{1}{2}\sigma^2\right)T}{\sigma\sqrt{T}}\right) \\
&\quad -\frac{1}{2}\sigma^2 S^2 \varphi\left(\frac{\log\frac{S}{K}+\left(r+\frac{1}{2}\sigma^2\right)T}{\sigma\sqrt{T}}\right)\frac{1}{S\sigma\sqrt{T}} \\
&\quad -rS\Phi\left(\frac{\log\frac{S}{K}+\left(r+\frac{1}{2}\sigma^2\right)T}{\sigma\sqrt{T}}\right) + rC \\
&= 0
\end{aligned}
$$

となっている.

初期条件についても,$T \to 0$ とすると $S > K$ のときには

$$\log\frac{S}{K} > 0 \text{ より},\quad \frac{\log\frac{S}{K}+\left(r+\frac{1}{2}\sigma^2\right)T}{\sigma\sqrt{T}} \to +\infty$$

$S < K$ のときには

$$\log\frac{S}{K} < 0 \text{ より},\quad \frac{\log\frac{S}{K}+\left(r+\frac{1}{2}\sigma^2\right)T}{\sigma\sqrt{T}} \to -\infty$$

で $\Phi(+\infty) = 1$,$\Phi(-\infty) = 0$ より

$$\lim_{T \to 0} C = \max(S-K, 0)$$

となる.

練習問題 7.3 コールオプションの利子率 r に対する瞬間変化率

$$\frac{\partial C}{\partial r}(= \rho\,(\text{ロー}))$$

を計算せよ.

練習問題 7.4 プットオプション P に関する Δ, Γ, Θ を求め,これがブラック・ショールズ偏微分方程式を満たすことを示せ(ヒント:1.3 節のプットコールパリティを用いよ).

練習問題 7.5 受け渡し価格 K の先物価格 $S - Ke^{-rT}$ がブラック・ショールズ偏微分方程式を満たすことを示せ.

第 7 章 連続モデルのデリバティブ価格理論

練習問題 7.6 安全利子率 $r=0$ のとき，行使価格 $K=$ 初期株価 S のコールオプションとプットオプションの現在価格は等しいことを示せ．

練習問題 7.7 $S>K$ とする．安全利子率 $r=0$ のとき，

行使価格 K，初期株価 S のコールオプション 1 単位の現在価格

$=$ 行使価格 $\dfrac{S^2}{K}$，初期株価 S のプットオプション $\dfrac{K}{S}$ 単位の現在価格

を示せ．

> **例題 7.6**
> 原資産価格が上昇するとコールオプション価格は上昇，
> 満期までの時間が減るとコールオプション価格は下降，
> 利子率 r が上昇するとコールオプション価格は上昇，
> となることを示せ．

解 満期 T，初期株価 S，コールオプションの現在価格を C，行使価格を K とする．

$$\frac{\partial C}{\partial S} = \Phi\left(\frac{\log\dfrac{S}{K}+\left(r+\dfrac{1}{2}\sigma^2\right)T}{\sigma\sqrt{T}}\right) > 0$$

$$\frac{\partial C}{\partial T} = rKe^{-rT}\Phi\left(\frac{\log\dfrac{S}{K}+\left(r-\dfrac{1}{2}\sigma^2\right)T}{\sigma\sqrt{T}}\right)$$

$$\qquad + \frac{\sigma}{2\sqrt{T}}S\varphi\left(\frac{\log\dfrac{S}{K}+\left(r+\dfrac{1}{2}\sigma^2\right)T}{\sigma\sqrt{T}}\right) > 0$$

$$\frac{\partial C}{\partial r} = TKe^{-rT}\Phi\left(\frac{\log\dfrac{S}{K}+\left(r-\dfrac{1}{2}\sigma^2\right)T}{\sigma\sqrt{T}}\right) > 0$$

以上より明らか．

（例題 7.6 解　終わり）

注意 ペイオフをみればわかるように行使価格が上がるとコールオプション価格は下降する．

練習問題 7.8 例題 7.6 の 3 つの条件をプットオプションについて考えよ.

練習問題 7.9 ペイオフが $\max(S_T - K, 0) \wedge L$ で与えられるデリバティブの価格を求めよ. また, それが $C(K) - C(K+L)$ と一致することを示せ. ただし $C(K)$, $C(K+L)$ はそれぞれ行使価格が K, $K+L$ のコールオプション価格である.

話題を少し変えてここではブラックとショールズがその論文で最初にブラック・ショールズ偏微分方程式を導いたやり方を紹介しておこう.[3]

$$\bar{C}(t, S) = \text{時刻 } t \text{ (そのときの株価 } S) \text{ におけるデリバティブの価格}$$

とする.

満期時 T におけるデリバティブのペイオフを $f(S)$ とする. もちろん $f(S) = \max(S-K, 0)$ なら行使価格 K のコールオプションである. 116 ページの $C(t,S)$ の t は満期までの時間だったので,

$$\bar{C}(t, S) = C(T-t, S)$$

であることに注意しよう. ここで, ブラック・ショールズモデル

$$dS_t = \mu S_t\, dt + \sigma S_t\, dW_t, \quad S_0 = S$$

において, 無リスクポートフォリオ (安全債券と等しくなるポートフォリオ) をつくるやり方でブラック・ショールズ偏微分方程式を導いてみよう.

$\bar{C}(t, S_t)$ に伊藤の公式を適用して計算すると

$$\begin{aligned}
d\bar{C}(t, S_t) &= \frac{\partial \bar{C}}{\partial t}\, dt + \frac{\partial \bar{C}}{\partial S}\, dS_t + \frac{1}{2}\frac{\partial^2 \bar{C}}{\partial S^2}\, dS_t dS_t \\
&= \frac{\partial \bar{C}}{\partial t}\, dt + \frac{\partial \bar{C}}{\partial S}(\mu S_t\, dt + \sigma S_t\, dW_t) + \frac{1}{2}\frac{\partial^2 \bar{C}}{\partial S^2}(\sigma^2 S_t^2\, dt) \\
&= \left(\frac{\partial \bar{C}}{\partial t} + \mu S_t \frac{\partial \bar{C}}{\partial S} + \frac{1}{2}\sigma^2 S_t^2 \frac{\partial^2 \bar{C}}{\partial S^2} \right) dt + \sigma S_t \frac{\partial \bar{C}}{\partial S}\, dW_t
\end{aligned}$$

となる. ここで不確実項 $\sigma S_t \dfrac{\partial \bar{C}}{\partial S}\, dW_t$ を消すために次のポートフォリオを考える. コールオプション 1 単位 + 株の現物 $\left(-\dfrac{\partial \bar{C}}{\partial S} \right)$ 単位からなるポートフォリオを V_t とする. このポートフォリオの価値増分は,

$$dV_t = d\bar{C} + \left(-\frac{\partial \bar{C}}{\partial S} \right) dS_t$$

$$= \Big(\frac{\partial \bar{C}}{\partial t} + \mu S_t \frac{\partial \bar{C}}{\partial S} + \frac{1}{2}\sigma^2 S_t^2 \frac{\partial^2 \bar{C}}{\partial S^2}\Big) dt + \sigma S_t \frac{\partial \bar{C}}{\partial S} dW_t$$
$$+ \Big(-\frac{\partial \bar{C}}{\partial S}\Big)(\mu S_t\, dt + \sigma S_t\, dW_t)$$
$$= \Big(\frac{\partial \bar{C}}{\partial t} + \frac{1}{2}\sigma^2 S_t^2 \frac{\partial^2 \bar{C}}{\partial S^2}\Big) dt$$

である.不確実項がなくなったので,このポートフォリオは無リスクポートフォリオとなり,無裁定の仮定より安全債券の収益 $(rV_t\,dt)$ と同じでなければならない.すなわち,

$$\Big(\frac{\partial \bar{C}}{\partial t} + \frac{1}{2}\sigma^2 S_t^2 \frac{\partial^2 \bar{C}}{\partial S^2}\Big) dt = rV_t\, dt$$

である.これより,

$$\frac{\partial \bar{C}}{\partial t} + \frac{1}{2}\sigma^2 S_t^2 \frac{\partial^2 \bar{C}}{\partial S^2} = r\Big(\bar{C} - \Big(\frac{\partial \bar{C}}{\partial S}\Big)S_t\Big)$$

つまり

$$\frac{\partial \bar{C}}{\partial t} + rS_t \frac{\partial \bar{C}}{\partial S} + \frac{1}{2}\sigma^2 S_t^2 \frac{\partial^2 \bar{C}}{\partial S^2} - r\bar{C} = 0$$

が成り立つ.よって

$$\frac{\partial \bar{C}}{\partial t} + rS \frac{\partial \bar{C}}{\partial S} + \frac{1}{2}\sigma^2 S^2 \frac{\partial^2 \bar{C}}{\partial S^2} - r\bar{C} = 0$$

となる.また境界条件 $\bar{C}(T,S) = f(S)$ を満たす.これがブラックとショールズが導いたブラック・ショールズ偏微分方程式で,これを解いて,コールオプション価格式を導出したのであった.解き方であるが,$\log S = u$ と変数変換して熱偏微分方程式に帰着させ,フーリエ変換して解く方法もあるが,ファインマン・カッツの定理(定理 6.2)を用い

$$dS_t = rS_t\,dt + \sigma S_t\,dW_t, \quad S_0 = S$$

の解をとり

$$\bar{C}(t,S) = E[e^{-r(T-t)} f(S_{T-t})]$$

と表現できることを用いれば

$$S_{T-t} = Se^{(r-\frac{1}{2}\sigma^2)(T-t)+\sigma W_{T-t}}$$

となるので

$$\bar{C}(t,S) = e^{-r(T-t)} E[f(Se^{(r-\frac{1}{2}\sigma^2)(T-t)+\sigma W_{T-t}})]$$
$$= e^{-r(T-t)} \int_{-\infty}^{+\infty} f(Se^{(r-\frac{1}{2}\sigma^2)(T-t)+\sigma\sqrt{T-t}x}) \frac{1}{\sqrt{2\pi}} e^{-\frac{1}{2}x^2} \, dx$$

となる．後はこの積分を実行し，たとえば $f(S) = \max(S-K, 0)$ なら前にも計算したようにコールオプション価格式が得られるのである．

7.3 いろいろなエキゾティックオプション

7.3.1 エキゾティックオプションとは

通常，デリバティブは図 7.1 の 2 種類に分類される．

$$\text{デリバティブ} \begin{cases} \text{プレインバニラ} \begin{cases} \text{先物} \\ \text{コールオプション} \\ \text{プットオプション} \end{cases} \\ \text{エキゾティックオプション} \end{cases}$$

図 7.1 株式デリバティブの種類（図 1.1 再掲）

この分類からもわかるように，**エキゾティックオプション** (exotic option) は標準的ではないオプションのことで，通常相対取引で売買される．相対取引とは，取引所で取引される標準的な契約ではなく，当事者間で結ばれる契約である．また，通常のオプションではそのペイオフが満期時の株価のみに依存するのに対し，エキゾティックオプションは経路依存型（株価の過去の履歴に依存するもの）が多く，種類も豊富である．そのうちのいくつかをここで紹介しよう．ただし，それらの価格と複製ポートフォリオの計算は紙面の都合上その多くを省略せざるを得ない．エキゾティックオプションといってもすべて数学的には，$\mathcal{F}_T$ 可測確率変数（時刻 T までの W_s で決まる確率変数（ウィーナー (Wiener) 汎関数））であり，価格計算はこの章で述べた処方箋にのっとって実行すればよいだけである．とはいっても実際の計算は大変であり，閉形式が求まらない場合もたくさん存在する．また，価格が求まったとしてもそれから複製ポートフォリオを求めるにはマルチンゲール表現定理を用いてデルタヘッジを計算しなければならず，大変であることのほうが多いことに注意する必要がある（デルタヘッジは抽象的には存

在は示されているがすべてのウィーナー汎関数に通用する求め方は存在せず個々に当たらねばならない）．

7.3.2 アベレージオプション（アジアンオプション，平均オプションともいう）[17, 32, 42]

はずれ値に影響されにくいという特徴があり，特に取引高の少ない商品に使われることが多い．また，ボラティリティも小さいためオプション料も安く，ヘッジングコストを軽減できる．このタイプのオプションには，

相加平均フィックスドストライクオプション（$\max(A_T - K, 0)$）
相加平均フローティングストライクオプション（$\max(S_T - A_T, 0)$）
幾何平均フィックスドストライクオプション（$\max(G_T - K, 0)$）
幾何平均フローティングストライクオプション（$\max(S_T - G_T, 0)$）

などがある．

ここで，

$$A_T = \frac{1}{T} \int_0^T S_t \, dt \quad \text{（相加平均）}$$

$$G_T = e^{\frac{1}{T} \int_0^T \log S_t \, dt} \quad \text{（幾何平均）}$$

である．S_t は t 時点の株価である．詳細は参考文献に譲る．7.4 節の計算も参照のこと．

7.3.3 バリアオプション [4, 7, 36]

代表的なバリアオプションにはノックインオプションとノックアウトオプションがある．

「満期以前に株価がある値 A に到達すれば，そこからオプション契約発生，もし満期時まで株価がその値に到達しなければオプション契約消滅」という付帯条件のあるオプション契約がノックインオプションで，「満期以前に株価がある値 A に到達すれば，オプション契約消滅，もし満期時まで株価がその値に到達しなければオプション契約発生」という付帯条件のあるオプション契約がノックアウトオプションである．付帯条件中のある値 A のことをバーと呼ぶ．どちらも付帯条件がある分，オプション料が安くてすむという特徴がある．

ノックインコールオプションのペイオフは　　$1_{\{\tau < T\}} \max(S_T - K, 0)$
ノックアウトコールオプションのペイオフは　$1_{\{\tau > T\}} \max(S_T - K, 0)$

となる．ここで

$$\tau = \inf\{t | S_t = A\}, \quad 1_C(\omega) = \begin{cases} 1 & \cdots \omega \in C \\ 0 & \cdots \omega \notin C \end{cases}$$

である．しかしこの形のバリアオプションには，株価がバーに近づいたとき，オプション発行者が株を空売りするような人工的金融操作で，株価をバーに瞬間的にタッチさせ，支払いを免れるというような不正が可能になるという問題点がある[44,45]．そこで，7.3.7 項で説明するような新しいバリアオプション（江戸っ子オプションなど）が重宝されると思われる．

7.3.4 コンパウンドオプション [26, 36]

$T_2 > T_1$ として，時点 T_1 で満期 T_2 のオプションを K で買う（または売る）ことのできる権利のことをコンパウンドオプションという．コールオプション，プットオプションそのものがボラティリティと密接な関係を持ち，オプションの意味を考えてもすぐにわかるようにボラティリティが大きければ大きいほどオプション保有は有利で，ボラティリティが小さいとオプション保有は不利である．こういった意味でボラティリティそのものをオプションと同一視し，ボラティリティをヘッジする代替手段としてコンパウンドオプションを用いるのである．ボラティリティはマーケットにとって非常に大事な指標であり，したがってコンパウンドオプションにも重要な存在意義がある．ただ，最近ではシカゴ商品取引所でボラティリティ指数先物やオプションが取引されている．

コンパウンドオプションのペイオフは $\max(C(T_1, S_{T_1}) - K_1, 0)$ である．ここで，$C(t, S_t)$ は時点 t，株価 S_t における満期 T_2，行使価格 K_2 のコールオプションの価値である．

7.3.5 ルックバックオプション [8, 28, 36]

満期以前の株価の最大値（または最小値）に関するオプションをルックバックオプションという．最大値，最小値どちらにしてもはずれ値を相手にするのでボラティリティが高くなり権利行使されやすくオプション保有者は有利である．もちろん，その分オプション料は非常に高くなってしまう．

フィックスドストライクルックバックオプションのペイオフは
$$\max(M_T - K, 0),$$
フローティングストライクルックバックオプションのペイオフは
$$\max(M_T - S_T, 0)$$
である．ここで，$M_T = \max_{0 \leqq t \leqq T}(S_t)$．

7.3.6 αパーセンタイルオプション（クォンタイルオプション）[1, 9, 11, 18, 23, 33, 35, 43]

αパーセンタイルオプションは株価過程の順序統計量に基づくオプションで，はずれ値に強いという特徴がある．たとえばルックバックオプションでの最大値（100%点）の代わりに株価過程の75%点（4分位点）を用いるのである．一橋大学国際企業戦略研究科名誉教授の三浦良造氏が考案された．また，価格計算と複製ポートフォリオ構築は立命館大学理学部教授の赤堀次郎氏と筆者が行った．

αパーセンタイルフィックスドストライクオプションの価格は
$$\max(A(T,\alpha) - K, 0),$$
αパーセンタイルフローティングストライクオプションの価格は
$$\max(S_T - A(T,\alpha), 0),$$
α, β パーセンタイルオプションの価格は
$$\max(A(T,\alpha) - A(T,\beta), K)$$
である．ここで，$A(T,\alpha)$ は株価過程の上側 α パーセンタイル点を指している．

7.3.7 江戸っ子オプション（新しいバリアオプション）[20]

A 江戸っ子オプションとは

従来のノックアウトバリアオプションは，ワンタッチオプション (one touch option)，つまり原資産 S_t（ここでは簡単のため株価過程とするが，ほかのリスク商品でもよい）が，あるバーに一瞬でも到達すれば（つまり，ワンタッチすれば），デリバティブ契約消滅（つまり，ノックアウト）となるものである．これではオプション発行者が原資産 S_t がバーにある程度近づいたとき空売りし，すぐに買い戻すような人工的金融操作で故意に支払いを免れるような不正が，ある程度可能になる懸念がある[44, 45]．

そこで，以下のようなバリアオプションの枠組みを考える．まず，現時点 ($t = 0$) から満期時点 ($t = T$) までの期間を次の3つ（正確にいうと最大3つで，1つ，2つの場合もある）に分類する．

τ をある停止時間（ここでは簡単のため $\tau = \inf\{t|S_t = A\}$，つまり原資産 S_t がある下方バー A に到達する時間とするが，ほかの停止時間にとることも可能である）とし，この τ をファーストトリガータイム (1st. trigger time) またはコーションタイム (caution time)，$R_s = \{t|0 \leq t < \tau\}$ をセーフティリージョン (safty region) と呼び，この期間である限り，デリバティブは「安全」，つまり，デリバティブ契約は消滅しないものとする．また，$R_C = \{t|t \geq \tau\}$ をコーション

リージョン (caution region) とし，この期間にあるデリバティブは caution, すなわち「警告」を受けており，契約消滅の可能性があるものとする．また普通はいったん「警告」を受ければそれは消えないものとするが，後で述べるようにそうでないように契約することも可能とする．

実際，契約消滅かどうかは以下のように決めるものとする．σ を τ と別の random time で，セカンドトリガータイム (2nd. trigger time) またはノックアウトタイム (K.O.time) とし，

(1) $\sigma \geqq \tau$
(2) $\sigma = \sigma(\tau)$ （つまり，σ は τ に依存してもよい確率変数である）
(3) σ は $\mathcal{F}_T$ 可測確率変数（必ずしも停止時間である必要はなく，満期時 T において，その値が確定していれば十分である）

を満たすものとする．

これを用いて，$R_{K.O.} = \{t|T \geqq t \geqq \sigma\}$ をノックアウトリージョン (knock out region) とし，$R_{K.O.} \neq \emptyset$ ならデリバティブ契約は消滅するものとする．いいかえると，$\sigma \leqq T$ つまり，満期時 T 以前に σ が発生すれば，デリバティブ契約はノックアウトとするものである．これらの枠組みを用いて，caution threshold A, コーションタイム τ, ノックアウトタイム σ, ノックアウトリージョン $R_{K.O.}$ などを調整することにより，バリアオプションの設計は従来よりももっとフレキシブルになると考えられる．また，オプションホルダーには，さらに，コーションタイム τ が発生したとき，追加料金を払うことによって「警告」から脱することもできる．つまり，「安全」に戻ることもできるとするオプション条項を与えることも可能となる（カードゲームのブラックジャックにおける「保険」のルール，「インシュランス (Insurance)」のようなものと考えてよい）．

これらの枠組みにある新しいバリアオプションを，「江戸っ子オプション (Edokko option, Edokko barrier option または Tokyo option)」と呼ぶものとし，この「まず警告，次にノックアウト」の枠組みを「江戸っ子フレームワーク (Edokko framework)」と呼ぶものとする．なお，この「江戸っ子オプション，江戸っ子フレームワーク」は，先行研究[5],[6],[33]を一般化して筆者と一橋大学国際企業戦略研究科名誉教授の三浦良造氏の共同で開発したものである[20]．以下の例では，ノックアウトタイム，セカンドトリガータイム σ が完全にコーションタイム τ に依存するもの，特に σ が remaining caution time $(T - \tau)$ に依存するようなものを示しているが，ほかにもいろいろ考えられると思われる．

B 江戸っ子オプションの例

例 7.1 (ワンタッチオプション (従来のバリアオプション))

$R_C = R_{\text{K.O.}}$, つまり従来のバリアオプションでは, 「警告」即「ノックアウト」となってしまうのである.

以下の例は, すべて
(1) 不正な人工的金融操作による契約消滅をやりにくくする
(2) ブラック・ショールズモデルにおいて, 価格式の閉形式が存在する
(3) オプション契約の内容が比較的簡単で理解しやすい

という特徴を備えている. また, 以下の例ではファーストトリガータイム $\tau_A = \inf\{t|S_t = A\}$, つまり株価過程 S_t が threshold A にぶつかる最初の時間とする.

例 7.2 (delayed barrier option あるいは cumulative Parisian option [5, 6, 33])

$\alpha \, (0 < \alpha < 1)$ について,

$$\sigma = \inf\left\{t \,\Big|\, \int_0^t 1_{(-\infty, A]}(S_u)\, du \geqq \alpha T\right\}, \quad R_{\text{K.O.}} = [\sigma, T]$$

例 7.2' (cumulative Parisian Edokko option)

$\alpha \, (0 < \alpha < 1)$ について,

$$\sigma = \inf\left\{t \,\Big|\, \int_{\tau_A}^t 1_{(-\infty, A]}(S_u)\, du \geqq \alpha(T - \tau_A)\right\}, \quad R_{\text{K.O.}} = [\sigma, T]$$

注意

$$\frac{\int_{\tau_A}^t 1_{(-\infty, A]}(S_u)\, du}{T - \tau_A} \geqq \alpha \iff S_u の\alpha パーセンタイル (\tau_A \leqq u \leqq T) \leqq A$$

つまり, この場合, τ_A 以降, T までの (警告領域にいる) 株価過程の α-順序統計量が A を下回るとノックアウトとすることである.

例 7.3 (パリジャンオプション [5, 6])

定数 D について

$$\sigma = \inf\{t \,|\, \text{the length of the current excursion below under the level A straddling } t \geqq D\} + D$$

$R_{\text{K.O.}} = [\sigma, T]$

例 7.3' （パリジャン江戸っ子オプション）
$\alpha\,(0<\alpha<1)$ について，
$$\sigma = \inf\{t \mid \text{the length of the current excursion below under the level A} \\ \text{straddling } t \geqq \alpha(T-\tau_A)\} + \alpha(T-\tau_A)$$
$R_{\text{K.O.}} = [\sigma, T]$

注意 普通の言葉になおすと，株価過程がバー A を下回ることが満期時 T までに $\alpha(T-\tau_A)$ 時間以上連続して起こることがあれば，ノックアウトとすることである．

注意 要するにオプションを消滅させるには，大きな負のジャンプを起こさないように少しずつ空売りして株価を下げていくか，一度に大量に空売りして下方バリア A にぶつけて，その後 η 時間，株価を低水準に維持するかしなければならず，いずれにせよ面倒な話で，株価操縦に対する一定の抑止効果は持っているものと思われる．

7.3.8 その他のエキゾティックオプション

文献 [21] では以下の 2 つの経路依存型オプションの価格計算を行っている．
$$1_{(L_T<l)}\max(e^{aM_T+bW_T}-K,0), \quad 1_{(M_T^S\leqq\beta)}\max\left(\int_0^T 1_{(S_t\geqq\alpha)}\,dt - K, 0\right)$$
ただし $M_T = \sup_{t\leqq T} W_t$, $M_T^S = \sup_{t\leqq T} S_t$ で，L_T は local time であり，定義は以下の通りである．
$$L_T = \lim_{\varepsilon\to 0}\frac{1}{2\varepsilon}\int_0^T 1_{(|W_t|\leqq\varepsilon)}\,dt$$

7.4 エキゾティックオプションの価格

以下，各エキゾティックオプションの価格式をブラック・ショールズモデルにおいて，閉形式（具体的な形）の価格式として求める．

リスク中立確率測度 Q においては，
$$dS_t = rS_t\,dt + \sigma S_t\,dW_t,\ S_0 = S \Leftrightarrow S_t = Se^{(r-\frac{1}{2}\sigma^2)t+\sigma W_t}$$
であり，

満期 T におけるペイオフが $f(S_u, u \leqq T)$ のデリバティブの価格
$$= E[e^{-rT} f(S_u, u \leqq T)]$$
となることを以降用いる.

7.4.1 ルックバックオプションの価格

定理 5.8 の同時密度関数を用いてエキゾティックオプションの 1 つであるルックバックオプションの価格が計算できるのでこれを求めてみよう.

まずルックバックオプションとは, デリバティブのペイオフが満期時 T の株価のみに依存するオプションとは異なり, それより過去の株価過程の履歴にも依存するオプション (パスディペンデントオプション, 経路依存型オプション) となるエキゾティックオプションの一種である. ルックバックオプションの種類にもいろいろあるが, ここではフィックスドストライクルックバックオプション (ペイオフは $\max(M_T - K, 0)$, ただし K は定数で $M_T = \max_{0 \leqq t \leqq T} S_t$), フローティングストライクルックバックオプション (ペイオフは $\max(M_T - S_T, 0)$) をとりあげ価格計算を実行してみよう.

フローティングストライクルックバックオプションのほうが簡単なので, まずこれを調べよう.

必ず $M_T - S_T \geqq 0$ なので $\max(M_T - S_T, 0) = M_T - S_T$ である. よってデリバティブの価格は
$$\begin{aligned} E_0 &= E[e^{-rT}(M_T - S_T)] \\ &= e^{-rT} E[M_T] - e^{-rT} E[S_T] = e^{-rT} E[M_T] - S \end{aligned}$$
である. これを計算する. あとは
$$M_T = \max_{0 \leqq t \leqq T} S e^{(r - \frac{1}{2}\sigma^2)t + \sigma W_t} = S e^{\max_{0 \leqq t \leqq T}((r - \frac{1}{2}\sigma^2)t + \sigma W_t)} = S e^{M_T^{r - \frac{1}{2}\sigma^2, \sigma}}$$
に対して $E(M_T)$ を計算すればよい.

例題 6.6 より $M_T^{\mu, \sigma}$ の密度関数 $f_{M_T^{\mu, \sigma}}(x)$ は
$$f_{M_T^{\mu, \sigma}}(x) = \frac{2}{\sigma \sqrt{2\pi T}} e^{-\frac{(x - \mu T)^2}{2\sigma^2 T}} - \frac{2\mu}{\sigma^2} e^{\frac{2\mu}{\sigma^2} x} \Phi\left(-\frac{x + \mu T}{\sigma \sqrt{T}}\right)$$
である. よってデリバティブの価格は,

$$e^{-rT}E(M_T) - S = Se^{-rT}E(e^{M_T^{r-\frac{1}{2}\sigma^2,\sigma}}) - S$$
$$= Se^{-rT}\int_0^{+\infty} e^x \Big(\frac{2}{\sigma\sqrt{2\pi T}}e^{-\frac{(x-\mu T)^2}{2\sigma^2 T}} - \frac{2\mu}{\sigma^2}e^{\frac{2\mu}{\sigma^2}x}\Phi\Big(-\frac{x+\mu T}{\sigma\sqrt{T}}\Big)\Big) dx - S$$
(ここで $\mu = r - \frac{1}{2}\sigma^2$ とおいた)
$$= \cdots$$
$$= \frac{\sigma^2 S}{2r}\Big(\Phi\Big(\frac{r+\frac{1}{2}\sigma^2}{\sigma}\sqrt{T}\Big) - e^{-rT}\Phi\Big(-\frac{r-\frac{1}{2}\sigma^2}{\sigma}\sqrt{T}\Big)\Big)$$
$$+ S\Phi\Big(\frac{r+\frac{1}{2}\sigma^2}{\sigma}\sqrt{T}\Big) - Se^{-rT}\Phi\Big(\frac{r-\frac{1}{2}\sigma^2}{\sigma}\sqrt{T}\Big) + Se^{-rT} - S$$

注意 最後の式の 2 行目は行使価格 S のプットオプション価格となっている.

練習問題 7.10 前述の途中の計算はかなり長いので省略した.これを確かめよ.

同様な計算でフィックスドストライクルックバックオプションの価格は
$$e^{-rT}E[\max(Se^{M_T^{r-\frac{1}{2}\sigma^2,\sigma}} - K, 0)]$$
$$= e^{-rT}\int_{Se^x - K \geq 0}(Se^x - K)\Big(\frac{2}{\sigma\sqrt{2\pi T}}e^{-\frac{(x-\mu T)^2}{2\sigma^2 T}} - \frac{2\mu}{\sigma^2}e^{\frac{2\mu}{\sigma^2}x}\Phi\Big(-\frac{x+\mu T}{\sigma\sqrt{T}}\Big)\Big) dx$$
($\mu = r - \frac{1}{2}\sigma^2$)
$$= Se^{-rT}\int_{\log\frac{K}{S}}^{+\infty} e^x \Big(\frac{2}{\sigma\sqrt{2\pi T}}e^{-\frac{(x-\mu T)^2}{2\sigma^2 T}} - \frac{2\mu}{\sigma^2}e^{\frac{2\mu}{\sigma^2}x}\Phi\Big(-\frac{x+\mu T}{\sigma\sqrt{T}}\Big)\Big) dx$$
$$- Ke^{-rT}\int_{\log\frac{K}{S}}^{+\infty} \Big(\frac{2}{\sigma\sqrt{2\pi T}}e^{-\frac{(x-\mu T)^2}{2\sigma^2 T}} - \frac{2\mu}{\sigma^2}e^{\frac{2\mu}{\sigma^2}x}\Phi\Big(-\frac{x+\mu T}{\sigma\sqrt{T}}\Big)\Big) dx$$
$$= \cdots$$
$$= S\Phi\Big(\frac{\log\frac{S}{K} + (r+\frac{1}{2}\sigma^2)T}{\sigma\sqrt{T}}\Big) - Ke^{-rT}\Phi\Big(\frac{\log\frac{S}{K} + (r-\frac{1}{2}\sigma^2)T}{\sigma\sqrt{T}}\Big)$$
$$+ \frac{S\sigma^2}{2r}\Big(\Phi\Big(\frac{\log\frac{S}{K} + (r+\frac{1}{2}\sigma^2)T}{\sigma\sqrt{T}}\Big) - e^{-rT}\Big(\frac{K}{S}\Big)^{\frac{2r}{\sigma^2}}\Phi\Big(\frac{\log\frac{S}{K} - (r-\frac{1}{2}\sigma^2)T}{\sigma\sqrt{T}}\Big)\Big)$$
となる.

練習問題 7.11 上の途中計算を確かめよ.

7.4.2 幾何平均フィックスドストライクオプションの価格

まず A, σ, K を定数として

$$E[\max(Ae^{\sigma N(0,1) - \frac{1}{2}\sigma^2} - K, 0)]$$
$$= \int_{\frac{1}{\sigma}(\log \frac{K}{A} + \frac{1}{2}\sigma^2)}^{+\infty} (Ae^{\sigma x - \frac{1}{2}\sigma^2} - K) \frac{1}{\sqrt{2\pi}} e^{-\frac{1}{2}x^2} dx$$
$$= A \int_{\frac{1}{\sigma}(\log \frac{K}{A} + \frac{1}{2}\sigma^2)}^{+\infty} \frac{1}{\sqrt{2\pi}} e^{-\frac{1}{2}(x-\sigma)^2} dx - K \int_{\frac{1}{\sigma}(\log \frac{K}{A} + \frac{1}{2}\sigma^2)}^{+\infty} \frac{1}{\sqrt{2\pi}} e^{-\frac{1}{2}x^2} dx$$
$$= A\Phi\Big(\frac{1}{\sigma}\Big(\log \frac{A}{K} + \frac{1}{2}\sigma^2\Big)\Big) - K\Phi\Big(\frac{1}{\sigma}\Big(\log \frac{A}{K} - \frac{1}{2}\sigma^2\Big)\Big)$$

に注意する．

また

$$E\Big(\frac{1}{T}\int_0^T W_u \, du\Big) = \frac{1}{T}\int_0^T E(W_u)\, du = 0$$

$$E\Big(\Big(\frac{1}{T}\int_0^T W_u \, du\Big)^2\Big) = \frac{1}{T^2}\iint_{\substack{0 \leq u \leq T \\ 0 \leq v \leq T}} E(W_u W_v)\, du dv$$
$$= \frac{2}{T^2}\iint_{0 \leq u \leq v \leq T} u\, du dv = \frac{1}{3}T$$

である．よって

$$V\Big(\frac{1}{T}\int_0^T W_u \, du\Big) = \frac{1}{3}T$$

$$G_T = e^{\frac{1}{T}\int_0^T \log S_u \, du} = Se^{\frac{1}{2}(r - \frac{1}{2}\sigma^2)T + \sigma \frac{1}{T}\int_0^T W_u \, du}$$

に注意して，幾何平均フィックスドストライクオプションの価格は

$$E(e^{-rT}\max(G_T - K, 0))$$
$$= e^{-rT}E[\max(Se^{\frac{1}{2}(r - \frac{1}{2}\sigma^2)T + \frac{\sigma^2}{6}T} e^{\frac{\sigma\sqrt{T}}{\sqrt{3}}N(0,1) - \frac{\sigma^2 T}{6}} - K, 0)]$$
$$= e^{-rT}Se^{\frac{1}{2}(r - \frac{1}{2}\sigma^2)T + \frac{\sigma^2}{6}T}$$
$$\quad \Phi\Big(\frac{\sqrt{3}}{\sigma\sqrt{T}}\Big(\log \frac{S}{K} + \frac{1}{2}\Big(r - \frac{1}{6}\sigma^2\Big)T + \frac{1}{2}\Big(\frac{\sigma\sqrt{T}}{\sqrt{3}}\Big)^2\Big)\Big)$$
$$\quad - Ke^{-rT}\Phi\Big(\frac{\sqrt{3}}{\sigma\sqrt{T}}\Big(\log \frac{S}{K} + \frac{1}{2}\Big(r - \frac{1}{6}\sigma^2\Big)T - \frac{1}{2}\Big(\frac{\sigma\sqrt{T}}{\sqrt{3}}\Big)^2\Big)\Big)$$

$$= S e^{-\frac{1}{2}(r+\frac{1}{6}\sigma^2)T} \Phi\Big(\frac{\sqrt{3}}{\sigma\sqrt{T}}\Big(\log\frac{S}{K} + \frac{1}{2}\Big(r+\frac{1}{6}\sigma^2\Big)T\Big)\Big)$$
$$- K e^{-rT} \Phi\Big(\frac{\sqrt{3}}{\sigma\sqrt{T}}\Big(\log\frac{S}{K} + \frac{1}{2}\Big(r-\frac{1}{2}\sigma^2\Big)T\Big)\Big)$$

となる.

7.4.3 幾何平均フローティングストライクオプションの価格

価格計算の前にエッシャー変換について補足したい．定理 6.4 の後の注意では 1 次元正規分布のエッシャー変換について説明したが，2 次元正規分布（8.3.2 項）に関しても同様に，2 次元モーメント母関数を利用して平均をずらすことができる．

実際，P のもとで $(X,Y) \sim \mathrm{N}\left(\begin{pmatrix}\mu_1\\\mu_2\end{pmatrix},\begin{pmatrix}\sigma_1^2 & \sigma_{12}\\\sigma_{12} & \sigma_2^2\end{pmatrix}\right)$ として，(X,Y) に関する事象 A に対して確率測度 $\mathbb{Q}^{\gamma,\delta}(A)$ を $\mathbb{Q}^{\gamma,\delta}(A) (= E^{\mathbb{Q}^{\gamma,\delta}}(1_A)) = E\Big[\frac{e^{\gamma X + \delta Y}}{E[e^{\gamma X + \delta Y}]}1_A\Big]$ と定義する．このとき，$\mathbb{Q}^{\gamma,\delta}$ のもとでの (X,Y) のモーメント母関数は以下のように計算される．

$$E^{\mathbb{Q}^{\gamma,\delta}}[e^{\alpha X + \beta Y}] = E\Big[\frac{e^{\gamma X + \delta Y}}{E[e^{\gamma X + \delta Y}]}e^{\alpha X + \beta Y}\Big] = \frac{E[e^{(\alpha+\gamma)X + (\beta+\delta)Y}]}{E[e^{\gamma X + \delta Y}]}$$
$$= \frac{e^{(\alpha+\gamma)\mu_1 + (\beta+\delta)\mu_2 + \frac{1}{2}(\alpha+\gamma)^2\sigma_1^2 + (\alpha+\gamma)(\beta+\delta)\sigma_{12} + \frac{1}{2}(\beta+\delta)^2\sigma_2^2}}{e^{\gamma\mu_1 + \delta\mu_2 + \frac{1}{2}\gamma^2\sigma_1^2 + \gamma\delta\sigma_{12} + \frac{1}{2}\delta^2\sigma_2^2}}$$
$$= e^{\alpha(\mu_1+\gamma\sigma_1^2+\delta\sigma_{12}) + \beta(\mu_2+\delta\sigma_2^2+\gamma\sigma_{12}) + \frac{1}{2}\alpha^2\sigma_1^2 + \alpha\beta\sigma_{12} + \frac{1}{2}\beta^2\sigma_2^2}$$

よって $\mathbb{Q}^{\gamma,\delta}$ のもとで $(X,Y) \sim \mathrm{N}\left(\begin{pmatrix}\mu_1+\gamma\sigma_1^2+\delta\sigma_{12}\\\mu_2+\delta\sigma_2^2+\gamma\sigma_{12}\end{pmatrix},\begin{pmatrix}\sigma_1^2 & \sigma_{12}\\\sigma_{12} & \sigma_2^2\end{pmatrix}\right)$ となり，特に $\mathbb{Q}^{\gamma,0}$ のもとで $(X,Y) \sim \mathrm{N}\left(\begin{pmatrix}\mu_1+\gamma\sigma_1^2\\\mu_2+\gamma\sigma_{12}\end{pmatrix},\begin{pmatrix}\sigma_1^2 & \sigma_{12}\\\sigma_{12} & \sigma_2^2\end{pmatrix}\right)$ となる.

以上をふまえて幾何平均フローティングストライクオプションの価格

$$E[e^{-rT}\max(S_T - G_T, 0)] = e^{-rT}E[S_T 1_{(S_T \geqq G_T)}] - e^{-rT}E[G_T 1_{(S_T \geqq G_T)}]$$

を計算すると，まず

$$A = E[S_T 1_{(S_T \geqq G_T)}] = Se^{rT} E\Big[\frac{e^{\sigma W_T}}{E[e^{\sigma W_T}]} 1_{\big(-W_T + \frac{1}{T}\int_0^T W_u\, du \leqq \frac{T}{2}\frac{r-\frac{1}{2}\sigma^2}{\sigma}\big)}\Big]$$
$$= Se^{rT} Q\Big(-(W_T + \sigma T) + \frac{1}{T}\Big(\int_0^T W_u\, du + \sigma\frac{T^2}{2}\Big) \leqq \frac{T}{2}\frac{r-\frac{1}{2}\sigma^2}{\sigma}\Big)$$

（∵ 先述の 2 次元エッシャー変換による．また，96 ページの結果より

$$\mathrm{Cov}\Big(W_T, \int_0^T W_u\, du\Big) = \frac{T^2}{2}$$ であることに注意.)

$$= Se^{rT} Q\Big(\frac{-W_T+\frac{1}{T}\int_0^T W_u\,du}{\sqrt{V(-W_T+\frac{1}{T}\int_0^T W_u\,du)}} \leq \frac{\frac{T}{2\sigma}(r+\frac{1}{2}\sigma^2)}{\sqrt{T-\frac{2}{T}\frac{T^2}{2}+\frac{1}{T^2}\frac{T^3}{3}}}\Big)$$

$$= Se^{rT}\Phi\Big(\frac{r+\frac{1}{2}\sigma^2}{2\sigma}\sqrt{3T}\Big)$$

である.一方,

$$B = E[G_T 1_{(S_T \geq G_T)}]$$

$$= Se^{\frac{1}{2}rT-\frac{1}{4}\sigma^2 T} E[e^{\frac{\sigma}{T}\int_0^T W_u\,du}]$$

$$\times E\Big[\frac{e^{\frac{\sigma}{T}\int_0^T W_u\,du}}{E[e^{\frac{\sigma}{T}\int_0^T W_u\,du}]} 1_{\left(-W_T+\frac{1}{T}\int_0^T W_u\,du \leq \frac{T}{2}\frac{r-\frac{1}{2}\sigma^2}{\sigma}\right)}\Big]$$

$$= Se^{\frac{1}{2}rT-\frac{1}{12}\sigma^2 T}$$

$$\times Q\Big(-(W_T+\frac{\sigma}{T}\frac{T^2}{2})+\frac{1}{T}\Big(\int_0^T W_u\,du + \frac{\sigma}{T}\frac{T^3}{3}\Big) \leq \frac{T}{2}\frac{r-\frac{1}{2}\sigma^2}{\sigma}\Big)$$

(∵ 2 次元のエッシャー変換による)

$$= Se^{\frac{1}{2}rT-\frac{1}{12}\sigma^2 T} Q\Big(\frac{-W_T+\frac{1}{T}\int_0^T W_u\,du}{\sqrt{V(-W_T+\frac{1}{T}\int_0^T W_u\,du)}} \leq \frac{\frac{T}{12\sigma}(6r-\sigma^2)}{\sqrt{\frac{T}{3}}}\Big)$$

$$= Se^{\frac{1}{2}rT-\frac{1}{12}\sigma^2 T}\Phi\Big(\frac{6r-\sigma^2}{12\sigma}\sqrt{3T}\Big)$$

である.以上により

$$E[e^{-rT}\max(S_T-G_T,0)] = S\Phi\Big(\frac{r+\frac{1}{2}\sigma^2}{2\sigma}\sqrt{3T}\Big) - Se^{-\frac{T}{6}(r+\frac{\sigma^2}{6})}\Phi\Big(\frac{6r-\sigma^2}{12\sigma}\sqrt{3T}\Big)$$

となる.

注意 相加平均オプションについては,数学的にかなり難しくなるので省略せざるを得ない.[42]

7.4.4 バリアオプションの価格

ここではノックアウトオプション,特にダウンアンドアウトオプションの価格を求める.ダウンアンドアウトオプションとは $S_0 = S > A$ として,T の前に A にぶつかれば契約消滅となるバリアオプションである.バリア条件がない場合の満期におけるペイオフを $f(S_T)$ とすると,

ダウンアンドアウトオプションのペイオフは

$$1_{(\min_{0 \leq u \leq T} S_u > A)} f(S_T) = f(S_T) - 1_{(\min_{0 \leq u \leq T} S_u < A)} f(S_T)$$

となる.

ここで
$$1_{(\min_{0\leq u\leq T} S_u < A)} f(S_T)$$
$$= 1_{(\min_{0\leq u\leq T}(\sigma W_u + (r-\frac{1}{2}\sigma^2)u) < \log \frac{A}{S})} f(Se^{\sigma W_T + (r-\frac{1}{2}\sigma^2)T})$$
となるので
$$m_T^{(r-\frac{1}{2}\sigma^2),\sigma} = \min_{0\leq u\leq T}\left(\sigma W_u + \left(r - \frac{1}{2}\sigma^2\right)u\right)$$
$$W_T^{(r-\frac{1}{2}\sigma^2),\sigma} = \sigma W_T + \left(r - \frac{1}{2}\sigma^2\right)T$$
の同時密度関数がわかればよい．

カメロン・マルティンの定理（定理 6.4）より
$$E[h(m_T^{(r-\frac{1}{2}\sigma^2),\sigma}, W_T^{(r-\frac{1}{2}\sigma^2),\sigma})]$$
$$= E\Big[h\Big(\sigma \min_{0\leq u\leq T}\Big(W_u + \frac{1}{\sigma}\Big(r - \frac{1}{2}\sigma^2\Big)u\Big), \sigma\Big(W_T + \frac{1}{\sigma}\Big(r - \frac{1}{2}\sigma^2\Big)T\Big)\Big)\Big]$$
$$= E\Big[e^{\frac{1}{\sigma}(r-\frac{1}{2}\sigma^2)W_T - \frac{1}{2}\frac{1}{\sigma^2}(r-\frac{1}{2}\sigma^2)^2 T} h\Big(\sigma \min_{0\leq u\leq T} W_u, \sigma W_T\Big)\Big]$$
$$= E\Big[e^{-\frac{1}{\sigma}(r-\frac{1}{2}\sigma^2)\hat{W}_T - \frac{1}{2}\frac{1}{\sigma^2}(r-\frac{1}{2}\sigma^2)^2 T} h\Big(-\sigma \max_{0\leq u\leq T} \hat{W}_u, -\sigma \hat{W}_T\Big)\Big]$$

ただし $\hat{W}_t = -W_t$ とおいた．$\hat{W}_t$ もまたブラウン運動．
$$= \iint_{\substack{x\geq y \\ x\geq 0}} e^{-\frac{1}{\sigma}(r-\frac{1}{2}\sigma^2)y - \frac{1}{2}\frac{1}{\sigma^2}(r-\frac{1}{2}\sigma^2)^2 T} h(-\sigma x, -\sigma y) \frac{2(2x-y)}{\sqrt{2\pi T^3}} e^{-\frac{(2x-y)^2}{2T}} dxdy$$
$$= \iint_{\substack{x\leq y \\ x\leq 0}} e^{\frac{1}{\sigma^2}(r-\frac{1}{2}\sigma^2)y - \frac{1}{2}\frac{1}{\sigma^2}(r-\frac{1}{2}\sigma^2)^2 T} h(x,y) \frac{2(y-2x)}{\sqrt{2\pi T^3}} e^{-\frac{(y-2x)^2}{2\sigma^2 T}} \frac{1}{\sigma^3} dxdy$$

となる．つまり

同時密度関数 $f_{(m_T^{(r-\frac{1}{2}\sigma^2),\sigma}, W_T^{(r-\frac{1}{2}\sigma^2),\sigma})}(x,y)$
$$= \begin{cases} e^{\frac{1}{\sigma^2}(r-\frac{1}{2}\sigma^2)y - \frac{1}{2}\frac{1}{\sigma^2}(r-\frac{1}{2}\sigma^2)^2 T} \dfrac{2(y-2x)}{\sqrt{2\pi T^3}\sigma^3} e^{-\frac{(y-2x)^2}{2\sigma^2 T}} & \cdots x\leq 0, x\leq y \\ 0 & \cdots \text{その他} \end{cases}$$

となる．よってダウンアンドアウトオプションの価格は

$$E[e^{-rT}f(S_T)] - E[e^{-rT}1_{(m_T^{(r-\frac{1}{2}\sigma^2),\sigma}<\log\frac{A}{S})}f(Se^{\sigma W_T+(r-\frac{1}{2}\sigma^2)T})]$$
$$= E[e^{-rT}f(S_T)] - e^{-rT}\iint_{\substack{x<\log\frac{A}{S}\\x\leq y}} f(Se^y)e^{\frac{1}{\sigma^2}(r-\frac{1}{2}\sigma^2)y-\frac{1}{2}\frac{1}{\sigma^2}(r-\frac{1}{2}\sigma^2)^2 T}$$
$$\times \frac{2(y-2x)}{\sqrt{2\pi T^3}\sigma^3}e^{-\frac{(y-2x)^2}{2\sigma^2 T}}\,dxdy$$

となる.

特に行使価格 $K(>A)$ のコールオプションの場合, $f(S_T) = \max(S_T - K, 0)$ となるので上式に代入して, 行使価格 K, 初期株価 S のブラック・ショールズ式 (式 (7.5)) で価格式を $C(S,T)$ とすると,

$$\text{ダウンアンドアウトコールの価格} = C(S,T) - \left(\frac{A}{S}\right)^{2\frac{r}{\sigma^2}-1}C\left(\frac{A^2}{S},T\right)$$

となる.

練習問題 7.12　$x \leq 0$, $x \leq y$ に対して

$$P(m_T^{\mu,\sigma} \geq x, W_T^{\mu,\sigma} \geq y) = \Phi\left(-\frac{y-\mu T}{\sigma\sqrt{T}}\right) - e^{2\frac{\mu}{\sigma^2}x}\Phi\left(-\frac{y-2x-\mu T}{\sigma\sqrt{T}}\right)$$

を示し, これを用いて上で求めたダウンアンドアウトコールの価格式を導出せよ.

注意　その他, ダウンアンドイン, ダウンアンドインプットなどの場合があるが, すべて上のようにして求められることに注意しておく. また, ノックイン 1 単位＋ノックアウト 1 単位＝バリア条件なしのオプションであることも用いればよい.

7.4.5　α パーセンタイルオプションと江戸っ子オプションの価格

ここでは価格式を導くまでの手順を示してみよう.

X_t を連続確率過程とする.

$$A_X(t,x) = \frac{1}{t}\int_0^t 1_{(-\infty,x]}(X_s)\,ds$$
$$\left(\text{ここで } 1_{(-\infty,x]}(y) = \begin{cases} 1 & \cdots y \leq x \text{ のとき} \\ 0 & \cdots y > x \text{ のとき} \end{cases}\right)$$

とすると $A_X(t,\cdot)$ は増加関数となるので, 逆関数 $m_X(t,\cdot)$ が存在する.

つまり

$$A_X(t, m_X(t,\alpha)) = \alpha \,(0 < \alpha < 1)$$

$$m_X(t, A_X(t,x)) = x$$

$$A_X(t,x) > \alpha \Leftrightarrow m_X(t,\alpha) < x$$

が成立する．

$$m_X\left(t, \frac{1}{2}\right) = X_s\,(0 \leqq s \leqq t) \text{ のメディアン}$$

$$m_X(t, 1-0) = \max_{0 \leqq s \leqq t} X_s$$

などに注意して，$m_X(t,\alpha)$ を $X_s\,(0 \leqq s \leqq t)$ の α パーセンタイル，ペイオフが $m_X(T,\alpha)$ に関係するオプションを α パーセンタイル（クォンタイル）オプションと呼ぶ．これについては Miura[35] が導入し，その性質について研究を行い，その価格づけなどについては文献[1],[9],[11] などの論文で研究されている．また，この順序統計量は，はずれ値に影響されにくいという長所がある．

W_t をブラウン運動とし，まず，ブラウン運動と滞在時間の同時分布について次の定理を準備する．この定理は文献[15]において，ペイオフが $\max(S_T - m_S(T,\alpha), 0)$ の α パーセンタイルの価格づけの際，導出されたものである（Chesney *et al.*[5]，Linetsky[33] は別のやり方でプライシングを行っている）．また，周辺分布としてブラウン運動に関するいわゆる「アークサイン法則（6.3 節末）」が得られることに注意しておく．

定理 7.1

$$P\left(W_t \in da, \int_0^t 1_{(-\infty, 0]}(W_s)\,ds \in du\right)$$
$$= \begin{cases} \left(\int_u^t \dfrac{a}{2\pi\sqrt{s^3(t-s)^3}} e^{-\frac{a^2}{2(t-s)}}\,ds\right) da\,du & \text{for } a > 0 \\ \left(\int_0^u \dfrac{-a}{2\pi\sqrt{s^3(t-s)^3}} e^{-\frac{a^2}{2s}}\,ds\right) da\,du & \text{for } a < 0 \end{cases}$$

が成り立つ．

証明

$$f(t,x) = E[1_{[a,+\infty)}(x+W_t) e^{-\beta \int_0^t 1_{(-\infty,0]}(x+W_s)\,ds}] \qquad (\text{for } a > 0,\, \beta > 0)$$

を考える．するとファインマン・カッツの定理（定理6.2）より

$$\frac{\partial f}{\partial t} = \frac{1}{2}\frac{\partial^2 f}{\partial x^2} - \beta 1_{(-\infty,0]}(x)f$$
$$f(0,x) = 1_{[a,+\infty)}(x)$$

を満たす．

両辺をラプラス変換（8.4 節参照）して

$$\hat{f}(\xi,x) = \int_0^{+\infty} e^{-\xi t} f(t,x)\,dt$$

とおくと，

$$-1_{[a,+\infty)}(x) + \xi\hat{f} = \frac{1}{2}\frac{\partial^2 \hat{f}}{\partial x^2} - \beta 1_{(-\infty,0]}(x)\hat{f}$$

を得，$x=0$ と $x=a$ における境界条件を考慮して解くと，

$$\hat{f}(\xi,0) = \frac{e^{-\sqrt{2\xi}a}}{\sqrt{\xi}(\sqrt{\xi}+\sqrt{\xi+\beta})}$$

が得られる．

すると

$$-\frac{\partial \hat{f}}{\partial a}(\xi,0) = \sqrt{2}\frac{e^{-\sqrt{2\xi}a}}{\sqrt{\xi}+\sqrt{\xi+\beta}}$$

$$= \Big(\widehat{\frac{e^{-\beta t}-1}{(-\beta)\sqrt{2\pi t^3}}}\Big)\Big(\widehat{\frac{\sqrt{2}a}{2\sqrt{\pi t^3}}e^{-\frac{(\sqrt{2}a)^2}{4t}}}\Big)$$

$$= \Big(\widehat{\frac{1-e^{-\beta t}}{\sqrt{2\pi t^3}\beta} * \frac{a}{\sqrt{2\pi t^3}}e^{-\frac{a^2}{2t}}}\Big)$$

$$= \Big(\widehat{\int_0^t \frac{1}{\sqrt{2\pi s^3}}\frac{1-e^{-\beta s}}{\beta}\frac{a}{\sqrt{2\pi(t-s)^3}}e^{-\frac{a^2}{2(t-s)}}\,ds}\Big)$$

$$= \Big(\widehat{\int_0^t e^{-\beta u}\,du \int_u^t \frac{a}{2\pi\sqrt{s^3(t-s)^3}}e^{-\frac{a^2}{2(t-s)}}\,ds}\Big)$$

となり $a>0$ のときの等式が示された．$a<0$ についても同様である．

（定理 7.1 証明　終わり）

ギルサノフ・丸山の定理（定理 6.3）を適用すると，$X_t^{\mu,\sigma} = \sigma W_t + \mu t$ とおいて，

$\big(X_t^{\mu,\sigma}, \int_0^t 1_{(-\infty,0]}(X_s^{\mu,\sigma})\,ds\big)$ の同時密度関数 $g_{(X_t^{\mu,\sigma},\int_0^t 1_{(-\infty,0]}(X_s^{\mu,\sigma})\,ds)}(a,x)$ は

$$g_{(X_t^{\mu,\sigma},\int_0^t 1_{(-\infty,0]}(X_s^{\mu,\sigma})\,ds)}(a,x) = e^{-\frac{\mu^2}{2\sigma^2}t}e^{\frac{\mu}{\sigma^2}a}\Big(\frac{1}{\sigma}\Big)f_{(W_t,\int_0^t 1_{(-\infty,0]}(W_s)\,ds)}\Big(\frac{a}{\sigma},x\Big)$$

で得られる．

ブラック・ショールズモデルでは $S_T = Se^{(r-\frac{1}{2}\sigma^2)T+\sigma W_T}$ なので

$$Q(m_S(T,\alpha) < x) = Q\Big(\frac{1}{T}\int_0^T 1_{(-\infty,x]}\big(Se^{(r-\frac{1}{2}\sigma^2)s+\sigma W_s}\big)\,ds > \alpha\Big)$$

$$= Q\Big(\int_0^T 1_{(-\infty,\log\frac{x}{S}]}\Big(\sigma W_s + \Big(r-\frac{1}{2}\sigma^2\Big)s\Big)\,ds > \alpha T\Big)$$

$$= E\Big[e^{\frac{1}{\sigma}(r-\frac{1}{2}\sigma^2)W_T - \frac{1}{2\sigma^2}(r-\frac{1}{2}\sigma^2)^2 T}, \int_0^T 1_{(-\infty,\log\frac{x}{S}]}(\sigma W_s)\,ds > \alpha T\Big]$$

($\because$ カメロン・マルティンの定理 (定理 6.4))

$$= E\Big[E\Big[e^{\frac{1}{\sigma}(r-\frac{1}{2}\sigma^2)W_T - \frac{1}{2\sigma^2}(r-\frac{1}{2}\sigma^2)^2 T}, \int_0^T 1_{(-\infty,\frac{1}{\sigma}\log\frac{x}{S}]}(W_s)\,ds > \alpha T\Big|\mathcal{F}_\tau\Big]\Big]$$

ここで $\tau = \inf\Big\{t\,\Big|\,W_t = \frac{1}{\sigma}\log\frac{x}{S}\Big\}$

まず $x < S$ のとき

$$Q(m_S(T,\alpha) < x)$$
$$= E\Big[e^{\frac{1}{\sigma}(r-\frac{1}{2}\sigma^2)\frac{1}{\sigma}\log\frac{x}{S} - \frac{1}{2\sigma^2}(r-\frac{1}{2}\sigma^2)^2 T} E\Big[e^{\frac{1}{\sigma}(r-\frac{1}{2}\sigma^2)(W_T-W_\tau)},$$
$$\int_\tau^T 1_{(-\infty,\frac{1}{\sigma}\log\frac{x}{S}]}(W_s)\,ds > \alpha T\Big|\mathcal{F}_\tau\Big]\Big]$$
$$= e^{-\frac{1}{2\sigma^2}(r-\frac{\sigma^2}{2})^2 T}\Big(\frac{x}{S}\Big)^{\frac{r}{\sigma^2}-\frac{1}{2}}\int_0^{(1-\alpha)T} f_\tau(t)\,dt \iint_{\substack{-\infty<a<+\infty \\ \alpha T<u<T-t}} e^{\frac{1}{\sigma}(r-\frac{1}{2}\sigma^2)a}$$
$$f_{(\hat{W}_{T-t},\int_0^{T-t} 1_{(-\infty,0]}(\hat{W}_s)\,ds)}(a,u)\,da\,du$$

次に $x > S$ のとき

$$Q(m_S(T,\alpha) < x)$$
$$= E\Big[e^{\frac{1}{\sigma}(r-\frac{1}{2}\sigma^2)\frac{1}{\sigma}\log\frac{x}{S} - \frac{1}{2\sigma^2}(r-\frac{1}{2}\sigma^2)^2 T} E\Big[e^{\frac{1}{\sigma}(r-\frac{1}{2}\sigma^2)(W_T-W_\tau)},$$
$$\tau + \int_\tau^T 1_{(-\infty,\frac{1}{\sigma}\log\frac{x}{S}]}(W_s)\,ds > \alpha T\Big|\mathcal{F}_\tau\Big]\Big]$$
$$= e^{-\frac{1}{2\sigma^2}(r-\frac{\sigma^2}{2})^2 T}\Big(\frac{x}{S}\Big)^{\frac{r}{\sigma^2}-\frac{1}{2}}\int_0^T f_\tau(t)\,dt \iint_{\substack{-\infty<a<+\infty \\ \alpha T-t<u<T-t}} e^{\frac{1}{\sigma}(r-\frac{1}{2}\sigma^2)a}$$
$$f_{(\hat{W}_{T-t},\int_0^{T-t} 1_{(-\infty,0]}(\hat{W}_s)\,ds)}(a,u)\,da\,du$$

となる．あとは，これを微分して $m_S(T,\alpha)$ の密度関数 $f_{m_S(T,\alpha)}(x)$ を求めると

αパーセンタイルオプションの価格
$$= e^{-rT} E(\max(m_S(T,\alpha) - K, 0))$$
$$= e^{-rT} \int_0^{+\infty} \max(x - K, 0) f_{m_S(T,\alpha)}(x)\, dx$$

と求めることができる．

同様なやり方で $(S_T, m_S(T,\alpha))$ の同時分布を求めることができるのでペイオフが $\max(S_T - m_S(T,\alpha), 0)$ の α パーセンタイルオプションの価格が $e^{-rT} E(\max(S_T - m_S(T,\alpha), 0))$ であることも計算することができる．

また cumulative Parisian Edokko option の価格式を求めてみよう．

threshold を $A(< S_0 = S)$ とすると，契約停止条件は $1_{(m_S(T-\tau_A, \alpha) \leqq A)}$ となるので，停止条件がない場合の満期 T のペイオフを $f(S_T)$ とすると，

cumulative Parisian Edokko option のペイオフ
$$= (1 - 1_{(m_S(T-\tau_A, \alpha) \leqq A)}) f(S_T)$$

となる．するとこのオプションの価格は

$C(T, S, \alpha, A)$
$$= E(e^{-rT}(1 - 1_{(m_S(T-\tau_A, \alpha) \leqq A)}) f(S_T))$$
$$= e^{-rT} E(f(S_T)) - e^{-rT} E(1_{(m_S(T-\tau_A, \alpha) \leqq A)} f(S_T))$$

である．ここで $e^{-rT} E(f(S_T))$ は普通のブラック・ショールズ式なので，上の第2項が計算できればよい．これには $\left(S_T, \int_{\tau_A}^T 1_{(-\infty, A]}(S_s)\, ds, \tau_A \right)$ の同時分布がわかればよい．

そこで
$$\left(S_T, \int_{\tau_A}^T 1_{(-\infty, A]}(S_s)\, ds \right)$$
$$= \left(Se^{(r-\frac{1}{2}\sigma^2)T + \sigma W_T}, \int_{\tau_A}^T 1_{(-\infty, A]}(Se^{(r-\frac{1}{2}\sigma^2)s + \sigma W_s})\, ds \right)$$
$$= \left(Se^{W_T^{(r-\frac{1}{2}\sigma^2),\sigma}}, \int_{\tau_A}^T 1_{(-\infty, \log \frac{A}{S}]}(W_s^{(r-\frac{1}{2}\sigma^2),\sigma})\, ds \right)$$

と変形する．ここで $\tau_A = u$ で条件づけると

$$\left(S_T, \int_{\tau_A}^T 1_{(-\infty, A]}(S_s)\, ds\right)\Big|_{\tau_A = u}$$
$$= \left(Ae^{\hat{W}_{T-u}^{(r-\frac{1}{2}\sigma^2),\sigma}}, \int_0^{T-u} 1_{(-\infty, 0]}(\hat{W}_s^{(r-\frac{1}{2}\sigma^2),\sigma})\, ds\right)\Big|_{\tau_A = u}$$

となる.ここで $\hat{W}_t^{(r-\frac{1}{2}\sigma^2),\sigma} = W_t^{(r-\frac{1}{2}\sigma^2),\sigma} - W_u^{(r-\frac{1}{2}\sigma^2),\sigma}$ とおいた.また $\hat{W}_t^{(r-\frac{1}{2}\sigma^2),\sigma}$ は $\mathcal{F}_u$ と独立である.すると

$$\begin{aligned}
C_2(T, S, \alpha, A) &= e^{-rT} E(1_{(m_S(T-\tau_A, \alpha) \leqq A)} f(S_T)) \\
&= e^{-rT} E(E(1_{(m_S(T-\tau_A, \alpha) \leqq A)} f(S_T) | \tau_A)) \\
&= e^{-rT} \int_0^T E(1_{(m_S(T-u, \alpha) \leqq A)} f(S_T) | \tau_A = u) g_{\tau_A}(u)\, du \\
&= e^{-rT} \int_0^T E\Big(f(Ae^{\hat{W}_{T-u}^{(r-\frac{1}{2}\sigma^2),\sigma}}) \\
&\qquad \int_0^{T-u} 1_{(-\infty, 0]}(\hat{W}_s^{(r-\frac{1}{2}\sigma^2),\sigma})\, ds \geqq \alpha(T-u)\Big) g_{\tau_A}(u)\, du \\
&= e^{-rT} \int_0^T g_{\tau_A}(u)\, du \iint_{\substack{-\infty < a < +\infty \\ \alpha(T-u) \leqq b \leqq T-u}} f(Ae^a) \\
&\qquad g_{(W_{T-u}^{(r-\frac{1}{2}\sigma^2),\sigma}, \int_0^{T-u} 1_{(-\infty, 0]}(W_s^{(r-\frac{1}{2}\sigma^2),\sigma})\, ds)}(a, b)\, da\, db
\end{aligned}$$

となる.ただし τ_A の密度関数 g_{τ_A} は,

$$\begin{aligned}
P(\tau_A > t) &= P(\min_{s \leqq t}((r - \tfrac{1}{2}\sigma^2)s + \sigma W_s) > \log \tfrac{A}{S}) \\
&= P(\max_{s \leqq t}((-r + \tfrac{1}{2}\sigma^2)s + \sigma W_s) < \log \tfrac{S}{A}) \\
&= P(M_t^{-r + \frac{1}{2}\sigma^2, \sigma} < \log \tfrac{S}{A})
\end{aligned}$$

を例題 6.6 の結果を用いて計算し,t で微分して求めればよい.

以上により

cumulative Parisian Edokko option の価格
$$= (ブラック・ショールズ式) - C_2(T, S, \alpha, A)$$

となる.

各種の江戸っ子オプションの価格式などについては,文献[20]を参考にされたい.

第8章
確率の復習

8.1 確率空間と確率変数

$(\Omega, \mathcal{F}, P)$ を考える．ここで Ω はある集合（標本空間），$\mathcal{F}$ は以下の条件を満たす集合族（部分集合を要素とする集合），2^Ω を Ω のすべての部分集合を要素とする集合とする．$\mathcal{F} \subset 2^\Omega$ であり，P は確率（確率測度）である．このとき，$(\Omega, \mathcal{F}, P)$ を確率空間と呼ぶ．

Ω は集合なら何でもよいが，普通は位相空間（とくにポーランド空間（可算基を持つ完備距離空間））にとることが多い．位相空間を知らない読者はとくに気にする必要はない．$\mathcal{F}$ は **σ 加法族 (σ-algebra)** である．つまり，$\mathcal{F}$ は σ 加法族の定義

(1) $\emptyset \in \mathcal{F}$

(2) $A \in \mathcal{F} \Rightarrow A^c \in \mathcal{F}$

(3) $A_1, A_2, \cdots, A_n, \cdots \in \mathcal{F} \Rightarrow \bigcup_{i=1}^{\infty} A_i \in \mathcal{F}$

を満たす．ここで $\mathcal{F}$ に属する A を事象という．

P は $P : \mathcal{F} \to [0, 1]$ で

(1) $P(\emptyset) = 0$

(2) $A_1, A_2, \cdots, A_n \in \mathcal{F}$, $A_i \cap A_j = \emptyset \, (i \neq j)$ なら，
$$P\Big(\bigcup_{i=1}^{\infty} A_i\Big) = \sum_{i=1}^{\infty} P(A_i) \quad \text{(可算加法性)}$$

を満たすものである．とくに，$P(A)$ は事象 A が起こる確率である．

$X : \Omega \to \mathbb{R}$ で，$\forall a \in \mathbb{R}$ について $X^{-1}((-\infty, a]) = \{\omega \,|\, X(\omega) \leqq a\} \in \mathcal{F}$ となるものを確率変数という．つまりすべての実数 a に対して $\{X \leqq a\}$ が事象となるような Ω 上の実数値関数こそが確率変数である．すると $\mathcal{F}$ の性質より，$\{a < X < b\}$, $\{a \leqq X \leqq b\}$, $X^{-1}(O)$ (O は開), $X^{-1}(C)$ (C はボレル集合) はすべて $\mathcal{F}$ に属することがわかる．

注意 上の定義は初学者にとって抽象的で理解しにくいものであろうが，次のよ

うに考えるとわかりやすいと思う．Ω は不確実性の集合，X はその不確実性に対してお金を賭けること（ギャンブルやデリバティブなどお金のやりとりをすること，契約すること），つまり $X(\omega)$ は不確実性が ω のとき $X(\omega)$ のお金をやりとりすると考えるとよい．

例 8.1 正しい硬貨を 1 回投げて表 (Head) が出れば A 円，裏 (Tail) が出れば B 円もらう．

$$\Omega = \{H, T\}, \ \mathcal{F} = 2^{\Omega} = \{\emptyset, \{H\}, \{T\}, \{H, T\}\}$$

$$P(\{H\}) = P(\{T\}) = \frac{1}{2}$$

$$X(H) = A, \ X(T) = B$$

例 8.2 正しいさいころを 2 回投げて出た目の和だけお金をもらう．

$$\Omega = \{(i, j) \mid 1 \leq i \leq 6, \ 1 \leq j \leq 6, \ i, j \in \mathbb{N}\},$$

$$\mathcal{F} = 2^{\Omega} = \{\emptyset, \{(1,1)\}, \cdots, \{(6,6)\}, \{(1,1),(1,2)\}, \cdots, \Omega\}$$

$$P(\{(i,j)\}) = \frac{1}{36}, \quad X((i,j)) = i + j$$

また 1 回めの目を X_1 つまり $X_1((i,j)) = i$, 2 回めの目を X_2 つまり $X_2((i,j)) = j$ として $X = X_1 + X_2$ と考えることもできる．

例 8.3 正しい硬貨を無限回投げて，i 回目に表が出れば $X_i = 1$, 裏が出れば $X_i = 0$ とするとき

$$X = \varlimsup_{n \to \infty} \frac{X_1 + X_2 + \cdots + X_n}{n}$$

だけお金をもらう契約．

$$\Omega = \{\omega = (x_1, x_2, \cdots) \mid x_i = H \text{ or } T\}$$

$\mathcal{F} = \Omega$ のボレル集合全体

(実はこの場合は $\mathcal{F} = 2^{\Omega}$ ととることができないことは知られている)

$$P(x_1 x_2 \cdots x_n *) = P(\{(x_1, x_2, \cdots, x_n, y_{n+1}, y_{n+2}, \cdots) \mid y_i = H \text{ or } T\}) = \frac{1}{2^n}$$

$$X_1((H, y_2, y_3, \cdots)) = 1, \quad X_1((T, y_2, y_3, \cdots)) = 0$$

$$X_2((y_1, H, y_3, \cdots)) = 1, \quad X_2((y_1, T, y_3, \cdots)) = 0$$

以下同様にして

$$X = \overline{\lim_{n \to \infty}} \frac{X_1 + X_2 + \cdots + X_n}{n}$$

注意 実は大数の法則より

$$X = \lim_{n \to \infty} \frac{X_1 + \cdots + X_n}{n} = E(X_1) = \frac{1}{2}$$

となりこの確率変数 X は実は確率 1 で定数である．

8.2 確率変数と確率分布

8.2.1 定義と基本的な性質

定義 8.1 （確率分布関数）
$F : \mathbb{R} \to [0, 1]$
$F(x) = P(X \leqq x)$ を確率変数 X の**分布関数** (distribution function) という．
F は単調増加で，$\lim_{x \to \infty} F(x) = 1$，$\lim_{x \to -\infty} F(x) = 0$ という性質を持つ．

ある可算個の点 $x_1, x_2, \cdots, x_n, \cdots$ が存在して，

$$P(X = x_1) = p_1 > 0, \cdots, P(X = x_i) = p_i > 0, \cdots$$

$$\sum_{i=1}^{\infty} p_i = 1$$

となるとき，X を離散確率変数，$P(X = x_i) = p_i \, (i = 1, 2, \cdots)$ を X の（離散）確率分布という．$\{x_1, x_2, \cdots, x_n, \cdots\}$ は $\{0, \cdots, n\}$（有限）や $\{0, 1, 2, \cdots\} = \mathbb{N} \cup \{0\}$（可算）であることが多く，この後にあげる例は，すべてこのどちらかである．

すべての x について

$$P(X = x) = 0$$

で，すべての a, b に対し

$$P(a \leqq X \leqq b) = \int_a^b f_X(x) \, dx$$

となる関数 $f_X(x)$ が存在するとき X を連続確率変数，$f_X(x)$ を X の確率密度関数と呼ぶ．また

$$f_X(x) = \frac{d}{dx} F_X(x), \quad F_X(x) = \int_{-\infty}^x f_X(u) \, du$$

である．$f_X(x)$ の性質としては
$$f_X(x) \geqq 0, \quad \int_{-\infty}^{+\infty} f_X(x)\,dx = 1$$
がある．

注意 A を $\mathbb{R}$ 上のボレル集合とする．X から $\mathbb{R}$ 上に確率測度 $P_X(A) = P(X^{-1}(A))$ が定義できる．この $\mathbb{R}$ 上の確率測度のことを X の**確率分布** (probability distribution) という．

注意 さいころを 2 回投げる場合に，X を 1 回目のさいころの目，Y を 2 回目のさいころの目とすると，$X \neq Y$ だが $X \sim Y$（X が従う確率分布と Y が従う確率分布が等しい）である．

注意 すべての x について $P(X = x) = 0$ でも $P(a \leqq X \leqq b) = \int_a^b f_X(x)\,dx$ となる関数 $f_X(x)$ が存在しない場合（特異連続，カントール分布などの場合）もある．

定義 8.2（独立性）

X, Y が**独立 (independent)** であるとは，X, Y が離散確率変数のときにはすべての i, j について，
$$P(X = i \cap Y = j) = P(X = i)P(Y = j)$$
が成り立つこと，X, Y が連続確率変数のときには，すべての a, b, c, d に対して
$$P(a \leqq X \leqq b \cap c \leqq Y \leqq d) = P(a \leqq X \leqq b)P(c \leqq Y \leqq d)$$
が成立することである．

定義 8.3（期待値）

期待値 (expectation) を
$$E(X) = \begin{cases} \sum_x xP(X = x) & \cdots\cdots X \text{ が離散確率変数のとき} \\ \int_{-\infty}^{+\infty} xf_X(x)\,dx & \cdots\cdots X \text{ が連続確率変数のとき} \end{cases}$$
と定義する．f_X は X の確率密度関数とする．

期待値 $E(X)$ の意味は，確率変数 X をくじ，ギャンブル，金融商品（これらはすべて未来に不確実なお金をもらう契約だといえる）と考えたときの，その（現在）価格である．つまり，今，$E(X)$ 円を払って未来に X 円もらう取引が「公平」となる数値こそが $E(X)$ なのである．少し古いかもしれないが，林修氏の言葉を借りると

　　いつ払うの？ → 「現在(いま)でしょ」（$E(X)$ 払う）

　　いつもらうの？ → 「未来(あす)でしょ」（X もらう）

という現在と未来の交換を「公平」にする値のことと考えられる．

期待値の性質としては
(1) a, b, c を定数，X, Y を確率変数とすると
$$E(aX + bY + c) = aE(X) + bE(Y) + c \quad \text{(線形性)}$$
(2) g を関数とすると
$$E(g(X)) = \begin{cases} \displaystyle\sum_x g(x) P(X = x) & \cdots\cdots X \text{ が離散確率変数のとき} \\ \displaystyle\int_{-\infty}^{+\infty} g(x) f_X(x)\, dx & \cdots\cdots X \text{ が連続確率変数のとき} \end{cases}$$
(3) X, Y が独立のとき
$$E(XY) = E(X)E(Y), \quad E(h(X)g(Y)) = E(h(X))E(g(Y))$$
があげられる．

定義 8.4（分散）
$$V(X) = E((X - E(X))^2)$$
を X の**分散** (**variance**) と呼ぶ．これは，ばらつきを表す量である．

分散の基本的性質としては以下があげられる．
(1)
$$V(X) = E(X^2) - (E(X))^2$$
$$= \begin{cases} \displaystyle\sum_x x^2 P(X = x) - (E(X))^2 & \cdots X \text{ が離散確率変数のとき} \\ \displaystyle\int_{-\infty}^{+\infty} x^2 f_X(x)\, dx - \left(\int_{-\infty}^{+\infty} x f_X(x)\, dx\right)^2 & \cdots X \text{ が連続確率変数のとき} \end{cases}$$
(2) a, b を定数とすると
$$V(a + bX) = b^2 V(X)$$

(3) $V(X) \geqq 0$. また，
$$V(X) = 0 \Leftrightarrow X = C (=定数)$$
つまり分散は負になることはあり得ず，分散が 0 のときは定数となってしまう．また定数もその値を確率 1 でとる確率変数とみなしている．
(4) X, Y が独立のとき
$$V(X + Y) = V(X) + V(Y)$$

注意 X, Y が独立でも，$V(XY) = V(X)V(Y)$ とは限らない．しかし $E(X) = E(Y) = 0$ のときには $V(XY) = V(X)V(Y)$ が成立する．

注意 $E(X^n)$ を n **次モーメント** (n-th moment) と呼ぶ．

注意 X に対して $E(X) = \mu$, $V(X) = \sigma^2$ として
$$Y = \frac{X - \mu}{\sigma}$$
を X の標準化と呼び，$E(Y) = 0$, $V(Y) = 1$ となる．

定義 8.5 （共分散）
$$\mathrm{Cov}(X, Y) = E((X - E(X))(Y - E(Y)))$$
を X, Y の**共分散** (covariance) と呼ぶ．これは，X, Y の相互関係を表す量である．

共分散の基本的性質としては以下があげられる．
(1) $\mathrm{Cov}(X, Y) = E(XY) - E(X)E(Y)$
(2) C を定数とすると，
$\mathrm{Cov}(X, C) = 0$
(3) a, b, c, d を定数，X, Y, Z, T を確率変数とすると，
$$\mathrm{Cov}(aX + bY, cZ + dT) = ac\,\mathrm{Cov}(X, Z) + bc\,\mathrm{Cov}(Y, Z)$$
$$+ ad\,\mathrm{Cov}(X, T) + bd\,\mathrm{Cov}(Y, T)$$
(4) $V(X + Y) = V(X) + 2\mathrm{Cov}(X, Y) + V(Y)$
(5) X, Y が独立なら
$\mathrm{Cov}(X, Y) = 0$ （無相関）
であるが，逆は成立しない．すなわち，$\mathrm{Cov}(X, Y) = 0$ でも X, Y が独立でない例が存在する．また X, Y が 2 次元正規分布に従うなら，

$$\mathrm{Cov}(X,Y) = 0 \Rightarrow X,Y \text{ は独立}$$

は成立する．

定義 8.6 （相関係数）

$$\rho(X,Y) = \frac{\mathrm{Cov}(X,Y)}{\sqrt{V(X)}\sqrt{V(Y)}}$$

を X,Y の**相関係数** (correlation coefficient) と呼ぶ．

相関係数の基本的性質としては以下があげられる．
(1)　$-1 \leqq \rho(X,Y) \leqq 1$．

また，

(2)　$\rho(X,Y) = 1 \Leftrightarrow$ ある定数 $a(>0), b$ が存在して，$Y = aX+b$ と書ける (完全な正の相関)
(3)　$\rho(X,Y) = -1 \Leftrightarrow$ ある定数 $a(<0), b$ が存在して，$Y = aX+b$ と書ける (完全な負の相関)
(4)　$a(>0), b, c(>0), d$ を定数とするとき
$$\rho(aX+b, cY+d) = \rho(X,Y)$$

また，相関係数は無次元量，つまり，単位のとり方に依らない量である．

定義 8.7 （2 次元確率分布）

X,Y が離散確率変数のとき，$P(X = i \cap Y = j)$ を (X,Y) の **2 次元確率分布** (2-dimensional probability distribution) と呼ぶ．すると $P(X = i) = \sum_{j} P(X = i \cap Y = j)$ が成立し，この立場でみた X の (1 次元) 確率分布を (X,Y) の**周辺分布** (marginal distribution) と呼ぶ．また，期待値は一般の関数 h をとってきて

$$E(h(X,Y)) = \sum_{i,j} h(i,j) P(X = i \cap Y = j)$$

で定義する．

X,Y が連続確率変数のとき，

$$P(a \leqq X \leqq b \cap c \leqq Y \leqq d) = \iint_{\substack{a \leqq x \leqq b \\ c \leqq y \leqq d}} f_{(X,Y)}(x,y)\, dxdy$$

となる関数 $f_{(X,Y)}(x,y)$ を (X,Y) の**同時密度関数** (joint density function) と呼ぶ．同時密度関数の性質は

$$f_{(X,Y)}(x,y) \geqq 0, \quad \int_{-\infty}^{+\infty} \int_{-\infty}^{+\infty} f_{(X,Y)}(x,y)\, dxdy = 1$$

である．また
$$f_X(x) = \int_{-\infty}^{+\infty} f_{(X,Y)}(x,y)\,dy$$
となり，この $f_X(x)$ を (X,Y) の**周辺密度関数 (marginal density function)** と呼ぶ．期待値は，一般の関数 h をとってきて
$$E(h(X,Y)) = \iint_{\substack{-\infty < x < +\infty \\ -\infty < y < +\infty}} h(x,y) f_{(X,Y)}(x,y)\,dxdy$$
と定義する．

(X,Y) が独立 $\Leftrightarrow f_{(X,Y)}(x,y) = f_X(x) f_Y(y)$

8.2.2 確率分布の変数変換

X の密度関数を $f_X(x)$, g を単調増加関数とするとき，$Y = g(X)$ の密度関数 $f_Y(y)$ は
$$f_Y(y)\,dy = f_X(x)\,dx$$
と表せる．つまり
$$f_Y(y) = f_X(x)\frac{dx}{dy}\left(= f_X(g^{-1}(y))\frac{dg^{-1}(y)}{dy}\right)$$
となる．
$$\left(\because F_Y(y) = P(Y \leqq y) = P(g(X) \leqq y) = P(X \leqq g^{-1}(y)) = F_X(g^{-1}(y))\right.$$
両辺を y で微分して
$$\left.f_Y(y) = f_X(g^{-1}(y))\frac{dg^{-1}(y)}{dy}\right)$$

今, (X,Y) の同時密度関数を $f_{(X,Y)}(x,y)$, $g(x,y)$, $h(x,y)$ を $\begin{vmatrix} \frac{\partial g}{\partial x} & \frac{\partial g}{\partial y} \\ \frac{\partial h}{\partial x} & \frac{\partial h}{\partial y} \end{vmatrix} \neq 0$ なる関数とすると，$(S = g(X,Y), T = h(X,Y))$ の同時密度関数 $f_{(S,T)}(s,t)$ は
$$f_{(S,T)}(s,t)\,dsdt = f_{(X,Y)}(x,y)\,dxdy$$
となる．つまり
$$f_{(S,T)}(s,t) = f_{(X,Y)}(x,y)\frac{1}{\frac{dsdt}{dxdy}} = f_{(X,Y)}(x,y)\frac{1}{\left\|\begin{matrix} \frac{\partial s}{\partial x} & \frac{\partial s}{\partial y} \\ \frac{\partial t}{\partial x} & \frac{\partial t}{\partial y} \end{matrix}\right\|}$$

である．ここで $s = g(x,y)$, $t = h(x,y)$ とおいた．これを逆に解いて $x = u(s,t)$, $y = v(s,t)$ とすると

$$f_{(S,T)}(s,t) = f_{(X,Y)}(u(s,t), v(s,t)) \frac{1}{\left|\frac{\partial s}{\partial x}\frac{\partial t}{\partial y} - \frac{\partial s}{\partial y}\frac{\partial t}{\partial x}\right|}\Bigg|_{x=u(s,t),\ y=v(s,t)}$$

となる．

8.2.3 和，商の確率分布

(X,Y) の同時密度関数を $f_{(X,Y)}(x,y)$ とするとき，$Z = X+Y$ の密度関数 $f_Z(z)$ は

$$f_Z(z) = \int_{-\infty}^{+\infty} f_{(X,Y)}(x, z-x)\, dx$$

となる．とくに X, Y が独立なら

$$f_Z(z) = \int_{-\infty}^{+\infty} f_X(x) f_Y(z-x)\, dx$$

である．さらに $P(X>0) = P(Y>0) = 1$ なら

$$f_Z(z) = \begin{cases} \displaystyle\int_0^z f_X(x) f_Y(z-x)\, dx & \cdots\cdots z > 0 \\ 0 & \cdots\cdots z \leqq 0 \end{cases}$$

となる．

X,Y が独立で $P(X>0) = P(Y>0) = 1$ なら，$T = \dfrac{Y}{X}$ の密度関数 $f_T(t)$ は以下のように求まる．

$$F_T(t) = P\Big(\frac{Y}{X} \leqq t\Big) = P(Y \leqq tX \cap X > 0 \cap Y > 0)$$

$$= \iint_{\substack{0 \leqq y \leqq tx \\ x \geqq 0}} f_X(x) f_Y(y)\, dy = \int_0^{+\infty} f_X(x)\, dx \int_0^{tx} f_Y(y)\, dy$$

この両辺を t で微分して

$$f_T(t) = \begin{cases} \displaystyle\int_0^{+\infty} f_X(x) f_Y(tx) x\, dx & \cdots\cdots t > 0 \text{ のとき} \\ 0 & \cdots\cdots t \leqq 0 \text{ のとき} \end{cases}$$

となる．

注意 X, Y の同時分布が与えられたときや，必ずしも $P(X>0) = 1$ ではない場合でも，もちろん求められる．また差や積の場合も同様に求められるが，ここでは省略する．

8.2.4 確率母関数,モーメント母関数,特性関数

定義 8.8 (確率母関数)

X が $\{0, 1, 2, \cdots\}$ に値をとる確率変数のとき

$$g_X(t) = E(t^X) \left(= \sum_{k=0}^{\infty} P(X=k)\, t^k \right)$$

を X の**確率母関数** (probability generating function) と呼ぶ.

確率母関数の基本的性質として以下のことがあげられる.

(1) $g_X(1) = 1$
(2) $g_X{'}(t) = E(Xt^{X-1})$ より $E(X) = g_X{'}(1)$
(3) $g_X{''}(t) = E(X(X-1)t^{X-2})$ より $g_X{''}(1) = E(X(X-1))$
    つまり
$$V(X) = E(X(X-1)) + E(X) - E(X)^2$$
$$= g_X{''}(1) + g_X{'}(1) - (g_X{'}(1))^2$$
    である.
(4) 確率母関数は X の分布を決定する.つまり
$$g_X(t) = g_Y(t) \Leftrightarrow P(X=k) = P(Y=k) \quad (k=0,1,2,\cdots)$$
    である.また反転公式
$$P(X=k) = \frac{1}{k!} g_X^{(k)}(0)$$
    が成立する.
(5) X, Y が独立なら $g_{X+Y}(t) = g_X(t) g_Y(t)$
(6) $g_{X+Y}(t) = g_X(t) g_Y(t)$ でも X, Y は独立とは限らないが,任意の t, s に対して,
$$E(t^X s^Y) = E(t^X) E(s^Y)$$
    なら X, Y は独立である.

定義 8.9 (モーメント母関数)

$$M_X(t) = E(e^{tX}) = \begin{cases} \displaystyle\sum_{k=0}^{\infty} e^{tk} P(X=k) & X \text{ が } 0, 1, 2, \cdots \text{ に値をとるとき} \\ \displaystyle\int_{-\infty}^{+\infty} e^{tx} f_X(x)\, dx & X \text{ が連続確率変数のとき} \end{cases}$$

を X の**モーメント母関数**または**積率母関数** (moment generating function) と呼ぶ.

モーメント母関数の基本的性質としては，以下があげられる．

(1) $M_X(0) = 1$
(2) $M_X(t) = g_X(e^t)$
(3) $M_X'(t) = E(Xe^{tX})$ より $M_X'(0) = E(X)$
(4) $M_X''(t) = E(X^2 e^{tX})$ より $V(X) = M_X''(0) - (M_X'(0))^2$
(5) $E(X^n) = M_X^{(n)}(0)$
(6) モーメント母関数は X の分布を決定する．すなわち，
$$M_X(t) = M_Y(t) \Leftrightarrow f_X(x) = f_Y(x)$$
である．
(7) X, Y が独立なら $M_{X+Y}(t) = M_X(t)M_Y(t)$ である．また $M_{X+Y}(t) = M_X(t)M_Y(t)$ でも X, Y は独立とは限らないが，任意の t, s に対して $E(e^{tX}e^{sY}) = E(e^{tX})E(e^{sY})$ ならば X と Y は独立である．

定義 8.10（特性関数）
$\varphi_X(t) = E(e^{\sqrt{-1}tX})$ を X の特性関数と呼ぶ．ただし t は実数．

以下の t は実数とする．
特性関数の基本的性質としては以下があげられる．M_X, g_x は定義 8.9 で用いたものである．

(1) $\varphi_X(0) = 1$
(2) $\varphi_X(t) = M_X(\sqrt{-1}\,t) = g_X(e^{\sqrt{-1}\,t})$
(3) $\varphi_X'(0) = \sqrt{-1}E(X)$
(4) $V(X) = -\varphi_X''(0) + (\varphi_X'(0))^2$
(5) $E(X^n) = \dfrac{1}{(\sqrt{-1})^n}\varphi_X^{(n)}(0)$
(6) 特性関数は X の分布を決定する．すなわち，
$$\varphi_X(t) = \varphi_Y(t) \Leftrightarrow f_X(x) = f_Y(x)$$
である．
とくに $\int_{-\infty}^{+\infty} |\varphi_X(t)|\,dt < +\infty$ の場合には反転公式
$$f_X(x) = \frac{1}{2\pi}\int_{-\infty}^{+\infty} e^{-\sqrt{-1}xt}\varphi_X(t)\,dt$$
が成立する．
(7) X, Y が独立なら
$$\varphi_{X+Y}(t) = \varphi_X(t)\varphi_Y(t)$$

が成立する．また，$\varphi_{X+Y}(t) = \varphi_X(t)\varphi_Y(t)$ でも X, Y は独立とは限らないが，任意の t, s に対して，
$$E(e^{\sqrt{-1}tX}e^{\sqrt{-1}sY}) = E(e^{\sqrt{-1}tX})E(e^{\sqrt{-1}sY})$$
なら X, Y は独立である．

注意 モーメント母関数や確率母関数は存在しない場合（たとえば**コーシー分布** (**Cauchy distribution**)（8.3.2項F参照）の場合）があるが，特性関数は任意の確率変数の場合に存在するので便利である．また，上のように反転公式も比較的容易である．モーメント母関数の反転公式はあるにはあるのだが，ラプラス変換の反転公式のように複素解析を用いなければならないので少し複雑である．

8.3 いろいろな例

8.3.1 離散分布

A　ベルヌーイ分布　Be(p)

X の分布が**ベルヌーイ分布** (**Bernoulli distribution**) Be(p) であるとは
$$P(X=1) = p, \ P(X=0) = q = 1-p$$
が成立することである．

この意味を解釈すると，表が出る確率が p である硬貨を投げて，表が出れば1円もらい，裏が出れば何ももらえないという契約の確率変数であるといえる．
$$E(X) = p, \quad V(X) = pq, \quad g_X(t) = pt + q$$
が成り立つ．

B　2項分布　B(n, p)

X の分布が **2項分布** (**binomial distribution**) B(n, p) であるとは，$k = 0, 1, 2, \cdots, n$ に対して，
$$P(X=k) = {}_nC_k p^k q^{n-k} \quad (q = 1-p)$$
が成立することである．

この意味を解釈すると，成功確率が p で成功と失敗しかない試行（ベルヌーイ試行）を n 回行ったときの成功回数が X であるといえる．
$$E(X) = np, \quad V(X) = npq, \quad g_X(t) = (pt+q)^n$$
が成り立つ．

また，ベルヌーイ分布との関係は以下のようになる（つまり X_i の分布を $\mathrm{Be}(p)$，$X_1, X_2, \cdots, X_n$ が独立だとすると，$X = X_1 + \cdots + X_n$ の分布が $\mathrm{B}(n, p)$ となる）．

$$\mathrm{B}(1, p) = \mathrm{Be}(p)$$
$$\mathrm{B}(n, p) = \underbrace{\mathrm{Be}(p) + \cdots + \mathrm{Be}(p)}_{n \text{ 個の独立な和}}$$

また

$$g_{\mathrm{B}(m,p)}(t) g_{\mathrm{B}(n,p)}(t) = g_{\mathrm{B}(m+n,p)}(t)$$

より，2 項分布は再生性

$$\mathrm{B}(m+n, p) = \underbrace{\mathrm{B}(m, p) + \mathrm{B}(n, p)}_{\text{独立}}$$

を持つ．

C 幾何分布　$\mathrm{Ge}(p)$

T の分布が**幾何分布** (**geometric distribution**) $\mathrm{Ge}(p)$ であるとは，$k = 0, 1, 2, \cdots$ に対して $P(T = k) = pq^k$ が成立することである（$q = 1 - p$）．

この意味を解釈すると，ベルヌーイ試行を何回も行うとき，はじめて成功するまでに失敗した回数を T とした場合の T の分布が $\mathrm{Ge}(p)$ である．たとえば正しいさいころを何回も振ってはじめて 6 の目が出るまでに 6 の目以外が出た回数の分布は $\mathrm{Ge}\left(\dfrac{1}{6}\right)$ となる．

$$E(T) = \frac{q}{p}, \quad V(T) = \frac{q}{p^2}, \quad g_T(t) = \frac{p}{1 - qt}$$

が成り立つ．

また T の分布が**ファーストサクセス分布** (**first success distribution**) $\mathrm{Fs}(p)$ であるとは，$T - 1$ の分布が $\mathrm{Ge}(p)$ つまり，

　　はじめて成功するまでの回数 $= T$

とする．

D 負の 2 項分布　$\mathrm{NB}(n, p)$

T の分布が**負の 2 項分布** (**negative binomial distribution**) $\mathrm{NB}(n, p)$ であるとは，$k = 0, 1, 2, \cdots$ に対して

$$P(T = k) = {}_{n+k-1}\mathrm{C}_{n-1} p^n q^k$$

が成り立つときである $(q = 1 - p)$.

この意味を考える.

> ベルヌーイ試行を何回も行うとき
>
> n 回成功するまでに失敗した回数 $= T$

とすると, T の分布が $\mathrm{NB}(n, p)$ である.

たとえば阪神が 30 勝するまでに負けた回数を T とするとき,

> T の分布 $= \mathrm{NB}(30, p)$
>
> $p = 1$ つの試合で勝つ確率

で,

$$E(T) = n\frac{q}{p}, \quad V(T) = \frac{nq}{p^2}, \quad g_T(t) = \left(\frac{p}{1-qt}\right)^n$$

が成り立つ.

幾何分布との関係は以下のようになる.

> $\mathrm{NB}(1, p) = \mathrm{Ge}(p)$
>
> $\mathrm{NB}(n, p) = \underbrace{\mathrm{Ge}(p) + \cdots + \mathrm{Ge}(p)}_{n \text{ 個の独立な和}}$

負の 2 項分布も再生性を持つ.

E ポアソン分布 $\mathrm{Po}(\lambda)$

X の分布が**ポアソン分布** (**Poisson distribution**) $\mathrm{Po}(\lambda)$ であるとは $k = 0, 1, 2, \cdots$ に対して

$$P(X = k) = \frac{\lambda^k}{k!}e^{-\lambda}$$

が成立することである.

$$E(X) = V(X) = \lambda, \quad g_X(t) = e^{\lambda(t-1)}$$

である. また $g_{\mathrm{Po}(\lambda_1)}(t) g_{\mathrm{Po}(\lambda_2)}(t) = g_{\mathrm{Po}(\lambda_1 + \lambda_2)}(t)$ より, ポアソン分布も再生性を持つ.

ポアソンの少数の法則

$$\lim_{n \to \infty} P\left(\mathrm{B}\left(n, \frac{\lambda}{n}\right) = k\right) = P(\mathrm{Po}(\lambda) = k)$$

が成り立つので, n が十分に大きければ

$$B\left(n, \frac{\lambda}{n}\right) \fallingdotseq \mathrm{Po}(\lambda)$$

である．

ベルヌーイ試行で，試行回数は多いが，その分成功確率も小さいようなときにポアソン分布となる．

たとえば表が出る確率が $\frac{1}{100}$ である硬貨を 200 回投げたとき表が出る回数を X とすると

$$X \text{ の分布} = B\left(200, \frac{1}{100}\right) \fallingdotseq \mathrm{Po}(2)$$

となる．

F　離散一様分布　$\mathrm{DU}\{1, \cdots, n\}$

$k = 1, 2, \cdots, n$ に対し

$$P(X = k) = \frac{1}{n}$$

が成立する確率変数 X の分布が**離散一様分布** (discrete uniform distribution) である．

$$E(X) = \frac{n+1}{2}, \quad V(X) = \frac{(n+1)(n-1)}{12}, \quad g_X(t) = \frac{t - t^{n+1}}{n(1-t)}$$

となる．たとえば，$n = 6$ のときは正しいさいころと考えればよい．

8.3.2　連続分布

A　一様分布　$U(a, b)$（(a, b) 上の一様分布）

密度関数　$f_X(x) = \begin{cases} \frac{1}{b-a} & \cdots a \leqq x \leqq b \\ 0 & \cdots \text{その他} \end{cases}$

の確率変数 X が従う分布で

$$E(X) = \frac{a+b}{2}, \ V(X) = \frac{(b-a)^2}{12}, \ M_X(t) = \frac{e^{bt} - e^{at}}{(b-a)t}$$

となる．

意味としては，区間 (a, b) のなかから実数をランダムに選ぶ（乱数）と考えればよい．とくに $a = 0$，$b = 1$，$U(0, 1)$ がよく使われる．

B　指数分布　$\mathrm{Exp}(\lambda)$　$(\lambda > 0)$

密度関数　$f_T(t) = \begin{cases} \lambda e^{-\lambda t} & \cdots t > 0 \\ 0 & \cdots t \leqq 0 \end{cases}$

の確率変数 T が従う分布で
$$E(T) = \frac{1}{\lambda},\ V(T) = \frac{1}{\lambda^2},\ M_T(t) = \frac{\lambda}{\lambda - t}$$
が成り立つ.
$$\lim_{\Delta t \to \infty} P\Big(\mathrm{Ge}\big(\lambda \Delta t\big) \leqq \frac{t}{\Delta t}\Big) = P(\mathrm{Exp}(\lambda) \leqq t)$$
が示され,離散分布における幾何分布や Fs 分布の連続版が $\mathrm{Exp}(\lambda)$ である.

また無記憶性
$$t > 0,\ s > 0 \text{ に対して},\quad P(T > t+s) = P(T > t)P(T > s)$$
に注意(幾何分布でも成立)する.

C 正規分布 $\mathrm{N}(\mu, \sigma^2)$

密度関数 $f_X(x) = \dfrac{1}{\sqrt{2\pi}\sigma} e^{-\frac{(x-\mu)^2}{2\sigma^2}}$

の確率変数 X が従うのが正規分布である.このとき
$$E(X) = \mu,\ V(X) = \sigma^2,\ M_X(t) = e^{\mu t + \frac{1}{2}\sigma^2 t^2}$$
が成り立つ.モーメント母関数を考えると,
$$M_{\mathrm{N}(\mu_1, \sigma_1{}^2)}(t) M_{\mathrm{N}(\mu_2, \sigma_2{}^2)}(t) = M_{\mathrm{N}(\mu_1+\mu_2, \sigma_1{}^2+\sigma_2{}^2)}(t)$$
となり,正規分布は再生性を持つ.とくに $\mu = 0$, $\sigma^2 = 1$ のとき標準正規分布 $\mathrm{N}(0,1)$ である.

意味は 8.3.3 項 A(中心極限定理)で述べる.

D ガンマ分布 $\Gamma(p,a)\quad (a, p > 0)$

密度関数 $f_X(x) = \begin{cases} \dfrac{a^p}{\Gamma(p)} x^{p-1} e^{-ax} & \cdots x \geqq 0 \text{ のとき} \\ 0 & \cdots x \leqq 0 \text{ のとき} \end{cases}$

の確率変数 X が従う分布である.ここで $\Gamma(p)$ はガンマ関数(8.5 節)である.

このとき,
$$E(X) = \frac{p}{a},\ V(X) = \frac{p}{a^2},\ M_X(t) = \Big(\frac{a}{a-t}\Big)^p$$
である.すると,モーメント母関数 $M_{\Gamma(p_1,a)}(t) M_{\Gamma(p_2,a)}(t) = M_{\Gamma(p_1+p_2,a)}(t)$ よりガンマ分布は再生性を持つ.とくに,$\Gamma(1,a) = \mathrm{Exp}(a)$.つまり $n \in \mathbb{N}$ なら,

$$\Gamma(n,a) = \underbrace{\text{Exp}(a) + \cdots + \text{Exp}(a)}_{n \text{ 個の独立な和}} \quad (\text{負の 2 項分布の連続バージョン})$$

となる．

また $2p \in \mathbb{N}$, $a = \frac{1}{2}$ のときはとくに大事で

$$\Gamma\left(\frac{2p}{2}, \frac{1}{2}\right) = \chi_{2p}^2 \text{ (自由度 } 2p \text{ の } \chi^2 \text{ 分布)}$$

は，数理統計においてよく使われる重要分布である．また

$$\chi_1^2 = \Gamma\left(\frac{1}{2}, \frac{1}{2}\right) = N(0,1)^2$$

より

$$\chi_n^2 = \underbrace{N(0,1)^2 + \cdots + N(0,1)^2}_{n \text{ 個の独立な和}}$$

もわかる．

E ベータ分布 $\beta(s,t)$ $(s>0, t>0)$

密度関数

$$f_X(x) = \begin{cases} \dfrac{1}{B(s,t)} x^{s-1}(1-x)^{t-1} & \cdots 0 < x < 1 \\ & (\text{ここで } B(s,t) \text{ はベータ関数 (8.5 節)}) \\ 0 & \cdots \text{その他} \end{cases}$$

である確率変数 X が従う分布である．

$$E(X) = \frac{s}{s+t}, \quad V(X) = \frac{st}{(s+t)^2(s+t+1)}$$

となるが，モーメント母関数は簡単な形では求まらない．

ガンマ分布との重要な関係として，$X \sim \Gamma(s,\lambda)$, $Y \sim \Gamma(t,\lambda)$ で X と Y が独立であるとき，$\dfrac{X}{X+Y} \sim \beta(s,t)$ となる．

F コーシー分布

密度関数は $f_X(x) = \dfrac{1}{\pi} \dfrac{1}{1+x^2}$ $(-\infty < x < +\infty)$ である．$E(X)$ と $V(X)$ はなく，モーメント母関数も定義できない．特性関数は $\varphi_X(t) = e^{-|t|}$．また 2 つの独立な標準正規分布の商である．

G 2 次元正規分布 $N\left(\begin{pmatrix} \mu_1 \\ \mu_2 \end{pmatrix}, \begin{pmatrix} \sigma_1^2 & \sigma_{12} \\ \sigma_{12} & \sigma_2^2 \end{pmatrix}\right)$

密度関数を

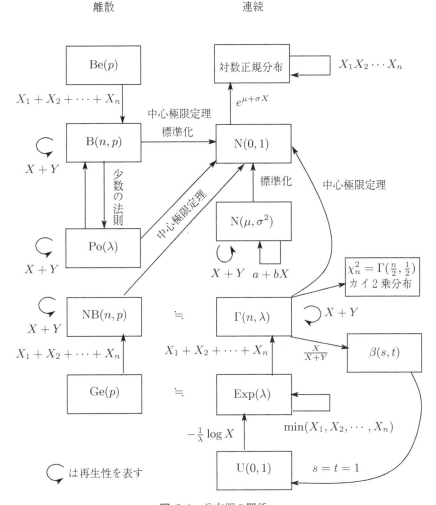

図 8.1 分布間の関係

$$f_{(X,Y)}(x,y) = \frac{1}{2\pi\sqrt{\sigma_1{}^2\sigma_2{}^2 - \sigma_{12}{}^2}} e^{-\frac{1}{2}(x-\mu_1, y-\mu_2)\begin{pmatrix}\sigma_1{}^2 & \sigma_{12} \\ \sigma_{12} & \sigma_2{}^2\end{pmatrix}^{-1}\begin{pmatrix}x-\mu_1 \\ y-\mu_2\end{pmatrix}}$$

とすると

$$E(X) = \mu_1, \ E(Y) = \mu_2, \ V(X) = \sigma_1{}^2, \ V(Y) = \sigma_2{}^2, \ \mathrm{Cov}(X,Y) = \sigma_{12}$$

となる．

多次元モーメント母関数は

$$M_{(X,Y)}(t,s) = E(e^{tX+sY}) = e^{\mu_1 t + \mu_2 s + \frac{1}{2}(t,s)\begin{pmatrix}\sigma_1{}^2 & \sigma_{12}\\ \sigma_{12} & \sigma_2{}^2\end{pmatrix}\begin{pmatrix}t\\s\end{pmatrix}}$$
$$= e^{\mu_1 t + \mu_2 s + \frac{1}{2}(\sigma_1{}^2 t^2 + 2\sigma_{12} ts + \sigma_2{}^2 s^2)}$$

となる．
また

$$f_{Y|X}(y|x) = \frac{f_{(X,Y)}(x,y)}{f_X(x)}$$

を計算すると

$$f_{Y|X}(y|x) = \frac{1}{\sqrt{2\pi}\sigma_2\sqrt{1-\rho^2}} e^{-\frac{1}{2(1-\rho^2)\sigma_2{}^2}(y-\mu_2-\rho\frac{\sigma_2}{\sigma_1}(x-\mu_1))^2}$$

ここで $\rho = \rho(X,Y) = \frac{\mathrm{Cov}(X,Y)}{\sqrt{V(X)}\sqrt{V(Y)}} = \frac{\sigma_{12}}{\sigma_1\sigma_2}$ とおいた．

上式より，$X = x$ のもとでの Y の条件付分布は

$$\mathrm{N}\left(\mu_2 + \rho\frac{\sigma_2}{\sigma_1}(x-\mu_1),\, (1-\rho^2)\sigma_2{}^2\right)$$

となる．

ベクトル $\begin{pmatrix}\mu_1\\\mu_2\end{pmatrix} = \begin{pmatrix}E(X)\\E(Y)\end{pmatrix}$ を**平均ベクトル**，行列 $\begin{pmatrix}\sigma_1{}^2 & \sigma_{12}\\\sigma_{12} & \sigma_2{}^2\end{pmatrix} = \begin{pmatrix}V(X) & \mathrm{Cov}(X,Y)\\\mathrm{Cov}(X,Y) & V(Y)\end{pmatrix}$ を**分散共分散行列 (variance-covariance matrix)** という．

最後に分布間の関係を図 8.1 にまとめておく．

8.3.3 中心極限定理と大数の法則

A 中心極限定理

$X_1, X_2, \cdots, X_n, \cdots$ は独立で同分布とする．また

$$E(X_1) = \cdots = E(X_n) = \mu$$
$$V(X_1) = \cdots = V(X_n) = \sigma^2$$

とする．このとき，和 $S_n = X_1 + \cdots + X_n$ の標準化 $S_n^* = \frac{S_n - E(S_n)}{\sqrt{V(S_n)}} = \frac{S_n - n\mu}{\sqrt{n\sigma^2}}$ は，$n \to +\infty$ で標準正規分布 $\mathrm{N}(0,1)$ に近づく（n が十分大きいとき（実際には $n \geqq 30$ で十分）S_n^* は $\mathrm{N}(0,1)$ で近似できる）．

つまり $E(S_n) = n\mu$，$V(S_n) = n\sigma^2$ より，任意の a, b に対して

$$\lim_{n\to\infty} P\left(a < \frac{X_1 + \cdots + X_n - n\mu}{\sigma\sqrt{n}} < b\right)$$

$$= P(a < \mathrm{N}(0,1) < b) = \frac{1}{\sqrt{2\pi}} \int_a^b e^{-\frac{1}{2}u^2} du$$

となる．

例 8.4
$$\mathrm{B}(n,p) = \underbrace{\mathrm{Be}(p) + \cdots + \mathrm{Be}(p)}_{n \text{ 個の独立な和}} \text{ より, } \frac{\mathrm{B}(n,p) - np}{\sqrt{npq}} \fallingdotseq \mathrm{N}(0,1)$$

例 8.5
$$\frac{\mathrm{Po}(n\lambda) - n\lambda}{\sqrt{n\lambda}} \fallingdotseq \mathrm{N}(0,1)$$

$\Bigl(\because$ ポアソン分布は再生性を持つので $\mathrm{Po}(n\lambda) = \underbrace{\mathrm{Po}(\lambda) + \cdots + \mathrm{Po}(\lambda)}_{n \text{ 個の独立な和}}$ が成り立つ$\Bigr)$

注意 上の例でもわかるように独立で同分布でありさえすればその和の標準化は，もとの分布に依存しないで，どのような場合でも標準正規分布に近づいていくのである．

B 大数の法則

また，ここで大数の法則も述べておこう．中心極限定理と同じ仮定で（実際は分散の存在は必要ないが），

$$P\Bigl(\lim_{n\to\infty} \frac{X_1 + \cdots + X_n}{n} = \mu\Bigr) = 1 \quad \text{(大数の強法則)}$$

となる．また，任意の $\varepsilon > 0$ に対して

$$\lim_{n\to\infty} P\Bigl(\Bigl|\frac{X_1 + \cdots + X_n}{n} - \mu\Bigr| > \varepsilon\Bigr) = 0$$

$\Bigl($これは $\dfrac{X_1 + \cdots + X_n}{n} \to \mu$ (確率収束) ということで大数の弱法則$\Bigr)$

が成り立つ．大数の法則とは，さいころを無限回振るとき，

$$X_i = \begin{cases} 1 & \cdots i \text{ 回めに } 6 \text{ の目} \\ 0 & \cdots i \text{ 回めに } 6 \text{ の目以外} \end{cases}$$

とすると，

$$\frac{X_1 + X_2 + \cdots + X_n}{n} = \frac{n \text{ 回までに } 6 \text{ の目が出た回数}}{n} \xrightarrow[n\to\infty]{} E(X_i) = \frac{1}{6}$$

というように素朴な確率概念を無限回という理想化を用いて正当化する定理だといえる．また同じようなことであるがギャンブルの i 回めの利得を X_i とすると

$$\frac{X_1 + X_2 + \cdots + X_n}{n}$$

は n 回までの平均利得なので，平均利得が価格 $(= E(X_1))$ に近づいていくと考えることもできる．

8.4 ラプラス変換

> **定義 8.11** （ラプラス変換）
> $t \geqq 0$ で定義された関数 $f(t)$ のラプラス変換 $\hat{f}(\xi)$ を
> $$\hat{f}(\xi) = \int_0^\infty e^{-\xi t} f(t)\, dt \qquad (\xi \geqq 0)$$
> と定義する．

ラプラス変換については，以下のような性質が知られている．

(1) $\hat{f}(\xi) = \hat{g}(\xi) \Leftrightarrow f = g$

(2) $\hat{f'}(\xi) = -f(0) + \xi \hat{f}(\xi)$

(3) $\hat{f''}(\xi) = -f'(0) - f(0)\xi + \xi^2 \hat{f}(\xi)$

(4) $f * g(t) = \displaystyle\int_0^t f(s) g(t-s)\, ds$ と定義すると，$\widehat{f * g}(\xi) = \hat{f}(\xi) \hat{g}(\xi)$

(5) $\hat{1} = \dfrac{1}{\xi}$ $\left(\text{ここでの関数 1 は，} 1(t) = \begin{cases} 1 & \cdots t \geqq 0 \\ 0 & \cdots t < 0 \end{cases} \text{を表している}\right)$

(6) $\widehat{t^n} = \dfrac{\Gamma(n+1)}{\xi^{n+1}}$

(7) $\widehat{e^{-at}} = \dfrac{1}{a + \xi}$

(8) $\widehat{t^n e^{-at}} = \dfrac{\Gamma(n+1)}{(a+\xi)^{n+1}}$

(9) $\widehat{\sin at} = \dfrac{a}{a^2 + \xi^2}$

(10) $\widehat{\cos at} = \dfrac{\xi}{a^2 + \xi^2}$

(11) $\widehat{\dfrac{|a|}{\sqrt{2\pi t^3}} e^{-\frac{a^2}{2t}}} = e^{-\sqrt{2\xi}|a|}$ ただし $a \neq 0$.

(12) $\widehat{\frac{1}{2\sqrt{\pi t^3}}(1-e^{-\beta t})} = \sqrt{\xi+\beta} - \sqrt{\xi}$ ただし $\beta > 0$.

8.5 ガンマ関数とベータ関数

定義 8.12 (ガンマ関数)

$$\Gamma(s) \stackrel{(定義)}{=} \int_0^{+\infty} x^{s-1} e^{-x}\, dx \qquad (s>0)$$

をガンマ関数と呼ぶ．

ガンマ関数については，以下の基本的性質が知られている．

(1) $\Gamma(1) = 1$
(2) $\Gamma(n) = (n-1)!$ $(n \in \boldsymbol{N})$
(3) $\Gamma(s+1) = s\Gamma(s)$
(4) $\Gamma\left(\dfrac{1}{2}\right) = \sqrt{\pi}$

定義 8.13 (ベータ関数)

$$B(s,t) = \int_0^1 x^{s-1}(1-x)^{t-1}\, dx \qquad (s>0, t>0)$$

をベータ関数と呼ぶ．

ベータ関数については以下の基本的性質が知られている．

(1) $B(s,t) = 2\displaystyle\int_0^{\frac{\pi}{2}} \cos^{2s-1}\theta \sin^{2t-1}\theta\, d\theta = \int_0^{\infty} \dfrac{x^{t-1}}{(1+x)^{s+t}}\, dx$

(2) $B(s,t) = B(t,s)$

(3) $B(t,s) = \dfrac{\Gamma(t)\Gamma(s)}{\Gamma(t+s)}$

練習問題　略解

第1章　デリバティブ（金融派生商品）とは

1.1　(1) X の収益は $10,000 - 8,000 = 2,000$ 円．Y の収益は $8,000 - 10,000 = -2,000$ 円．(2) X の収益は $7,000 - 8,000 = -1,000$ 円．Y の収益は $8,000 - 7,000 = 1,000$ 円．

1.2　(1) ペイオフは $10,000 - 8,000 = 2,000$ 円．収益は $2,000 - 300 = 1,700$ 円．(2) ペイオフは 0 円．収益は $0 - 300 = -300$ 円．

1.3　(1) ペイオフは 0 円．収益は $0 - 200 = -200$ 円．(2) ペイオフは $8,000 - 7,000 = 1,000$ 円．収益は $1,000 - 200 = 800$ 円．

1.4

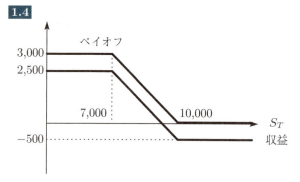

1.5

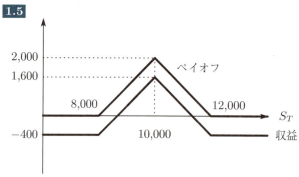

第 1 章 デリバティブ（金融派生商品）とは

1.6 $10{,}000 \times 1.1 = 11{,}000$ 円.

1.7

	$t=0$	$t=T$
価値	$C-P \longrightarrow$	$\max(S_T - K) - \max(K - S_T, 0)$

ここで，

$$\max(S_T - K, 0) - \max(K - S_T, 0) = \begin{cases} S_T - K & S_T \geq K \text{ のとき} \\ -(K - S_T) & S_T \leq K \text{ のとき} \end{cases}$$

よってペイオフは $S_T - K$ となり，受け渡し価格 K の先物買い（契約）と同じになる．この $t=0$ における価格は前に調べたように，$S - \frac{K}{1+R}$ である．またプットコールパリティより，$C - P = S - \frac{K}{1+R}$ としてもよい．

1.8 $\max(S - \frac{K}{1+R}, 0) > C$ と仮定するとき，$\max(S - \frac{K}{1+R}, 0) = S - \frac{K}{1+R}$ となるので，株を売り，銀行に $\frac{K}{1+R}$ 預け，コールオプションを買うと，$S - \frac{K}{1+R} - C > 0$ の現金が残る．$t=T$ で清算すると入ってくるお金は

$$-S_T + \frac{K}{1+R}(1+R) + \max(S_T - K, 0)$$
$$= \begin{cases} -S_T + K + S_T - K = 0 & (S_T \geqq K) \\ -S_T + K > 0 & (S_T < K) \end{cases}$$

となり，これは無裁定の仮定に矛盾．

1.9 $P > \frac{K}{1+R}$ と仮定した場合，プットオプションを売り銀行に $\frac{K}{1+R}$ 預けるとすると無裁定の仮定に矛盾．$\max(\frac{K}{1+R} - S, 0) > P$ と仮定した場合，$\frac{K}{1+R}$ を銀行から借り，株とプットオプションを買うとすると無裁定の仮定に矛盾．

1.10 $P(K_1) \geqq P(K_2)$ と仮定し，K_1 プットオプションの売りと K_2 プットオプションの買いを考える．2つ目の不等式は $P(K_2) - P(K_1) \geqq \frac{1}{1+R}(K_2 - K_1)$ と仮定し，K_2 プットオプションの売りと K_1 プットオプションの買いと $\frac{1}{1+R}(K_2 - K_1)$ の預金を考える．3つ目の不等式は $P(\frac{K_1+K_2}{2}) \geqq \frac{P(K_1)+P(K_2)}{2}$ と仮定し，$\frac{K_1+K_2}{2}$ プットオプション 1 単位の売りと K_1 プットオプション $\frac{1}{2}$ 単位の買いと K_2 プットオプション $\frac{1}{2}$ 単位の買いを考える．コールオプションに関しても同様に $C(\frac{K_1+K_2}{2}) < \frac{C(K_1)+C(K_2)}{2}$ が成立する．

1.11 $10d + 10d + 3d + 30 = 30d$ より $d = \frac{30}{7}$．

1.12 $(3c + 2c + 6)0.8 = 6c$ より $c = 2.4$（つまり，単勝馬券 X_A, X_B, X_C の売り上げ額をそれぞれ 600 万，400 万，500 万とすると，$0.2(600 + 400 + 500) = 300$

万円が JRA に入り，残り 1200 万円が分配金となる．そして A が勝った場合には 1 円当たりで 1200/600 = 2 円戻り，B が勝った場合には 1 円当たりで 1200/400 = 3 円戻り，C が勝った場合には 1 円当たりで 1200/500 = 2.4 円戻ってくることになる．このようなギャンブルの払い戻し方式をパリミューチェル方式という）．

第 2 章　離散モデルのデリバティブ理論 I

2.1　コールオプションの複製ポートフォリオは $(x,y) = (\frac{1}{2}, -3)$，価格は 5．プットオプションの複製ポートフォリオは $(x,y) = (-\frac{1}{2}, 12)$，価格は 4．

2.2　(1) 現在価格は $\frac{2}{3}$，複製ポートフォリオ推移は以下の通り．

$$((-\tfrac{1}{12}, 2), \tfrac{2}{3}) \nearrow ((0,0), 0) \nearrow 価値 = 0 \searrow 価値 = 0$$
$$\searrow ((-\tfrac{1}{2}, \tfrac{9}{2}), 2) \nearrow 価値 = 0 \searrow 価値 = 6$$

(2) 現在価格は $\frac{20}{3}$，複製ポートフォリオ推移は以下の通り．

$$((-\tfrac{1}{12}, 8), \tfrac{20}{3}) \nearrow ((-\tfrac{1}{2}, 18), 8) \nearrow 価値 = 0 \searrow 価値 = 24$$
$$\searrow ((2, -\tfrac{9}{2}), 10) \nearrow 価値 = 24 \searrow 価値 = 0$$

2.3　(1) $C(t,S) = S_T^3 g(t)$ をブラック・ショールズ偏微分方程式に代入すると，$\frac{1}{2}\sigma^2 S^2 \frac{\partial^2}{\partial S^2}(S^3 g(t)) + rS\frac{\partial}{\partial S}(S^3 g(t)) + S^3 g'(t) - rS^3 g(t) = 0$．これより，$\frac{g'(t)}{g(t)} = -(3\sigma^2 + 2r)$．よって $\frac{d}{dt}\log(g(t)) = -(3\sigma^2 + 2r)$．これを解いて，$\log(g(t)) = -(3\sigma^2 + 2r)t + C$．ただし，$C$ は t に依らない定数．ここで $C(T,S) = S^3$ より，$g(T) = 1$．これを境界条件として用いて $0 = \log(g(T)) = -(3\sigma^2 + 2r)T + C$ より定数 C を求めると $C = (3\sigma^2 + 2r)T$．よって $\log(g(t)) = (3\sigma^2 + 2r)(T-t)$．すなわち $g(t) = e^{(3\sigma^2+2r)(T-t)}$ なので $C(t,S) = S^3 e^{(2r+3\sigma^2)(T-t)}$

(2) $C(t,S) = e^{-r(T-t)}(\log S + g(t))$ をブラック・ショールズ偏微分方程式に代入すると，$\frac{1}{2}\sigma^2 S^2 \frac{\partial^2}{\partial S^2}\left(e^{-r(T-t)}(\log S + g(t))\right) + rS\frac{\partial}{\partial S}\left(e^{-r(T-t)}(\log S + g(t))\right) + \frac{\partial}{\partial t}e^{-r(T-t)}(\log S + g(t)) - re^{-r(T-t)}(\log S - g(t)) = 0$. これより $g'(t) = -\left(r - \frac{1}{2}\sigma^2\right)$. これを解いて，$g(t) = -\left(r - \frac{1}{2}\sigma^2\right)t + C$. ただし，$C$ は t に依らない定数．ここで $g(T) = 0$ より $C = \left(r - \frac{1}{2}\sigma^2\right)T$. すなわち $g(t) = (T-t)\left(r - \frac{1}{2}\sigma^2\right)$. よって $C(t,S) = e^{-r(T-t)}(\log S + (r - \frac{1}{2}\sigma^2)(T-t))$

第 3 章 ランダムウォークとマルチンゲール

3.1 $X_t = T - t + Z_t^2$. $E(X_t|\xi_1, \cdots, \xi_{t-1}) = X_{t-1} = T - t + 1 + Z_{t-1}^2$.

3.2 例 3.1：$E(U_t) = 0$, $V(U_t) = \frac{t(t+1)(2t+1)}{6}$. 例 3.2：$E(U_t) = 0$, $V(U_t) = a^2 + \frac{A^2+B^2}{2}(t-1)$. 例 3.3：$E(U_t) = 1$, $V(U_t) = 2^t - 1$. 例 3.4：$E(U_t) = 0$, $V(U_t) = 2^t - 1$.

3.3 $U_t = U_{t-1} + 3^t \xi_t = U_0 + 3\xi_1 + 3^2\xi_2 + \cdots + 3^t\xi_t$, $E(U_t) = U_0$, $V(U_t) = \frac{9(9^t - 1)}{8}$.

3.4 $E(U_{t+1}|\xi_1, \xi_2, \cdots, \xi_t)$
$= E((Z_t + \xi_{t+1})^3 - 3(t+1)(Z_t + \xi_{t+1})|\xi_1, \xi_2, \cdots, \xi_t)$
$= Z_t^3 - 3tZ_t - 3Z_t + E(3Z_t^2 \xi_{t+1} + 3Z_t \xi_{t+1}^2 + \xi_{t+1}^3 - 3t\xi_{t+1} - 3\xi_{t+1}|\xi_1, \xi_2, \cdots, \xi_t)$
$= Z_t^3 - 3tZ_t = U_t$.
$f_t(\xi_1, \xi_2, \cdots, \xi_{t-1}) = 3Z_{t-1}^2 - 3t + 1$.

3.5 $U_t = E(Z_T^4|\xi_1, \cdots, \xi_t) = E(Z_{T-t}^4) + 6Z_t^2(T-t) + Z_t^4$. ここで，

$$E(Z_{T-t}^4) = E\left[\left(\sum_{i=1}^{T-t} \xi_i\right)^4\right] = \sum_{1 \leq i,j,k,l \leq T-t} E(\xi_i \xi_j \xi_k \xi_l)$$

$$= \sum_{1 \leq i \leq T-t} E(\xi_i^4) + 4 \sum_{\substack{1 \leq i,j \leq T-t \\ i \neq j}} E(\xi_i^3 \xi_j) + \frac{4C_2}{2} \sum_{\substack{1 \leq i,j \leq T-t \\ i \neq j}} E(\xi_i^2 \xi_j^2)$$

$$+ 4 \cdot 3 \sum_{\substack{1 \leq i,j,k \leq T-t \\ i \neq j, j \neq k, k \neq i}} E(\xi_i^2 \xi_j \xi_k) + \sum_{\substack{1 \leq i,j,k,l \leq T-t \\ i,j,k,l \text{ はすべて異なる}}} E(\xi_i \xi_j \xi_k \xi_l)$$

$$= 3(T-t)^2 - 2(T-t)$$

あるいは次のように計算してもよい．

$$E(Z_{T-t}^4) = \sum_{k=1}^{T-t}\{E(Z_k^4) - E(Z_{k-1}^4)\} = \sum_{k=1}^{T-t} E[(Z_{k-1}+\xi_k)^4 - Z_{k-1}^4]$$
$$= \sum_{k=1}^{T-t}\{6(k-1)+1\} = 3(T-t)^2 - 2(T-t)$$

したがって,
$$f_t(\xi_1,\cdots,\xi_{t-1}) = \frac{U_t - U_{t-1}}{\xi_t} = 4\{3(T-t)+1\}Z_{t-1} + 4Z_{t-1}^3.$$

3.6 $Z_t^4 - 0^4 = \sum_{i=0}^{t-1}(4Z_i^3 + 4Z_i)(Z_{i+1} - Z_i) + \sum_{i=0}^{t-1}(6Z_i^2 + 1).$

3.7 $f(x,t) = te^x$ とすると

$\frac{f(x+1,t+1) - f(x-1,t+1)}{2} = (t+1)e^x \frac{e - e^{-1}}{2} = (t+1)e^x(\sinh 1)$

$\frac{f(x+1,t+1) - 2f(x,t+1) + f(x-1,t+1)}{2}$
$$= 2(t+1)e^x\left(\frac{e^{1/2} - e^{-1/2}}{2}\right)^2 = 2(t+1)e^x(\sinh\tfrac{1}{2})^2.$$

$f(x,t+1) - f(x,t) = e^x.$

したがって離散伊藤公式より，以下のようになる.

$$te^{Z_t} = f(Z_t,t) - f(0,0) = \sum_{i=0}^{t-1}(f(Z_{i+1},i+1) - f(Z_i,i))$$
$$= \underbrace{\sum_{i=0}^{t-1}(i+1)e^{Z_i}(\sinh 1)(Z_{i+1} - Z_i)}_{\text{マルチンゲール}} + \underbrace{\sum_{i=0}^{t-1} e^{Z_i}\{2(i+1)(\sinh\tfrac{1}{2})^2 + 1\}}_{\text{可予測過程}}$$

3.8 $Z_t^3 - 3tZ_t = \sum_{i=0}^{t-1}(3Z_i^2 - 3i - 2)(Z_{i+1} - Z_i)$ となるのでマルチンゲール.

3.9 $f(x) = x^2$ とおくと, $\frac{f(x+1) - f(x-1)}{2} = 2x$, $\frac{f(x+1) - 2f(x) + f(x-1)}{2} = 1$.
したがって, 以下のようになる.

$$(Z_t')^2 = f(Z_t') - f(0) = \sum_{i=0}^{t-1}(f(Z_{i+1}') - f(Z_i'))$$
$$= \underbrace{\sum_{i=0}^{t-1} 2Z_i'(Z_{i+1}' - Z_i' - (2p-1))}_{\text{マルチンゲール}} + \underbrace{\sum_{i=0}^{t-1}\{1 + 2Z_i'(2p-1)\}}_{\text{可予測過程}}$$

次に $f(x) = e^x$ とおくと，$\frac{f(x+1)-f(x-1)}{2} = e^x(\sinh 1)$，$\frac{f(x+1)-2f(x)+f(x-1)}{2} = 2e^x(\sinh \frac{1}{2})^2$．したがって，以下のようになる．

$$e^{Z'_t} = f(Z'_t) - f(0) + f(0) = \sum_{i=0}^{t-1}(f(Z'_{i+1}) - f(Z'_i)) + 1$$

$$= \underbrace{\sum_{i=0}^{t-1} e^{Z'_i}(\sinh 1)(Z'_{i+1} - Z'_i - (2p-1))}_{\text{マルチンゲール}}$$

$$+ \underbrace{1 + \sum_{i=0}^{t-1} e^{Z'_i}\{2(\sinh \tfrac{1}{2})^2 + (2p-1)\sinh 1\}}_{\text{可予測過程}}$$

第4章 離散モデルのデリバティブ価格理論 II

4.1 価格は $S^3\big(\frac{(1+\mu)^3 + 3\sigma(1+\mu)^2(2p-1) + 3\sigma^2(1+\mu) + \sigma^3(2p-1)}{1+r}\big)^T$ で，
$M_{t+1} - M_t = (1+r)^{-T} S_t^3 \{(1+\mu)^3 + 3\sigma(1+\mu)^2(2p-1) + 3\sigma^2(1+\mu)$
$\quad + \sigma^3(2p-1)\}^{T-t-1}(3\sigma(1+\mu)^2 + \sigma^3)(\xi_{t+1} - (2p-1))$.
$\therefore \phi_{t+1} = (3(1+\mu)^2 + \sigma^2) S_t^2 \big(\frac{(1+\mu)^3 + 3\sigma(1+\mu)^2(2p-1) + 3\sigma^2(1+\mu) + \sigma^3(2p-1)}{1+r}\big)^{T-t-1}$.

第5章 ブラウン運動とマルチンゲール

5.1 (1) $E(W_T^4) = E((N(0,T))^4) = 3T^2$. (2) $E(e^{\alpha W_T}) = E(e^{\alpha N(0,T)}) = e^{\frac{1}{2}\alpha^2 T}$.

(3) $E(W_t^2 W_T) = E(W_t^2(W_T - W_t) + W_t^3) = E(W_t^2)E(W_T - W_t) + E(W_t^3)$
$= t \times 0 + 0 = 0$.

(4) $E(W_t^2 W_T^2) = E(W_t^2((W_T - W_t)^2 + 2W_t(W_T - W_t) + W_t^2))$
$= E(W_t^2)E((W_T - W_t)^2) + 2E(W_t^3)E(W_T - W_t) + E(W_t^4)$
$= t \times (T - t) + 2 \times 0 \times 0 + 3t^2 = t(T-t) + 3t^2$.

(5) $\mathrm{Cov}(W_t, W_T) = \mathrm{Cov}(W_t, W_T - W_t) + \mathrm{Cov}(W_t, W_t) = 0 + t = t$.

(6) $E(W_T^2 | W_t = x) = E((W_T - W_t)^2 + 2x(W_T - W_t) + x^2 | W_t = x)$
$= E((W_T - W_t)^2) + 2x E(W_T - W_t) + x^2 = (T-t) + x^2$.

(7) $E(e^{\alpha W_T} | W_t = x) = E(e^{\alpha(W_T - W_t) + \alpha x} | W_t = x)$

$$= E(e^{\alpha(W_T - W_t)}) \cdot e^{\alpha x} = e^{\alpha x + \frac{1}{2}\alpha^2(T-t)}.$$

(8) $f_{W_t|W_T}(x|y) = \dfrac{f_{(W_t, W_T)}(x,y)}{f_{W_T}(y)} = \dfrac{\frac{1}{\sqrt{2\pi t}}e^{-\frac{x^2}{2t}} \cdot \frac{1}{\sqrt{2\pi(T-t)}}e^{-\frac{(y-x)^2}{2(T-t)}}}{\frac{1}{\sqrt{2\pi T}}e^{-\frac{y^2}{2T}}}$

$$= \dfrac{1}{\sqrt{2\pi}}\sqrt{\dfrac{T}{t(T-t)}} \cdot e^{-\frac{1}{2}\frac{1}{tT(T-t)}(Tx-ty)^2} = \dfrac{1}{\sqrt{2\pi}}\sqrt{\dfrac{T}{t(T-t)}}e^{-\frac{1}{2}\frac{(x-\frac{t}{T}y)^2}{t(T-t)/T}}.$$

(9) $E(W_t | W_T = x) = E(\mathrm{N}(\frac{t}{T}x, \frac{t(T-t)}{T})) = \frac{t}{T}x.$

5.2 (1) と (3) は簡単なので省略. (2) については $V(Y_t) = V(tW_{\frac{1}{t}}) = t^2\frac{1}{t} = t$, また $0 < s < t$ について, $\mathrm{Cov}(Y_s, Y_t) = st\min(\frac{1}{s}, \frac{1}{t}) = s$ より, $0 < t_1 < \cdots < t_n$ について,

$(Y_{t_1}, \cdots, Y_{t_n})$ の分布は平均ベクトル $\begin{pmatrix} 0 \\ \vdots \\ 0 \end{pmatrix}$

分散共分散行列 $\begin{pmatrix} t_1 & t_1 & \cdots & t_1 \\ t_1 & t_2 & \cdots & t_2 \\ \vdots & \vdots & \ddots & \\ t_1 & t_2 & & t_n \end{pmatrix}$

の多次元正規分布は $(W_{t_1}, \cdots, W_{t_n})$ の分布.

もちろん，この結果はモーメント母関数を計算することで導くこともできる．実際，ブラウン運動の独立増分性より $0 < s < t$ について以下を得る．

$$E(e^{\alpha Y_s + \beta Y_t}) = E(e^{\alpha s W_{1/s} + \beta t W_{1/t}}) = E(e^{\alpha s(W_{1/s} - W_{1/t})})E(e^{(\alpha s + \beta t)W_{1/t}})$$
$$= e^{\frac{1}{2}(\alpha^2 s + 2\alpha\beta s + \beta^2 t)} = E(e^{\alpha W_s + \beta W_t})$$

多次元の場合も同様である．

また，$t = 0$ における連続性，つまり $\displaystyle\lim_{t \to 0+} \frac{W_{\frac{1}{t}}}{\frac{1}{t}} = \lim_{s \to \infty} \frac{W_s}{s} = 0$ が成り立つことは，大数の法則から導かれる（正確にはブラウン運動のヘルダー連続性と呼ばれる性質も必要になる）．

5.3 $E(e^{\sigma W_t - \frac{1}{2}\sigma^2 t} | \mathcal{F}_u) = E(e^{\sigma(W_t - W_u) + \sigma W_u}|\mathcal{F}_u)e^{-\frac{1}{2}\sigma^2 t}$
$= E(e^{\sigma(W_t - W_u)}|\mathcal{F}_u)e^{\sigma W_u - \frac{1}{2}\sigma^2 t} = e^{\frac{1}{2}\sigma^2(t-u)}e^{\sigma W_u - \frac{1}{2}\sigma^2 t} = e^{\sigma W_u - \frac{1}{2}\sigma^2 u}.$

5.4 (1) $E(W_T^3 | \mathcal{F}_t) = E((W_T - W_t + W_t)^3 | \mathcal{F}_t)$
$= E((W_T - W_t)^3) + 3E((W_T - W_t)^2)W_t + 3E(W_T - W_t)W_t^2 + W_t^3$

第 5 章　ブラウン運動とマルチンゲール　**171**

$$= 0 + 3(T-t)W_t + 3 \cdot 0 \cdot W_t^2 + W_t^3 = W_t^3 + 3(T-t)W_t.$$

(2) $E(e^{\alpha W_T} | \mathcal{F}_t) = E(e^{\alpha(W_T - W_t) + \alpha W_t} | \mathcal{F}_t)$
$= E(e^{\alpha(W_T - W_t)}) \cdot e^{\alpha W_t} = e^{\alpha W_t + \frac{1}{2}\alpha^2(T-t)}.$

5.5 $\int_0^t (e^{\alpha s})^2 \, ds = \int_0^t e^{2\alpha s} \, ds = \frac{1}{2\alpha}(e^{2\alpha t} - 1).$ ∴ $N\left(0, \frac{1}{2\alpha}(e^{2\alpha t} - 1)\right)$

5.6 (1) $de^{W_t^2} = 2W_t e^{W_t^2} dW_t + \frac{1}{2}(2e^{W_t^2} + 4W_t^2 e^{W_t^2}) dt$
$= e^{W_t^2}(2W_t \, dW_t + (1 + 2W_t^2) \, dt).$

(2) $de^{W_t^2} de^{W_t} = (2W_t e^{W_t^2} dW_t)(e^{W_t} dW_t) = 2W_t e^{W_t + W_t^2} dt.$

(3) $d(W_t e^{W_t}) = (e^{W_t} + W_t e^{W_t}) \, dW_t + \frac{1}{2}(e^{W_t} + e^{W_t} + W_t e^{W_t}) \, dt$
$= e^{W_t}\left((1 + W_t) \, dW_t + \frac{1}{2}(2 + W_t) \, dt\right).$

(4) $d(W_t' e^{W_t}) = (W_t' e^{W_t}) \, dW_t + e^{W_t} \, dW_t' + \frac{1}{2} W_t' e^{W_t} \, dt.$

(5) $d(\sin(W_t + W_t')) = \cos(W_t + W_t') \, dW_t + \cos(W_t + W_t') \, dW_t'$
$\qquad + \frac{1}{2}(-\sin(W_t + W_t') \, dt - \sin(W_t + W_t') \, dt)$
$= \cos(W_t + W_t')(dW_t + dW_t') - \sin(W_t + W_t') \, dt.$

5.7 (1) $d(W_t^2 - t) = 2W_t \, dW_t - dt + \frac{1}{2} \cdot 2 \, dt = 2W_t \, dW_t.$

(2) $d(W_t^4) = 4W_t^3 \, dW_t + \frac{1}{2} \cdot 12 W_t^2 \, dt = 4W_t^3 \, dW_t + 6W_t^2 \, dt.$
よって, $M_t = \int_0^t 6W_s^2 \, ds$ ととればよい.

5.8

$$W_t^2 = \underbrace{\int_0^t 2W_s \, dW_s}_{\mathcal{F}_t \text{マルチンゲール部分}} + \underbrace{t}_{\text{有界変動部分}}$$

$$tW_t^3 = \underbrace{\int_0^t 3sW_s^2 \, dW_s}_{\mathcal{F}_t \text{マルチンゲール部分}} + \underbrace{\int_0^t (W_s^3 + 3sW_s) \, ds}_{\text{有界変動部分}}$$

$$e^{\alpha W_t} - 1 = \underbrace{\int_0^t \alpha e^{\alpha W_s} \, dW_s}_{\mathcal{F}_t \text{マルチンゲール部分}} + \underbrace{\frac{1}{2}\int_0^t \alpha^2 e^{\alpha W_s} \, ds}_{\text{有界変動部分}}$$

$$te^{\alpha W_t} = \underbrace{\int_0^t \alpha s e^{\alpha W_s} \, dW_s}_{\mathcal{F}_t \text{マルチンゲール部分}} + \underbrace{\int_0^t (1 + \frac{1}{2}\alpha^2 s) e^{\alpha W_s} \, ds}_{\text{有界変動部分}}$$

5.9 たとえばブラウン運動が最大値をとる時間など.

5.10 ヒントより, $P(M_T \geqq a) = 2P(W_T \geqq a) = 2\left(1 - \Phi\left(\frac{a}{\sqrt{T}}\right)\right),$

$f_{M_T}(x) = -\frac{\partial}{\partial x}P(M_T \geq x) = 2\frac{\partial}{\partial x}\Phi\left(\frac{x}{\sqrt{T}}\right) = \sqrt{\frac{2}{\pi T}}e^{-\frac{x^2}{2T}} \cdots x \geq 0.$
ここで Φ は標準正規分布の分布関数を表す．

5.11 $f_{\tau_a}(t) = \frac{\partial}{\partial t}P(M_t \geq a) = 2\frac{\partial}{\partial t}P(W_t \geq a) = \frac{a}{\sqrt{2\pi t^3}}e^{-\frac{a^2}{2t}} \cdots t \geq 0.$

第 6 章 確率微分方程式

6.1 伊藤の公式より
$dX_t = \left(\mu - \frac{1}{2}\sigma^2\right)xe^{(\mu-\frac{1}{2}\sigma^2)t+\sigma W_t}dt + \sigma xe^{(\mu-\frac{1}{2}\sigma^2)t+\sigma W_t}dW_t$
$\qquad + \frac{1}{2}\sigma^2 xe^{(\mu-\frac{1}{2}\sigma^2)t+\sigma W_t}dW_t dW_t$
$= \mu X_t dt + \sigma X_t dW_t.$

6.2 $\int_0^t e^{bs}dW_s$ は，$N\left(0, \frac{1}{2b}e^{2bt} - \frac{1}{2b}\right)$ に従うので，X_t の分布は
$N\left(\frac{a}{b} - \left(\frac{a}{b} - x\right)e^{-bt}, \frac{c^2}{2b} - \frac{c^2}{2b}e^{-2bt}\right)$ である．また，$\mathrm{Cov}(X_{t_1}, X_{t_2}) =$
$c^2 e^{-b(t_1+t_2)}\mathrm{Cov}(\int_0^{t_1} e^{bs}dW_s, \int_0^{t_2} e^{bs}dW_s) = \frac{c^2}{2b}(e^{-b(t_2-t_1)} - e^{-b(t_1+t_2)}).$

6.3 $Y_t = \mathrm{Arcsin}\, X_t$ とおくと
$dY_t = \frac{1}{\sqrt{1-X_t^2}}dX_t + \frac{1}{2}\frac{X_t}{(1-X_t^2)\sqrt{1-X_t^2}}dX_t dX_t$
$\quad = dW_t - \frac{1}{2}\frac{X_t}{\sqrt{1-X_t^2}}dt + \frac{1}{2}\frac{X_t}{\sqrt{1-X_t^2}}dt = dW_t.$
$Y_0 = \mathrm{Arcsin}\, x$ より $Y_t = \mathrm{Arcsin}\, x + W_t.$ $\therefore X_t = \sin(\mathrm{Arcsin}\, x + W_t).$

6.4 両辺とも $-\frac{1}{2} \cdot \frac{1}{\sqrt{2\pi t^3}}e^{-\frac{(x-z)^2}{2t}} + \frac{(x-z)^2}{2t^2} \cdot \frac{1}{\sqrt{2\pi t}}e^{-\frac{(x-z)^2}{2t}}$ になる．

6.5 $a(x) = \mu x$, $b(x) = \sigma x$ より $dX_t^x = \mu X_t^x dt + \sigma X_t^x dW_t$, $X_0^x = x$ を解くと $X_t^x = xe^{(\mu-\frac{1}{2}\sigma^2)t+\sigma W_t}$. よって $g(t,x) = E((X_t^x)^2) = E(x^2 e^{(2\mu-\sigma^2)t+2\sigma W_t})$
$= x^2 e^{(2\mu+\sigma^2)t}.$

6.6 練習問題 **6.5** と同じく $X_t^x = xe^{(\mu-\frac{1}{2}\sigma^2)t+\sigma W_t}$ として，
$g(t,x) = E(e^{-rt}(X_t^x)^2) = x^2 e^{(2\mu+\sigma^2-r)t}.$

第 7 章 連続モデルのデリバティブ価格理論

7.1 (1) $E(e^{-rT}W_T^3) = 0,$
$E_t = E(e^{-rT}W_T^3|\mathcal{F}_t)$
$\quad = e^{-rT}E[(W_T - W_t)^3 + 3(W_T - W_t)^2 W_t + 3(W_T - W_t)W_t^2 + W_t^3|\mathcal{F}_t]$
$\quad = e^{-rT}(0 + 3W_t(T - t) + 3W_t^2 \cdot 0 + W_t^3) = e^{-rT}(3W_t(T - t) + W_t^3),$

$dE_t = 3e^{-rT}((T-t) + W_t^2)\,dW_t.$ $\therefore \phi_t = (\sigma S_t')^{-1}3e^{-rT}((T-t)+W_t^2).$
$\psi_t = E_t - \phi_t S_t' = e^{-rT}(3W_t(T-t) + W_t^3 - \frac{3}{\sigma}(T-t) - \frac{3}{\sigma}W_t^2).$
(2) $E(e^{-rT}e^{\alpha W_T}) = e^{-rT}e^{\frac{1}{2}\alpha^2 T} = e^{-(r-\frac{1}{2}\alpha^2)T},$
$E_t = E[e^{-rT}e^{\alpha W_T}|\mathcal{F}_t] = e^{-rT}e^{\alpha W_t}E[e^{\alpha(W_T - W_t)}] = e^{-rT} \cdot e^{\alpha W_t} \cdot e^{\frac{1}{2}\alpha^2(T-t)},$
$dE_t = \alpha e^{\alpha W_t - rT + \frac{1}{2}\alpha^2(T-t)}\,dW_t.$ $\therefore \phi_t = (\sigma S_t')^{-1}\alpha e^{\alpha W_t - rT + \frac{1}{2}\alpha^2(T-t)}.$
$\psi_t = E_t - \phi_t S_t' = e^{\alpha W_t - rT + \frac{1}{2}\alpha^2(T-t)}(1 - \frac{\alpha}{\sigma}).$

7.2 (1) $E[e^{-rT}S_T^3] = e^{-rT}E[S^3 \cdot e^{3(r-\frac{1}{2}\sigma^2)T + 3\sigma W_T}] = S^3 e^{2rT + 3\sigma^2 T},$
$E_t = E[e^{-rT}S_T^3|\mathcal{F}_t] = e^{-rT}E[S_t^3 \cdot e^{3(r-\frac{1}{2}\sigma^2)(T-t) + 3\sigma(W_T - W_t)}|\mathcal{F}_t]$
$\quad = e^{-rT}S_t^3 e^{3r(T-t) - \frac{3}{2}\sigma^2(T-t)} \cdot e^{\frac{1}{2}(3\sigma)^2(T-t)}$
$\quad = S_t^3 e^{2rT - 3rt + 3\sigma^2(T-t)} = S_t'^3 e^{2rT + 3\sigma^2(T-t)},$
$dE_t = 3S_t'^2 e^{2rT + 3\sigma^2(T-t)}\,dS_t'.$ $\therefore \phi_t = 3S_t'^2 e^{2rT + 3\sigma^2(T-t)}.$
$\psi_t = E_t - \phi_t S_t' = -2S_t'^3 e^{2rT + 3\sigma^2(T-t)}.$
(2) $E\bigl[e^{-rT}\int_0^T W_s^2\,ds\bigr] = e^{-rT}\int_0^T E[W_s^2]\,ds = \frac{1}{2}e^{-rT}T^2,$
$E_t = E\bigl[e^{-rT}\int_0^T W_s^2\,ds\,\big|\mathcal{F}_t\bigr] = e^{-rT}E\bigl[\int_0^t W_s^2\,ds + \int_t^T W_s^2\,ds\,\big|\mathcal{F}_t\bigr]$
$\quad = e^{-rT}\bigl(\int_0^t W_s^2\,ds + E\bigl[\int_t^T (W_s - W_t)^2\,ds\bigr]$
$\qquad + 2W_t E\bigl[\int_t^T (W_s - W_t)\,ds\bigr] + W_t^2 \int_t^T ds\bigr)$
$\quad = e^{-rT}\bigl(\int_0^t W_s^2\,ds + \frac{1}{2}(T-t)^2 + W_t^2(T-t)\bigr),$
$dE_t = 2e^{-rT}W_t(T-t)\,dW_t.$ $\therefore \phi_t = \dfrac{1}{\sigma S_t'}2e^{-rT}W_t(T-t).$
$\psi_t = E_t - \phi_t S_t' = e^{-rT}\bigl(\int_0^t W_s^2\,ds + \frac{1}{2}(T-t)^2 + W_t^2(T-t) - \frac{2}{\sigma}W_t(T-t)\bigr).$
(3) $E[e^{-rT}e^{-\beta W_T^2}] = e^{-rT}\int_{-\infty}^{\infty}e^{-\beta x^2}\dfrac{1}{\sqrt{2\pi T}}e^{-\frac{x^2}{2T}}\,dx$
$\quad = e^{-rT}\int_{-\infty}^{\infty}\dfrac{1}{\sqrt{2\pi T}}e^{-\frac{1}{2T}(1 + 2\beta T)x^2}\,dx$
$\quad = e^{-rT}\dfrac{1}{\sqrt{1 + 2\beta T}}\int_{-\infty}^{\infty}\sqrt{\dfrac{1 + 2\beta T}{2\pi T}}e^{-\frac{1 + 2\beta T}{2T}x^2}\,dx = e^{-rT}(1 + 2\beta T)^{-\frac{1}{2}},$
$E_t = E[e^{-rT}e^{-\beta W_T^2}|\mathcal{F}_t]$
$\quad = e^{-rT}E[e^{-\beta(W_T - W_t)^2 - 2\beta W_t(W_T - W_t) - \beta W_t^2}|\mathcal{F}_t]$
$\quad = e^{-rT}[1 + 2\beta(T-t)]^{-\frac{1}{2}} \cdot e^{\frac{1}{2}(-2\beta W_t)^2(T-t)} \cdot e^{-\beta W_t^2}$
$\quad = e^{-rT}e^{(2\beta^2(T-t) - \beta)W_t^2}[1 + 2\beta(T-t)]^{-\frac{1}{2}},$
$dE_t = 2(2\beta^2(T-t) - \beta)W_t E_t\,dW_t$
$\quad = 2\beta(2\beta(T-t) - 1)W_t \cdot e^{-rT}e^{\beta(2\beta(T-t) - 1)W_t^2}[1 + 2\beta(T-t)]^{-\frac{1}{2}}\,dW_t,$

$\therefore \phi_t = \frac{1}{\sigma S'_t} \cdot 2\beta(2\beta(T-t)-1)W_t \cdot e^{-rT} e^{\beta(2\beta(T-t)-1)W_t^2}[1+2\beta(T-t)]^{-\frac{1}{2}}$.
$\psi_t = E_t - \phi_t S'_t = E_t - \frac{1}{\sigma} \cdot 2\beta(2\beta(T-t)-1)W_t \cdot E_t$
$= e^{-rT} \cdot e^{\beta(2\beta(T-t)-1)W_t^2}[1+2\beta(T-t)]^{-\frac{1}{2}}\left[1 - \frac{1}{\sigma}2\beta(2\beta(T-t)-1)W_t\right]$.

7.3 $d_+ = \frac{\log \frac{S}{K} + \left(r + \frac{1}{2}\sigma^2\right)T}{\sigma\sqrt{T}}, d_- = \frac{\log \frac{S}{K} + \left(r - \frac{1}{2}\sigma^2\right)T}{\sigma\sqrt{T}}$ とおく.
$\frac{\partial C}{\partial r} = S\varphi(d_+)\frac{\partial d_+}{\partial r} - Ke^{-rT}\varphi(d_-)\frac{\partial d_-}{\partial r} + TKe^{-rT}\Phi(d_-)$.
ここで $\frac{\partial d_+}{\partial r} = \frac{\partial d_-}{\partial r}$ だから, $\frac{\partial C}{\partial r} = TKe^{-rT}\Phi(d_-)$.

7.4 プットコールパリティ $S + P = C + Ke^{-rT}$ より $P = C + Ke^{-rT} - S$.
$\Delta = \frac{\partial P}{\partial S} = \frac{\partial C}{\partial S} - 1 = \Phi(d_+) - 1 = -\Phi(-d_+)$,
$\Gamma = \frac{\partial \Delta}{\partial S} = \frac{\partial^2 P}{\partial S^2} = \frac{\partial^2 C}{\partial S^2} = \phi(d_+)\frac{1}{S\sigma\sqrt{T}}$,
$\Theta = \frac{\partial P}{\partial T} = \frac{\partial C}{\partial T} - rKe^{-rT} = \frac{\sigma}{2\sqrt{T}}S\phi(d_+) - rKe^{-rT}(1 - \Phi(d_-))$
$= \frac{\sigma}{2\sqrt{T}}S\phi(d_+) - rKe^{-rT}\Phi(-d_-)$.

7.5 $\Delta = 1, \Gamma = 0, \Theta = rKe^{-rT}$ より,
$\Theta - \frac{1}{2}\sigma^2 S^2 \Gamma - rS\Delta + r(S - Ke^{-rT}) = 0$.

7.6 (略) ヒント: プットコールパリティを用いよ.

7.7 行使価格 K, 初期株価 S のコールオプション 1 単位の現在価格は
$E[(Se^{-\frac{1}{2}\sigma^2 T + \sigma W_T} - K)1_{(-\frac{1}{2}\sigma^2 T + \sigma W_T \geq \log \frac{K}{S})}]$
$= SE[e^{-\frac{1}{2}\sigma^2 T + \sigma W_T}1_{(-\frac{1}{2}\sigma^2 T + \sigma W_T \geq \log \frac{K}{S})}] - KQ(-\frac{1}{2}\sigma^2 T + \sigma W_T \geq \log \frac{K}{S})$
$= SQ(-\frac{1}{2}\sigma^2 T + \sigma(W_T + \sigma T) \geq \log \frac{K}{S}) - KQ(\frac{1}{2}\sigma^2 T - \sigma W_T \leq \log \frac{S}{K})$
  ($\because$ カメロン・マルティンの定理による)
$= SQ(\frac{1}{2}\sigma^2 T - \sigma W_T \geq \log \frac{K}{S}) - KQ(\frac{1}{2}\sigma^2 T - \sigma W_T \leq \log \frac{S}{K})$.
一方,
行使価格 $\frac{S^2}{K}$, 初期株価 S のプットオプション $\frac{K}{S}$ 単位の現在価格は
$\frac{K}{S}E[\max(\frac{S^2}{K} - Se^{-\frac{1}{2}\sigma^2 T + \sigma W_T}, 0)]$
$= E[(S - Ke^{-\frac{1}{2}\sigma^2 T + \sigma W_T})1_{(\log \frac{S}{K} \geq -\frac{1}{2}\sigma^2 T + \sigma W_T)}]$
$= SQ(\log \frac{S}{K} \geq -\frac{1}{2}\sigma^2 T + \sigma W_T) - KE[e^{-\frac{1}{2}\sigma^2 T + \sigma W_T}1_{(\log \frac{S}{K} \geq -\frac{1}{2}\sigma^2 T + \sigma W_T)}]$
$= SQ(\log \frac{K}{S} \leq \frac{1}{2}\sigma^2 T - \sigma W_T) - KQ(\log \frac{S}{K} \geq -\frac{1}{2}\sigma^2 T + \sigma(W_T + \sigma T))$
$= SQ(\frac{1}{2}\sigma^2 T - \sigma W_T \geq \log \frac{K}{S}) - KQ(\frac{1}{2}\sigma^2 T - \sigma W_T \leq \log \frac{S}{K})$.

第 7 章 連続モデルのデリバティブ価格理論　**175**

7.8　$\frac{\partial P}{\partial S} = -\Phi(-d_+) < 0,$

$\frac{\partial P}{\partial T} = \frac{\sigma}{2\sqrt{T}} S\phi(d_+) - rKe^{-rT}\Phi(-d_-)$，これは + にも − にもなりうるのでプットの場合, 満期までの時間が減ったときのオプション価格の変化はわからない.

$\frac{\partial P}{\partial r} = \frac{\partial C}{\partial r} - TKe^{-rT} = -TKe^{-rT}(1 - \Phi(d_-)) = -TKe^{-rT}\Phi(-d_-) < 0.$

7.9　$E_0 = E[e^{-rT}\max(S_T - K, 0) \wedge L]$

$= e^{-rT}E[(S_T - K)1_{(K \leqq S_T \leqq K+L)} + L \cdot 1_{(S_T > K+L)}]$

$= SE\big[\frac{e^{\sigma W_T}}{E[e^{\sigma W_T}]}1_{(\log\frac{K}{S} - (r - \frac{1}{2}\sigma^2)T \leqq \sigma W_T \leqq \log\frac{K+L}{S} - (r - \frac{1}{2}\sigma^2)T)}\big]$

$\quad - Ke^{-rT}Q(\log\frac{K}{S} - (r - \frac{1}{2}\sigma^2)T \leqq \sigma W_T \leqq \log\frac{K+L}{S} - (r - \frac{1}{2}\sigma^2)T)$

$\quad + Le^{-rT}Q(\sigma W_T > \log\frac{K+L}{S} - (r - \frac{1}{2}\sigma^2)T)$

$= SP(\log\frac{K}{S} - (r - \frac{1}{2}\sigma^2)T \leqq N(\sigma^2 T, \sigma^2 T) \leqq \log\frac{K+L}{S} - (r - \frac{1}{2}\sigma^2)T)$

$\quad - Ke^{-rT}\big\{\Phi\big(\frac{\log\frac{S}{K} + (r - \frac{1}{2}\sigma^2)T}{\sigma\sqrt{T}}\big) - \Phi\big(\frac{\log\frac{S}{K+L} + (r - \frac{1}{2}\sigma^2)T}{\sigma\sqrt{T}}\big)\big\}$

$\quad + Le^{-rT}\Phi\big(\frac{\log\frac{S}{K+L} + (r - \frac{1}{2}\sigma^2)T}{\sigma\sqrt{T}}\big)$

（∵ エッシャー変換による）

$= S\big\{\Phi\big(\frac{\log\frac{S}{K} + (r + \frac{1}{2}\sigma^2)T}{\sigma\sqrt{T}}\big) - \Phi\big(\frac{\log\frac{S}{K+L} + (r + \frac{1}{2}\sigma^2)T}{\sigma\sqrt{T}}\big)\big\}$

$\quad - Ke^{-rT}\big\{\Phi\big(\frac{\log\frac{S}{K} + (r - \frac{1}{2}\sigma^2)T}{\sigma\sqrt{T}}\big) - \Phi\big(\frac{\log\frac{S}{K+L} + (r - \frac{1}{2}\sigma^2)T}{\sigma\sqrt{T}}\big)\big\}$

$\quad + Le^{-rT}\Phi\big(\frac{\log\frac{S}{K+L} + (r - \frac{1}{2}\sigma^2)T}{\sigma\sqrt{T}}\big)$

$= C(K) - C(K + L).$

7.10　$E[M_T] = E[Se^{M_T^{\mu,\sigma}}] \quad (\mu = r - \frac{1}{2}\sigma^2)$

$= \int_0^\infty Se^x f_{M_T^{\mu,\sigma}}(x)\, dx$

$= \int_0^\infty Se^x \frac{2}{\sigma\sqrt{T}}\Phi'\big(\frac{x - \mu T}{\sigma\sqrt{T}}\big)dx - \int_0^\infty Se^x \big(\frac{2\mu}{\sigma^2}\big)e^{(\frac{2\mu}{\sigma^2})x}\Phi\big(-\frac{x + \mu T}{\sigma\sqrt{T}}\big)dx$

$= 2Se^{(\mu + \frac{1}{2}\sigma^2)T}\int_0^\infty \frac{1}{\sigma\sqrt{T}}\Phi'\big(\frac{x - (\mu + \sigma^2)T}{\sigma\sqrt{T}}\big)dx$

$\quad - \big(\frac{2\mu}{\sigma^2}\big)S\big[\frac{\sigma^2}{2\mu + \sigma^2}e^{\frac{2\mu + \sigma^2}{\sigma^2}x}\Phi\big(-\frac{x + \mu T}{\sigma\sqrt{T}}\big)\big]_0^\infty$

$\quad + \big(\frac{2\mu}{\sigma^2}\big)S\big(\frac{-1}{\sigma\sqrt{T}}\big)\int_0^\infty \frac{\sigma^2}{2\mu + \sigma^2}e^{\frac{2\mu + \sigma^2}{\sigma^2}x}\Phi'\big(-\frac{x + \mu T}{\sigma\sqrt{T}}\big)dx$

$= 2Se^{rT}\Phi\big(\frac{(\mu + \sigma^2)T}{\sigma\sqrt{T}}\big) + \big(\frac{2\mu}{2\mu + \sigma^2}\big)S\Phi\big(\frac{-\mu T}{\sigma\sqrt{T}}\big)$

$\quad - \big(\frac{2\mu}{2\mu + \sigma^2}\big)Se^{(\mu + \frac{1}{2}\sigma^2)T}\int_0^\infty \frac{1}{\sigma\sqrt{T}}\Phi'\big(\frac{x - (\mu + \sigma^2)T}{\sigma\sqrt{T}}\big)dx$

$$= 2Se^{rT}\Phi\big(\tfrac{r+\frac{1}{2}\sigma^2}{\sigma}\sqrt{T}\big) + \big(\tfrac{2r-\sigma^2}{2r}\big)S\Phi\big(-\tfrac{r-\frac{1}{2}\sigma^2}{\sigma}\sqrt{T}\big)$$
$$\quad - \big(\tfrac{2r-\sigma^2}{2r}\big)Se^{rT}\Phi\big(\tfrac{r+\frac{1}{2}\sigma^2}{\sigma}\sqrt{T}\big)$$
$$= \big(\tfrac{\sigma^2}{2r}\big)Se^{rT}\big[\Phi\big(\tfrac{r+\frac{1}{2}\sigma^2}{\sigma}\sqrt{T}\big) - e^{-rT}\Phi\big(-\tfrac{r-\frac{1}{2}\sigma^2}{\sigma}\sqrt{T}\big)\big]$$
$$\quad + Se^{rT}\Phi\big(\tfrac{r+\frac{1}{2}\sigma^2}{\sigma}\sqrt{T}\big) + S\Phi\big(-\tfrac{r-\frac{1}{2}\sigma^2}{\sigma}\sqrt{T}\big).$$

よって,
$$e^{-rT}E(M_T) - S = \big(\tfrac{\sigma^2}{2r}\big)S\big[\Phi\big(\tfrac{r+\frac{1}{2}\sigma^2}{\sigma}\sqrt{T}\big) - e^{-rT}\Phi\big(-\tfrac{r-\frac{1}{2}\sigma^2}{\sigma}\sqrt{T}\big)\big]$$
$$\quad - S\Phi\big(-\tfrac{r+\frac{1}{2}\sigma^2}{\sigma}\sqrt{T}\big) + Se^{-rT}\Phi\big(-\tfrac{r-\frac{1}{2}\sigma^2}{\sigma}\sqrt{T}\big).$$

7.11 $e^{-rT}E[\max(Se^{M_T^{r-\frac{1}{2}\sigma^2,\sigma}} - K, 0)]$
$$= Se^{-rT}\int_{\log\frac{K}{S}}^{\infty} e^x \big(\tfrac{2}{\sigma\sqrt{2\pi T}}e^{-\frac{(x-\mu T)^2}{2\sigma^2 T}} - \tfrac{2\mu}{\sigma^2}e^{\frac{2\mu}{\sigma^2}x}\Phi\big(-\tfrac{x+\mu T}{\sigma\sqrt{T}}\big)\big)\,dx$$
$$\quad - Ke^{-rT}\int_{\log\frac{K}{S}}^{\infty} \big(\tfrac{2}{\sigma\sqrt{2\pi T}}e^{-\frac{(x-\mu T)^2}{2\sigma^2 T}} - \tfrac{2\mu}{\sigma^2}e^{\frac{2\mu}{\sigma^2}x}\Phi\big(-\tfrac{x+\mu T}{\sigma\sqrt{T}}\big)\big)\,dx.$$

ここで
$$A = \int_{\log\frac{K}{S}}^{\infty} e^x \tfrac{2}{\sigma\sqrt{2\pi T}} e^{-\frac{(x-\mu T)^2}{2\sigma^2 T}}\,dx$$
$$= 2E[e^{N(\mu T,\sigma^2 T)}]E\Big[\tfrac{e^{N(\mu T,\sigma^2 T)}}{E[e^{N(\mu T,\sigma^2 T)}]}1_{(N(\mu T,\sigma^2 T)\geqq \log\frac{K}{S})}\Big]$$
$$= 2e^{\mu T + \frac{1}{2}\sigma^2 T}P[N(\mu T + \sigma^2 T, \sigma^2 T) \geqq \log\tfrac{K}{S}] \quad (\because \text{エッシャー変換による})$$
$$= 2e^{rT}\Phi\big(\tfrac{\log\frac{S}{K}+(r+\frac{1}{2}\sigma^2)T}{\sigma\sqrt{T}}\big),$$
$$B = \int_{\log\frac{K}{S}}^{\infty} e^x \tfrac{2\mu}{\sigma^2} e^{\frac{2\mu}{\sigma^2}x}\Phi\big(-\tfrac{x+\mu T}{\sigma\sqrt{T}}\big)\,dx$$
$$= \tfrac{2\mu}{\sigma^2}\Big\{\big[\tfrac{1}{1+\frac{2\mu}{\sigma^2}}e^{(1+\frac{2\mu}{\sigma^2})x}\Phi\big(-\tfrac{x+\mu T}{\sigma\sqrt{T}}\big)\big]_{x=\log\frac{K}{S}}^{\infty}$$
$$\quad - \int_{\log\frac{K}{S}}^{\infty} \tfrac{1}{1+\frac{2\mu}{\sigma^2}}e^{(1+\frac{2\mu}{\sigma^2})x}\big(\tfrac{d}{dx}\Phi\big(-\tfrac{x+\mu T}{\sigma\sqrt{T}}\big)\big)\,dx\Big\}$$
$$= -\tfrac{\mu}{r}\big(\tfrac{K}{S}\big)^{\frac{2r}{\sigma^2}}\Phi\big(-\tfrac{\log\frac{K}{S}+\mu T}{\sigma\sqrt{T}}\big) + \tfrac{\mu}{r}E\big[e^{\frac{2r}{\sigma^2}N(-\mu T,\sigma^2 T)}1_{(N(-\mu T,\sigma^2 T)\geqq \log\frac{K}{S})}\big]$$
$$= -\tfrac{\mu}{r}\big(\tfrac{K}{S}\big)^{\frac{2r}{\sigma^2}}\Phi\big(-\tfrac{\log\frac{K}{S}+\mu T}{\sigma\sqrt{T}}\big)$$
$$\quad + \tfrac{\mu}{r}e^{-\frac{2r}{\sigma^2}\mu T}E[e^{\frac{2r}{\sigma}\sqrt{T}N(0,1)}]E\Big[\tfrac{e^{\frac{2r}{\sigma}\sqrt{T}N(0,1)}}{E[e^{\frac{2r}{\sigma}\sqrt{T}N(0,1)}]}1_{\big(N(0,1)\geqq \frac{\log\frac{K}{S}+\mu T}{\sigma\sqrt{T}}\big)}\Big]$$

$$
\begin{aligned}
&= -\frac{\mu}{r}\left(\frac{K}{S}\right)^{\frac{2r}{\sigma^2}}\Phi\left(-\frac{\log\frac{K}{S}+\mu T}{\sigma\sqrt{T}}\right) + \frac{\mu}{r}e^{-\frac{2r}{\sigma^2}\mu T}e^{\frac{1}{2}\frac{4r^2}{\sigma^2}T}P[\mathrm{N}(\frac{2r}{\sigma}\sqrt{T},1) \geqq \frac{\log\frac{K}{S}+\mu T}{\sigma\sqrt{T}}] \\
&= -\frac{\mu}{r}\left(\frac{K}{S}\right)^{\frac{2r}{\sigma^2}}\Phi\left(\frac{\log\frac{S}{K}-(r-\frac{1}{2}\sigma^2)T}{\sigma\sqrt{T}}\right) + \frac{\mu}{r}e^{rT}\Phi\left(\frac{\log\frac{S}{K}+(r+\frac{1}{2}\sigma^2)T}{\sigma\sqrt{T}}\right),
\end{aligned}
$$

$$
C = \int_{\log\frac{K}{S}}^{\infty} \frac{2}{\sigma\sqrt{2\pi T}}e^{-\frac{(x-\mu T)^2}{2\sigma^2 T}}\,dx = 2\Phi\left(\frac{\log\frac{S}{K}+(r-\frac{1}{2}\sigma^2)T}{\sigma\sqrt{T}}\right),
$$

$$
\begin{aligned}
D &= \int_{\log\frac{K}{S}}^{\infty} \frac{2\mu}{\sigma^2}e^{\frac{2\mu}{\sigma^2}x}\Phi\left(-\frac{x+\mu T}{\sigma\sqrt{T}}\right)dx \\
&= \left[e^{\frac{2\mu}{\sigma^2}x}\Phi\left(-\frac{x+\mu T}{\sigma\sqrt{T}}\right)\right]_{x=\log\frac{K}{S}}^{\infty} - \int_{\log\frac{K}{S}}^{\infty} e^{\frac{2\mu}{\sigma^2}x}\left(\frac{d}{dx}\Phi\left(-\frac{x+\mu T}{\sigma\sqrt{T}}\right)\right)dx \\
&= -\left(\frac{K}{S}\right)^{\frac{2\mu}{\sigma^2}}\Phi\left(\frac{\log\frac{S}{K}-\mu T}{\sigma\sqrt{T}}\right) + E[e^{\frac{2\mu}{\sigma^2}N(-\mu T,\sigma^2 T)}1_{(N(-\mu T,\sigma^2 T)\geqq \log\frac{K}{S})}] \\
&= -\left(\frac{K}{S}\right)^{\frac{2\mu}{\sigma^2}}\Phi\left(\frac{\log\frac{S}{K}-\mu T}{\sigma\sqrt{T}}\right) \\
&\quad + e^{-2(\frac{\mu}{\sigma})^2 T}E[e^{\frac{2\mu}{\sigma}\sqrt{T}N(0,1)}]E\left[\frac{e^{\frac{2\mu}{\sigma}\sqrt{T}N(0,1)}}{E[e^{\frac{2\mu}{\sigma}\sqrt{T}N(0,1)}]}1_{(N(0,1)\geqq\frac{\log\frac{K}{S}+\mu T}{\sigma\sqrt{T}})}\right] \\
&= -\left(\frac{K}{S}\right)^{\frac{2\mu}{\sigma^2}}\Phi\left(\frac{\log\frac{S}{K}-\mu T}{\sigma\sqrt{T}}\right) + e^{-2(\frac{\mu}{\sigma})^2 T}e^{\frac{1}{2}4(\frac{\mu}{\sigma})^2 T}P[\mathrm{N}(\frac{2\mu}{\sigma}\sqrt{T},1)\geqq\frac{\log\frac{K}{S}+\mu T}{\sigma\sqrt{T}}] \\
&= -\left(\frac{K}{S}\right)^{\frac{2r}{\sigma^2}-1}\Phi\left(\frac{\log\frac{S}{K}-(r-\frac{1}{2}\sigma^2)T}{\sigma\sqrt{T}}\right) + \Phi\left(\frac{\log\frac{S}{K}+(r-\frac{1}{2}\sigma^2)T}{\sigma\sqrt{T}}\right).
\end{aligned}
$$

以上により

$$
\begin{aligned}
&e^{-rT}E[\max(Se^{M_T^{r-\frac{1}{2}\sigma^2,\sigma}} - K, 0)] \\
&= Se^{-rT}(A-B) - Ke^{-rT}(C-D) \\
&= S\Phi\left(\frac{\log\frac{S}{K}+(r+\frac{1}{2}\sigma^2)T}{\sigma\sqrt{T}}\right) - Ke^{-rT}\Phi\left(\frac{\log\frac{S}{K}+(r-\frac{1}{2}\sigma^2)T}{\sigma\sqrt{T}}\right) \\
&\quad + \frac{S\sigma^2}{2r}\left(\Phi\left(\frac{\log\frac{S}{K}+(r+\frac{1}{2}\sigma^2)T}{\sigma\sqrt{T}}\right) - e^{-rT}\left(\frac{K}{S}\right)^{\frac{2r}{\sigma^2}}\Phi\left(\frac{\log\frac{S}{K}-(r-\frac{1}{2}\sigma^2)T}{\sigma\sqrt{T}}\right)\right).
\end{aligned}
$$

7.12 まず $y \geqq 0$ のとき,

$$
\begin{aligned}
&P[m_T^{\mu,\sigma}\geqq x, W_T^{\mu,\sigma}\geqq y] \\
&= \iint_{\substack{x\leqq a\leqq 0 \\ y\leqq b<\infty}} e^{\frac{\mu}{\sigma^2}b-\frac{1}{2}(\frac{\mu}{\sigma})^2 T}\frac{2(b-2a)}{\sqrt{2\pi T^3}\sigma^3}e^{-\frac{(b-2a)^2}{2\sigma^2 T}}\,dadb \\
&= \int_y^\infty e^{\frac{\mu}{\sigma^2}b-\frac{1}{2}(\frac{\mu}{\sigma})^2 T}\left[\frac{1}{\sqrt{2\pi T}\sigma}e^{-\frac{(b-2a)^2}{2\sigma^2 T}}\right]_{a=x}^0 db \\
&= e^{-\frac{1}{2}(\frac{\mu}{\sigma})^2 T}\int_y^\infty e^{\frac{\mu}{\sigma^2}b}(f_{N(0,\sigma^2 T)}(b) - f_{N(2x,\sigma^2 T)}(b))\,db \quad \cdots(\sharp)
\end{aligned}
$$

$$= e^{-\frac{1}{2}(\frac{\mu}{\sigma})^2 T}\Big\{E[e^{\frac{\mu}{\sigma^2}\mathrm{N}(0,\sigma^2 T)}]E\Big[\frac{e^{\frac{\mu}{\sigma^2}\mathrm{N}(0,\sigma^2 T)}}{E[e^{\frac{\mu}{\sigma^2}\mathrm{N}(0,\sigma^2 T)}]}1_{(\mathrm{N}(0,\sigma^2 T)\geqq y)}\Big]$$

$$-E[e^{\frac{\mu}{\sigma^2}\mathrm{N}(2x,\sigma^2 T)}]E\Big[\frac{e^{\frac{\mu}{\sigma^2}\mathrm{N}(2x,\sigma^2 T)}}{E[e^{\frac{\mu}{\sigma^2}\mathrm{N}(2x,\sigma^2 T)}]}1_{(\mathrm{N}(2x,\sigma^2 T)\geqq y)}\Big]\Big\}$$

$$= e^{-\frac{1}{2}(\frac{\mu}{\sigma})^2 T}\Big\{e^{\frac{1}{2}\sigma^2 T\frac{\mu^2}{\sigma^4}}P[\mathrm{N}(\frac{\mu}{\sigma^2}\sigma^2 T,\sigma^2 T)\geqq y]$$

$$-e^{2x\frac{\mu}{\sigma^2}+\frac{1}{2}\sigma^2 T\frac{\mu^2}{\sigma^4}}P[\mathrm{N}(2x+\frac{\mu}{\sigma^2}\sigma^2 T,\sigma^2 T)\geqq y]\Big\}$$

$$= \Phi\Big(-\frac{y-\mu T}{\sigma\sqrt{T}}\Big) - e^{2\frac{\mu}{\sigma^2}x}\Phi\Big(-\frac{y-2x-\mu T}{\sigma\sqrt{T}}\Big).$$

一方 $x \leqq y < 0$ のとき,

$$P[m_T^{\mu,\sigma}\geqq x,\, W_T^{\mu,\sigma}\geqq y]$$

$$= P[m_T^{\mu,\sigma}\geqq x,\, W_T^{\mu,\sigma}\geqq 0] + P[m_T^{\mu,\sigma}\geqq x,\, y\leqq W_T^{\mu,\sigma}<0]$$

$$= P[m_T^{\mu,\sigma}\geqq x,\, W_T^{\mu,\sigma}\geqq 0] + \iint_{\substack{y\leqq b<0\\ x\leqq a\leqq b}} e^{\frac{\mu}{\sigma^2}b-\frac{1}{2}(\frac{\mu}{\sigma})^2 T}\frac{2(b-2a)}{\sqrt{2\pi T^3}\sigma^3}e^{-\frac{(b-2a)^2}{2\sigma^2 T}}\,da\,db$$

$$= P[m_T^{\mu,\sigma}\geqq x,\, W_T^{\mu,\sigma}\geqq 0] + \int_y^0 e^{\frac{\mu}{\sigma^2}b-\frac{1}{2}(\frac{\mu}{\sigma})^2 T}\Big[\frac{1}{\sqrt{2\pi T}\sigma}e^{-\frac{(b-2a)^2}{2\sigma^2 T}}\Big]_{a=x}^b\,db$$

$$= P[m_T^{\mu,\sigma}\geqq x,\, W_T^{\mu,\sigma}\geqq 0]$$

$$+ e^{-\frac{1}{2}(\frac{\mu}{\sigma})^2 T}\int_y^0 e^{\frac{\mu}{\sigma^2}b}(f_{\mathrm{N}(0,\sigma^2 T)}(b) - f_{\mathrm{N}(2x,\sigma^2 T)}(b))\,db$$

ここで (♯) において $y=0$ とすると,

$$= e^{-\frac{1}{2}(\frac{\mu}{\sigma})^2 T}\int_0^\infty e^{\frac{\mu}{\sigma^2}b}(f_{\mathrm{N}(0,\sigma^2 T)}(b) - f_{\mathrm{N}(2x,\sigma^2 T)}(b))\,db$$

$$+ e^{-\frac{1}{2}(\frac{\mu}{\sigma})^2 T}\int_y^0 e^{\frac{\mu}{\sigma^2}b}(f_{\mathrm{N}(0,\sigma^2 T)}(b) - f_{\mathrm{N}(2x,\sigma^2 T)}(b))\,db$$

$$= e^{-\frac{1}{2}(\frac{\mu}{\sigma})^2 T}\int_y^\infty e^{\frac{\mu}{\sigma^2}b}(f_{\mathrm{N}(0,\sigma^2 T)}(b) - f_{\mathrm{N}(2x,\sigma^2 T)}(b))\,db$$

$$= \Phi\Big(-\frac{y-\mu T}{\sigma\sqrt{T}}\Big) - e^{2\frac{\mu}{\sigma^2}x}\Phi\Big(-\frac{y-2x-\mu T}{\sigma\sqrt{T}}\Big).$$

これで問題の前半部分は示せた. 次に, ダウンアンドアウトコール価格を計算する.

$$E\Big[e^{-rT}\max(Se^{W_T^{(r-\frac{1}{2}\sigma^2),\sigma}} - K, 0)1_{\big(m_T^{(r-\frac{1}{2}\sigma^2),\sigma}>\log\frac{A}{S}\big)}\Big]$$

$$= e^{-rT} E\Big[Se^{(r-\frac{1}{2}\sigma^2)T+\sigma W_T}$$
$$\times 1_{\big(\min_{0\leq t\leq T}((r-\frac{1}{2}\sigma^2)t+\sigma W_t)>\log\frac{A}{S}\big)\cap\big((r-\frac{1}{2}\sigma^2)T+\sigma W_T>\log\frac{K}{S}\big)}\Big]$$
$$- Ke^{-rT}Q[m_T^{(r-\frac{1}{2}\sigma^2),\sigma}>\log\tfrac{A}{S},\, W_T^{(r-\frac{1}{2}\sigma^2),\sigma}>\log\tfrac{K}{S}]$$
$$= SE\Big[e^{-\frac{1}{2}\sigma^2 T+\sigma W_T}$$
$$\times 1_{\big(\min_{0\leq t\leq T}((r-\frac{1}{2}\sigma^2)t+\sigma W_t)>\log\frac{A}{S}\big)\cap\big((r-\frac{1}{2}\sigma^2)T+\sigma W_T>\log\frac{K}{S}\big)}\Big]$$
$$- Ke^{-rT}\Big\{\Phi\Big(-\frac{\log\frac{K}{S}-(r-\frac{1}{2}\sigma^2)T}{\sigma\sqrt{T}}\Big)$$
$$- e^{2\frac{r-\frac{1}{2}\sigma^2}{\sigma^2}\log\frac{A}{S}}\Phi\Big(-\frac{\log\frac{K}{S}-2\log\frac{A}{S}-(r-\frac{1}{2}\sigma^2)T}{\sigma\sqrt{T}}\Big)\Big\}.$$

ここで $W_t\,(0\leq t\leq T)$ に関する事象 A に対して $\widetilde{Q}(A)=E[e^{-\frac{1}{2}\sigma^2 T+\sigma W_T}1_A]$
と定義すると，$\widetilde{Q}$ のもとで $W_t-\sigma t\,(0\leq t\leq T)$ は標準ブラウン運動となるので

$$E\Big[e^{-\frac{1}{2}\sigma^2 T+\sigma W_T}1_{\big(\min_{0\leq t\leq T}((r-\frac{1}{2}\sigma^2)t+\sigma W_t)>\log\frac{A}{S}\big)\cap\big((r-\frac{1}{2}\sigma^2)T+\sigma W_T>\log\frac{K}{S}\big)}\Big]$$
$$= \widetilde{Q}\Big[\min_{0\leq t\leq T}((r-\tfrac{1}{2}\sigma^2)t+\sigma W_t)>\log\tfrac{A}{S},\, (r-\tfrac{1}{2}\sigma^2)T+\sigma W_T>\log\tfrac{K}{S}\Big]$$
$$= Q\Big[\min_{0\leq t\leq T}((r+\tfrac{1}{2}\sigma^2)t+\sigma W_t)>\log\tfrac{A}{S},\, (r+\tfrac{1}{2}\sigma^2)T+\sigma W_T>\log\tfrac{K}{S}\Big]$$
$$= \Phi\Big(-\frac{\log\frac{K}{S}-(r+\frac{1}{2}\sigma^2)T}{\sigma\sqrt{T}}\Big)-e^{2\frac{r+\frac{1}{2}\sigma^2}{\sigma^2}\log\frac{A}{S}}\Phi\Big(-\frac{\log\frac{K}{S}-2\log\frac{A}{S}-(r+\frac{1}{2}\sigma^2)T}{\sigma\sqrt{T}}\Big).$$

以上により，
$$E\Big[e^{-rT}\max(Se^{W_T^{(r-\frac{1}{2}\sigma^2),\sigma}}-K,0)1_{\big(m_T^{(r-\frac{1}{2}\sigma^2),\sigma}>\log\frac{A}{S}\big)}\Big]$$
$$= S\Big\{\Phi\Big(-\frac{\log\frac{K}{S}-(r+\frac{1}{2}\sigma^2)T}{\sigma\sqrt{T}}\Big)-\Big(\frac{A}{S}\Big)^{2\frac{r}{\sigma^2}+1}\Phi\Big(-\frac{\log(\frac{K}{S}(\frac{S}{A})^2)-(r+\frac{1}{2}\sigma^2)T}{\sigma\sqrt{T}}\Big)\Big\}$$
$$- Ke^{-rT}\Big\{\Phi\Big(-\frac{\log\frac{K}{S}-(r-\frac{1}{2}\sigma^2)T}{\sigma\sqrt{T}}\Big)-\Big(\frac{A}{S}\Big)^{2\frac{r}{\sigma^2}-1}\Phi\Big(-\frac{\log(\frac{K}{S}(\frac{S}{A})^2)-(r-\frac{1}{2}\sigma^2)T}{\sigma\sqrt{T}}\Big)\Big\}$$
$$= S\Phi\Big(\frac{\log\frac{S}{K}+(r+\frac{1}{2}\sigma^2)T}{\sigma\sqrt{T}}\Big)-Ke^{-rT}\Phi\Big(\frac{\log\frac{S}{K}+(r-\frac{1}{2}\sigma^2)T}{\sigma\sqrt{T}}\Big)$$
$$- \Big(\frac{A}{S}\Big)^{2\frac{r}{\sigma^2}-1}\Big\{\frac{A^2}{S}\Phi\Big(\frac{\log\frac{A^2}{SK}+(r+\frac{1}{2}\sigma^2)T}{\sigma\sqrt{T}}\Big)-Ke^{-rT}\Phi\Big(\frac{\log\frac{A^2}{SK}+(r-\frac{1}{2}\sigma^2)T}{\sigma\sqrt{T}}\Big)\Big\}.$$

参考文献—もっと詳しく学びたい人へ—

まず，この本を読むために必要な確率論の知識としては拙著ではあるが[24]を薦める．また，この本より少しやさしいが，理論的なレベルを保ちながら，わかりやすいテキストとして[2]をあげる．この本の後，ルベーグ積分論や測度論的確率論の勉強に入りたい読者には，[14],[39]，さらに確率微分方程式，確率解析の進んだ本として，[29],[30],[37],[38]を，デリバティブ価格理論の本として，[7],[10],[31],[36]をあげておく．また，とくに[40]は，測度論的な確率論を学んだ後，上級確率解析に進む前に読んでおくとよいであろう．

参考文献

[1] Akahori, J. (1995): Some formulae for a new type of path-dependent option. *Ann. Appl. Probab.* **5**, 383-388.

[2] Baxter, M. and Rennie, A. (1996): *Financial Calculus*, Cambridge University Press, (バクスター・レニー著，藤田岳彦・高岡浩一郎・塩谷匡介訳，デリバティブ価格理論入門，シグマベイスキャピタル社 (2001))

[3] Black, F. and Scholes, M. (1973): The pricing of options and corporate liabilities, *Journal of Political Economics*, **81**, 637-659.

[4] Bowie, J. and Carr, P. (1994): Static Simplicity, *RISK*, **8**, (August), 45- 49.

[5] Chesney, M., M. Jeanblanc-Picque, and M. Yor (1997): Brownian excursions and Parisian barrier options, *Adv. Appl. Prob.* **29**, 165- 184.

[6] Chesney, M., M. Jeanblanc-Picque. G. Kentwell, and M. Yor (1997): Parisian Pricing, *RISK*, **1**, (January), 77-79.

[7] Chesney, M., M. Jeanblanc, and M. Yor (2009): *Mathematical Methods for Financial Markets*, Springer.

[8] Conze, A. and R. Viswanathan (1991): Path dependent options: the case of lookback options, *J. of Finance*, **46**, 1893-1907.

[9] Dassios, A. (1995): The distribution of the quantile of a Brownian motion with drift and the pricing related path-dependent options, *Ann. Appl. Probab.*, **5**, 386-398.

[10] Duffie, D. (2001): *Dynamic Asset Pricing Theory*, Princeton Univ. Press.

[11] Embrechts, P., Rogers, L. C. G., and Yor, M (1995): A proof of Dassios's representation of the α-quantile of Brownian motion with drift. *Ann. Appl. Probab.* **5**, 757-767.

[12] Feller , W. (1968): *Introduction to Probability*, Vol. 1, 3rd Ed., Wiley .

(河田龍夫監訳,確率論とその応用,紀伊国屋書店, (1961))
[13] Friedman, A. (1975):*Stochastic Differential Equations and Applications*, Vol. 1, Academic Press.
[14] Fristdt, B. and Gray, L. (1997): *A Modern Approach to Probability Theory*, Birkhauser.
[15] Fujita, T. (1997): On the price of the α-percentile options, Hitotsubashi University Faculty of Commerce Working Paper Series No. 24.
[16] Fujita, T. (2008): A random walk analogue of Levy's theorem, *Stud. Sci. Math. Hungar.* 45(**2**), 223-233.
[17] Fujita, T. and Futagi, S. (1999): On the replicating portfolio of some exotic options, Proceeding of the 31st ISCIE International Symposium on Stochastic systems Theory and Its Applications Yokohama, 107-112.
[18] Fujita, T. (2000): A Note on the Joint Distribution of α, β-Percentiles and Its Application to the Option Pricing, *Asia-Pacific Financial Markets*, 7(**4**), December, 339-344.
[19] Fujita, T. and Kawanishi, Y. (2008): A Proof of Ito's Formula Using a Discrete Itô's Formula, *Studia Scientiarum Mathematicarum Hungarica*, 45(**1**), 125-134.
[20] Fujita, T. and Miura R. (2002): Edokko Options : A New Framework of Barrier Options, *Asia-Pacific Markets*, 9(**2**), 141-151.
[21] Fujita, T., Petit, F. and Yor, M. (2004): Pricing path-dependent options in some Black-Scholes market, form the distribution of homogeneous Brownian functionals, *J. Appl. Prob.*, **41**, 1-18.
[22] 藤田岳彦 (2001): マルチンゲール理論に基づくデリバティブの価格理論, 一橋論叢, 第 126 巻, 第 4 号, 平成 13 年 10 月号, 1-26.
[23] 藤田岳彦 (2001): デリバティブの価格理論 (エキゾティックオプションを中心に), 応用数理, 11(4), 岩波書店, 38-55.
[24] 藤田岳彦 (2010): 弱点克服 大学生の確率・統計, 東京図書.
[25] 藤田岳彦 (2008): ランダムウォークと確率解析 ギャンブルから数理ファイナンスへ, 日本評論社.
[26] Geske, R. (1979): The Valuation of Compound Options, *Journal of Financial Economics*, **7**, 63-81.
[27] Harrison M. and Plisca, S. (1981): Martingales and stochastic integrals in the theory of continuous trading, *Stoc. Proc. and their Appl.*, **11**, 215-260.
[28] He, H., Keirstead, W. P. and Rebholz, J. (1998): Double lookbacks, *Math. Finance*, **8**, 201-228.
[29] Ikeda, N. and Watanabe, S. (1989): *Stochastic Differential Equations and Diffusion Processes*, 2nd Ed., North-Holland/Kodansha, Japan.
[30] Karatzas, I. and Shreve, S. E. (1988): *Brownian Motion and Stochastic Calculus*, Springer-Verlag.
[31] Karatzas, I. and Shreve, S. E. (1998) : *Methods of Mathematical Fi-*

nance, Springer-Verlag.

[32] Kemna, A. G. Z. and Voast, A. C. F. (1990): A pricing method for options based on average asset values, *Journal of Banking and Finace*, **14**, 113-129.

[33] Linetsky, V. (1999): Step Options, *Mathematical Finance*, **9**, No.1, 55-96.

[34] Merton, R. C. (1983): Theory of rational pricing, *Bell. J. of Econom. and Manag. Sci.*, **4**, 141-183.

[35] Miura, R. (1992): A note on look-back option based on order statistics, *Hitotsubashi. J. of Commerce and Management*, **27**, 15-28.

[36] Musiela, M. and Rutokowski , P. (2005): *Martingale methods in Financial Modelling*, 2nd ed., Springer-Verlag.

[37] 長井英生 (1999): 確率微分方程式，共立出版．

[38] Revue, D., and M. Yor (1999): *Continuous Martingales and Brownian Motion*. Third edition. Springer Verlag.

[39] 志賀徳造 (2000): ルベーグ積分から確率論，共立出版．

[40] Steel, J. M. (2000): *Stochastic Calculus and Financial Applications*, Springer.

[41] 渡辺信三 (2000): マルチンゲール表現定理へのイントロダクション，立命館大学ファイナンス研究センター, Research paper series, No.99013.

[42] Yor, M. (1992): On some exponential functiona ls of Brownian motion, *Adv. in Applied Prob.*, **24**, 509-531.

[43] Yor , M (1995) The distribution of Brownian quantiles. *J. Appl. Prob.*, **2**, 405-416.

[44] (1995): "Funds, Merrill Battle over Venezuelan Bonds", Wall Street Jorunal, February 15.

[45] (1995): "Do Knock-out Options Need to Be Knocked Out", Wall Street journal, May 5.

索 引

数字・欧文・記号

1st. trigger time　126
2nd. trigger time　127
3 垂線の定理　29
caution region　127
caution time　126
cumulative Parisian Edokko option　128, 141
cumulative Parisian option　128
delayed barrier option　128
Doob martingale　34
Doob-Meyer 分解　43
Edokko option　127
first success　154
K.O.time　127
knock out region　127
local time　129
n 次モーメント　147
O.U. 過程　86
one touch option　126
Ornstein Uhlenbeck 過程　86
P.D.E.　91
Parisian Edokko Option　129
Parisian Option　128
Partial Differential Equation　91
remaining caution time　127
safty region　126
stopping time　78
Tokyo option　127
α パーセンタイル　126, 137
α パーセンタイルオプション　126
α パーセンタイルフィックスドストライクオプション　126
α パーセンタイルフローティングストライクオプション　126
α, β パーセンタイルオプション　126
σ 加法族　142

あ 行

相対取引　123
アークサイン法則　99, 137
アジアンオプション　124
アベレージオプション　124
安全債券　11, 105
一物一価の法則　10
一様分布　156
伊藤解析　75
伊藤の公式　73
伊藤の公式 積分形　74, 76
伊藤の公式 微分形　76
受け渡し価格　2, 10, 11
エキゾティックオプション　123
エッシャー変換　102
江戸っ子オプション　126
オルンスタイン・ウーレンベック過程　86

か 行

確率　142
確率積分　70
確率測度　142
確率微分　75
確率微分方程式　84
確率分布関数　144
確率変数　142
確率母関数　151
賭け方のストラテジー　38
可算加法性　142

カメロン・マルティンの定理　102
可予測　43
完全な正の相関　148
完全な負の相関　148
ガンマ, Γ　117
ガンマ関数　163
ガンマ分布　157
幾何的ブラウン運動　85
幾何分布　154
幾何平均フィックスドストライクオプ
　ション　124, 132
幾何平均フローティングストライクオプ
　ション　124, 133
期待値　145
逆正弦法則　99
鏡像原理　48, 80
共分散　147
強マルコフ性　79
ギルサノフ・丸山の定理　101
クォンタイルオプション　126
コーシー分布　158
コーションタイム　126
コーションリージョン　127
コールオプション　4
コルモゴロフ偏微分方程式　91
コンパウンドオプション　125

さ　行

裁定　9
最良予測値　28
先物　2
先物売り契約, 先物ショート　2
先物買い契約, 先物ロング　2
3 垂線の定理　29
資金自己調達　53
σ 加法族　142
事象　142
指数分布　156
周辺密度関数　149
条件付期待値　26, 32
条件付期待値のタワープロパティ　29
条件付密度関数　32

スタティックヘッジ　111
ストラテジー　35
正規分布　157
セカンドトリガータイム　127
セータ, Θ　118
セーフティリージョン　126
相加平均フィックスドストライクオプ
　ション　124
相加平均フローティングストライクオプ
　ション　124
相関係数　148

た　行

滞在時間　97
大数の強法則　161
大数の弱法則　161
大数の法則　161
ダイナミックヘッジ　19
ダウンアンドアウトオプション　134
ダウンアンドアウトコール　136
多次元モーメント母関数　160
タワープロパティ　29
中心極限定理　160
停止時間　78
定常増分性　25
てこの効果　3
デリバティブ　1
デルタ, Δ　117
デルタヘッジ　109, 117
同時密度関数　148
同値マルチンゲール測度　53, 106
ドーブマルチンゲール　34, 70
ドーブ・メイヤー分解　43, 78
特性関数　152
独立　145
独立増分性　25, 63
ドリフトつきブラウン運動　85

な　行

70 の法則　7
2 項 1 期間モデル　16
2 項分布　153
2 次元確率分布　148

索引　**185**

2 次元正規分布　158
ノックアウトオプション　124
ノックアウトタイム　127
ノックアウトリージョン　127
ノックインオプション　124
ノヴィコフ条件　100
　は　行
バシチェックモデル　87
バタフライ戦略　7
バリアオプション　124, 134
パリジャン江戸っ子オプション　128
パリジャンオプション　128
反転公式　152
標準化　147, 160
標本空間　142
ファインマン・カッツの定理　94
ファーストトリガータイム　126
フィックスドストライクルックバックオプション　131
複製ポートフォリオ　53, 108
プットオプション　5
プットコールパリティ　11
負の 2 項分布　154
ブラウン運動　62
ブラウン運動の基本的性質　63
ブラック・ショールズ式　115
ブラック・ショールズ偏微分方程式　21, 112
ブラック・ショールズモデル　85, 105
ブル戦略　6
プレインバニラ　2
フローティングストライクルックバックオプション　130
分散　146
分散共分散行列　160
ベア戦略　7
ペイオフ　2
平均オプション　124
平均ベクトル　160
ベータ関数　163
ベータ分布　158

ベルヌーイ試行　153
ベルヌーイ分布　153
偏微分方程式　91
ポアソンの少数の法則　155
ポアソン分布　155
ポートフォリオ　5
ボラティリティ　105
　ま　行
マルコフ性　91
マルチンゲール　33, 68
マルチンゲール表現定理　38, 41, 73
無記憶性　157
無裁定　9
無相関　147
無リスクポートフォリオ　121
モーメント母関数　151
　や　行
予見可能　43
　ら　行
ラプラス変換　97, 162
ランダムウォーク　24
離散一様分布　156
離散伊藤公式　43
離散確率変数　144
離散分布　153
リスク中立確率測度　20
リプシッツ条件　88
ルックバックオプション　125
レバレッジ効果　3
連続確率変数　144
連続分布　156
連続利子率　8
　わ　行
割引株価過程　53, 106
ワンタッチオプション　126

著者紹介

藤田岳彦 理学博士
- 1978年 京都大学理学部数学科卒業
- 1980年 京都大学大学院理学研究科数学専攻修士課程修了
- 1981年 京都大学 助手
  一橋大学大学院商学研究科教授などを経て
- 現 在 中央大学理工学部経営システム工学科 教授
  公益財団法人数学オリンピック財団専務理事

NDC417 191p 21cm

新版 ファイナンスの確率解析入門

2017年 3月 7日 第1刷発行
2024年 7月25日 第5刷発行

著 者 藤田岳彦
発行者 森田浩章
発行所 株式会社 講談社
〒112-8001 東京都文京区音羽2-12-21
販売 (03)5395-4415
業務 (03)5395-3615

編 集 株式会社 講談社サイエンティフィク
代表 堀越俊一
〒162-0825 東京都新宿区神楽坂2-14 ノービィビル
編集 (03)3235-3701

本文データ制作 藤原印刷株式会社
印刷・製本 株式会社KPSプロダクツ

落丁本・乱丁本は、購入書店名を明記のうえ、講談社業務宛にお送りください。送料小社負担にてお取替えいたします。なお、この本の内容についてのお問い合わせは、講談社サイエンティフィク宛にお願いいたします。定価はカバーに表示してあります。

©Takahiko Fujita, 2017

本書のコピー、スキャン、デジタル化等の無断複製は著作権法上での例外を除き禁じられています。本書を代行業者等の第三者に依頼してスキャンやデジタル化することはたとえ個人や家庭内の利用でも著作権法違反です。

JCOPY 〈(社)出版者著作権管理機構 委託出版物〉

複写される場合は、その都度事前に(社)出版者著作権管理機構(電話03-5244-5088、FAX 03-5244-5089、e-mail: info@jcopy.or.jp)の許諾を得てください。

Printed in Japan

ISBN 978-4-06-156568-5